高等职业教育"十四五"规划畜牧兽医宠物大类新形态纸数融合教材

新形态教材

动物解剖生理

DONG WU JIE POU SHENG LI

（课程思政版）

U0278690

主　编　加春生　樊　平　曹洪志

副主编　周启扉　张　娟　王兴群　郑　娟　李晓娟　刘　军

编　者　（按姓氏笔画排序）

王天一　哈尔滨宠颐生名冠宠物医院

王兴群　贵州农业职业学院

毛泽明　哈尔滨市南岗区宠福爱动物门诊部

加春生　黑龙江农业工程职业学院

刘　军　湖南环境生物职业技术学院

李晓娟　黑龙江农业经济职业学院

张　娟　内江职业技术学院

周启扉　黑龙江农业工程职业学院

郑　娟　湖北三峡职业技术学院

段　茜　内江职业技术学院

曹洪志　宜宾职业技术学院

樊　平　南充职业技术学院

薛森武　贵州农业职业学院

主　审　曹随忠　四川农业大学

华中科技大学出版社

http://www.hustp.com

中国·武汉

内 容 简 介

本书是高等职业教育"十四五"规划畜牧兽医宠物大类新形态纸数融合教材。

本书以畜牧兽医类相关专业岗位能力需求为导向,以项目(典型工作任务)为载体,以真实的工作环境为依托,以实际工作任务构建内容。全书内容包括动物体基本结构的认识,运动系统结构的识别,被皮系统结构的识别,消化系统结构的识别,呼吸系统结构的识别,泌尿系统结构的识别,生殖系统结构的识别,心血管系统结构的识别,免疫系统结构的识别,神经系统结构的识别,内分泌系统结构的识别,体温的测定,犬、猫的解剖生理,家禽的解剖生理等基本理论与操作技能。书中每个项目结合生产实际设置了若干个工作任务,将畜牧兽医类专业和动物医学类专业各岗位的知识、技能整合在一起,让学生在工作任务中学习知识并强化技能。

本书适合高等职业教育畜牧兽医、动物医学、宠物医疗技术、宠物养护与驯导及相关专业学生使用,也可作为基层畜牧兽医管理人员的培训教材,还可供畜牧兽医相关行业的工作人员参考。

图书在版编目(CIP)数据

动物解剖生理:课程思政版/加春生,樊平,曹洪志主编.—武汉:华中科技大学出版社,2022.6(2023.8 重印)
ISBN 978-7-5680-8312-6

Ⅰ.①动…　Ⅱ.①加…　②樊…　③曹…　Ⅲ.①动物解剖学-高等职业教育-教材　②动物学-生理学-高等职业教育-教材　Ⅳ.①Q954.5　②Q4

中国版本图书馆 CIP 数据核字(2022)第 093634 号

动物解剖生理(课程思政版)　　　　　　　　　　　　加春生　樊　平　曹洪志　主编
Dongwu Jiepou Shengli (Kecheng Sizheng Ban)

策划编辑:罗　伟
责任编辑:丁　平　毛晶晶
封面设计:廖亚萍
责任校对:李　琴
责任监印:周治超
出版发行:华中科技大学出版社(中国·武汉)　　电话:(027)81321913
　　　　　武汉市东湖新技术开发区华工科技园　　邮编:430223
录　　排:华中科技大学惠友文印中心
印　　刷:武汉市籍缘印刷厂
开　　本:889mm×1194mm　1/16
印　　张:19.75
字　　数:593 千字
版　　次:2023 年 8 月第 1 版第 3 次印刷
定　　价:59.80 元

高等职业教育"十四五"规划
畜牧兽医宠物大类新形态纸数融合教材

编 审 委 员 会

网络增值服务

使用说明

欢迎使用华中科技大学出版社医学资源网 yixue.Hustp.com

① 教师使用流程

（1）登录网址：http://yixue.hustp.com（注册时请选择教师用户）

注册 ＞ 登录 ＞ 完善个人信息 ＞ 等待审核

（2）审核通过后，您可以在网站使用以下功能：

下载教学资源　　建立课程　　管理学生　　布置作业　查询学生学习记录等

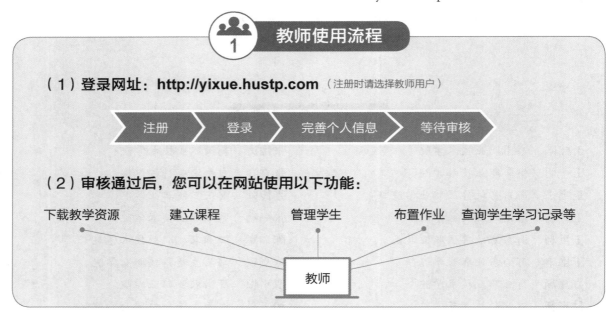

教师

② 学员使用流程

（建议学员在PC端完成注册、登录、完善个人信息的操作）

（1）PC 端操作步骤

① 登录网址：http://yixue.hustp.com（注册时请选择普通用户）

注册 ＞ 登录 ＞ 完善个人信息

② **查看课程资源：**（如有学习码，请在个人中心－学习码验证中先验证，再进行操作）

选择课程

首页课程 ＞ 课程详情页 ＞ 查看课程资源

（2）手机端扫码操作步骤

手机扫码　→　登录　→　查看数字资源
注册

出版说明

　　随着我国经济的持续发展和教育体系、结构的重大调整,尤其是 2022 年 4 月 20 日新修订的《中华人民共和国职业教育法》出台,高等职业教育成为与普通高等教育具有同等重要地位的教育类型,人们对职业教育的认识发生了本质性转变。作为高等职业教育重要组成部分的农林牧渔类高等职业教育也取得了长足的发展,为国家输送了大批"三农"发展所需要的高素质技术技能型人才。

　　为了贯彻落实《国家职业教育改革实施方案》《"十四五"职业教育规划教材建设实施方案》《高等学校课程思政建设指导纲要》和新修订的《中华人民共和国职业教育法》等文件精神,深化职业教育"三教"改革,培养适应行业企业需求的"知识、素养、能力、技术技能等级标准"四位一体的发展型实用人才,实践"双证融合、理实一体"的人才培养模式,切实做到专业设置与行业需求对接、课程内容与职业标准对接、教学过程与生产过程对接、毕业证书与职业资格证书对接、职业教育与终身学习对接,特组织全国多所高等职业院校教师编写了这套高等职业教育"十四五"规划畜牧兽医宠物大类新形态纸数融合教材。

　　本套教材充分体现新一轮数字化专业建设的特色,强调以就业为导向、以能力为本位、以岗位需求为标准的原则,本着高等职业教育培养学生职业技术技能这一重要核心,以满足对高层次技术技能型人才培养的需求,坚持"五性"和"三基",同时以"符合人才培养需求,体现教育改革成果,确保教材质量,形式新颖创新"为指导思想,努力打造具有时代特色的多媒体纸数融合创新型教材。本教材具有以下特点。

　　(1)紧扣最新专业目录、专业简介、专业教学标准,科学、规范,具有鲜明的高等职业教育特色,体现教材的先进性,实施统编精品战略。

　　(2)密切结合最新高等职业教育畜牧兽医宠物大类专业课程标准,内容体系整体优化,注重相关教材内容的联系,紧密围绕执业资格标准和工作岗位需要,与执业资格考试相衔接。

　　(3)突出体现"理实一体"的人才培养模式,探索案例式教学方法,倡导主动学习,紧密联系教学标准、职业标准及职业技能等级标准的要求,展示课程建设与教学改革的最新成果。

　　(4)在教材内容上以工作过程为导向,以真实工作项目、典型工作任务、具体工作案例等为载体组织教学单元,注重吸收行业新技术、新工艺、新规范,突出实践性,重点体现"双证融合、理实一体"的教材编写模式,同时加强课程思政元素的深度挖掘,教材中有机融入思政教育内容,对学生进行价值引导与人文精神滋养。

　　(5)采用"互联网＋"思维的教材编写理念,增加大量数字资源,构建信息量丰富、学习手段灵活、学习方式多元的新形态一体化教材,实现纸媒教材与富媒体资源的融合。

　　(6)编写团队权威,汇集了一线骨干专业教师、行业企业专家,打造一批内容设计科学严谨、深入浅出、图文并茂、生动活泼且多维、立体的新型活页式、工作手册式、"岗课赛证融通"的新形态纸数融合教材,以满足日新月异的教与学的需求。

　　本套教材得到了各相关院校、企业的大力支持和高度关注,它将为新时期农林牧渔类高等职业教育的发展做出贡献。我们衷心希望这套教材能在相关课程的教学中发挥积极作用，并得到读者的青睐。我们也相信这套教材在使用过程中，通过教学实践的检验和实践问题的解决，能不断得到改进、完善和提高。

高等职业教育"十四五"规划畜牧兽医宠物大类

新形态纸数融合教材编审委员会

前言

高等职业教育与普通高等教育是高等教育的不同类型,通过"三教"改革,抓住高等职业院校教学改革的关键点,引领高等职业院校立德树人,培养德技并修的高素质技术技能型人才已成为当前高等职业教育的重点工作。根据国务院《国家职业教育改革实施方案》中提出的"倡导使用新型活页式、工作手册式教材并配套开发信息化资源"的教材建设思路,本教材尝试编写成工作手册式教材。动物解剖生理是畜牧兽医、动物医学、宠物医疗技术、宠物养护与驯导等专业的核心课程,同时具有相对独立的操作技术。本教材依据教学项目对后续课程的支持以及对高职岗位工作内涵的调研与分析,确定学习内容,以项目引领,以任务驱动,达到教、学、做相融合。本教材共分为14个项目35个任务。每个任务由任务导入、学习目标、工作准备、任务资讯、任务实施等内容组成。

本教材借鉴德国"双元制"职业教育思路,采用工作手册式教材形式,使教学活动更具有灵活性;对以往教学内容进行解构与重构,增加行业前沿知识和技术,同时整合全国执业兽医资格考试内容,与临床应用同步;采用企业与学校共同参与的多元编写制,结合现代化的数字资源,通过与微课视频、动画等数字资源配套,教材与相关在线课程有机联动,互融互通,更大限度提升教学效率;工作手册式教材满足学生将教学内容、笔记本页、作业、练习题等组合为一体的要求,既能减轻学生负担,又方便使用,节约资源;教材强化课程思政,以生物安全、人身安全、环境保护、辩证思维、团队协作等为切入点,对学生进行爱国主义情怀和社会主义核心价值观的培养。

本教材的编写分工如下:黑龙江农业工程职业学院加春生编写运动系统结构的识别、呼吸系统结构的识别、心血管系统结构的识别;南充职业技术学院樊平编写被皮系统结构的识别、家禽的解剖生理;宜宾职业技术学院曹洪志编写消化系统结构的识别;内江职业技术学院张娟编写泌尿系统结构的识别;贵州农业职业学院王兴群编写神经系统结构的识别;湖北三峡职业技术学院郑娟编写免疫系统结构的识别;黑龙江农业经济职业学院李晓娟编写动物体基本结构的认识;内江职业技术学院段茜编写内分泌系统结构的识别;贵州农业职业学院薛森武编写生殖系统结构的识别;哈尔滨宠颐生名冠宠物医院王天一编写犬、猫的解剖生理;哈尔滨市南岗区宠福爱动物门诊部毛泽明编写体温的测定;黑龙江农业工程职业学院周启扉、湖南环境生物职业技术学院刘军对书稿进行了审校。

本教材在编写过程中得到黑龙江农业工程职业学院、南充职业技术学院、宜宾职业技术学院、内江职业技术学院、贵州农业职业学院、湖北三峡职业技术学院、黑龙江农业经济职业学院、湖南环境生物职业技术学院、哈尔滨宠颐生名冠宠物医院、哈尔滨市南岗区宠福爱动物门诊部的大力支持,华中科技大学出版社对本教材的编写给予全方位指导和帮助,对本教材进行审稿,提出诸多修改意见,在此一并表示感谢! 由于编写新形态教材对编者来说尚属首次尝试,加之编者水平有限,本教材可能存在诸多不足之处,敬请广大读者提出宝贵意见,以便再版时修订。

编 者

目录

数字增值服务

动物解剖生理智慧树在线课程　动物解剖生理虚拟仿真　动物解剖生理试题库　动物解剖生理习题库

项目一 动物体基本结构的认识

项目概述

　　动物体基本结构主要从细胞结构、组织结构和动物体大体结构三个方面进行认识。动物体基本结构包括细胞和组织。动物细胞由细胞膜、细胞质、细胞核组成，细胞是动物体形态结构、生理功能和生长发育的基本单位。动物组织可分为上皮组织、结缔组织、肌组织和神经组织，这四类组织是构成动物体各器官的基本成分。

项目目标

　　知识目标：本项目主要学习细胞的构造和基本组织的构成及分布。通过观察图片和组织切片，认识细胞膜、细胞器、细胞核的结构，上皮组织、结缔组织、肌组织和神经组织的构成及分布，并能根据结构探讨其生理功能。熟记动物体主要部位的名称和骨性、肌性标志。

　　能力目标：能熟练使用和保养显微镜；能在显微镜下识别出组织切片、血涂片中细胞的结构，区分不同类型细胞；能准确说出动物体表的主要部位、名称及重要的骨性、肌性标志；能准确描述动物体的面和轴。

　　思政目标：在学习细胞相关知识的过程中，要紧紧把握不同生物结构和功能的基本单位（细胞）构造具有一致性的特点。通过高、低等生物细胞结构、功能的一致性强化学生对生物进化论的认识；通过引用恩格斯名言说明人类高等之处在于不断适应环境。作为新时代大学生，要不断适应社会环境，进入职业技术学院后要尽快树立掌握技能、服务生产的学习态度；通过胡克发明显微镜、人类发现精彩的微观世界的案例，带领学生初步认识微观世界。

任务一 细胞结构的认识

任务导入

　　动物有机体尽管形态结构复杂、生理功能多样，但都是由细胞和细胞间质构成的。细胞是动物体形态结构、生理功能和生长发育的基本单位，动物细胞由细胞膜、细胞质、细胞核组成。通过本任务的学习，熟知动物细胞的形态、大小，掌握细胞的构造，熟悉细胞膜的结构和功能、细胞质中各类细胞器的作用、细胞核的显微结构，了解细胞的生命活动，熟练使用和保养显微镜，能在显微镜下识别出血涂片中细胞的结构，区分不同类型的细胞。

学习目标

在这个任务中,重点是掌握细胞的构造和功能,特别是细胞膜的物质转运功能。从细胞的结构及功能引申到个人与集体及社会的关系,让学生树立良好的人生观、价值观和世界观。通过熟练使用和保养显微镜,练习在显微镜下识别血涂片中细胞的结构来认识细胞。在显微镜的反复规范操作中提高学生的耐心、细心程度,使学生具有规范操作意识和科学严谨的学习态度。

工作准备

(1)根据任务要求,了解构成动物体的各类细胞。
(2)收集细胞器的相关资料。
(3)本任务的学习需要计算机、显微镜、血涂片等。

任务资讯

任务一　　细胞结构的认识	学时	4

细胞是动物体形态结构、生理功能和生长发育的基本单位。细胞的基本化学成分有蛋白质、脂类、糖类、核酸、水、无机盐等。

一、细胞的形态和大小

动物体内的细胞形态多种多样,有圆形、椭圆形、立方形、柱状、长梭形、扁平状、星形等(图1-1),细胞形态与它们执行的功能和所在部位有直接关系。例如:肌细胞完成舒缩功能,呈细长的纤维状;血液中的细胞处于游离状态,多呈圆形;而排列紧密的上皮细胞多呈多边形;神经细胞接受刺激传导冲动,呈星形,有较多突起。

细胞的大小不一,并且相差悬殊。细胞的直径多为 $10\sim30\ \mu m$,动物体内最小的细胞是小脑的颗粒细胞,直径仅有 $4\sim5\ \mu m$,最大的是成熟的卵细胞,直径可达 $200\ \mu m$。细胞的大小与生物体的大小无关,其与细胞的功能相适应,同类细胞的体积是相近的。动物体积的增大、器官体积的增大,不是细胞体积变大,而是细胞数量增多的结果。

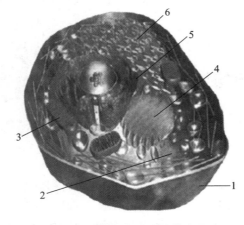

图 1-1　细胞的超微结构模式图

1.细胞膜　2.细胞质　3.线粒体
4.高尔基体　5.细胞核　6.内质网

二、细胞的结构

细胞形态多样,大小不一,但有共同的基本结构,分为细胞膜、细胞质和细胞核三个部分(图1-1)。

(一)细胞膜

1. 细胞膜的结构　关于细胞膜的结构,从19世纪以来人们提出了许多假说和模型,其中被广泛接受的是流动镶嵌模型。这种模型将细胞膜分为三层。在电子显微镜(电镜)下细胞膜可分为明暗相间的三层。内、外两层色暗,为电子致密层;中间层电子密度小,较明亮。色暗的两层主要由脂类构成,中间层主要由蛋白质构成(图1-2)。细胞内某些细胞器上的膜,也具有这三层结构,称为细胞内膜或单位膜。细胞膜和单位膜统称为生物膜。

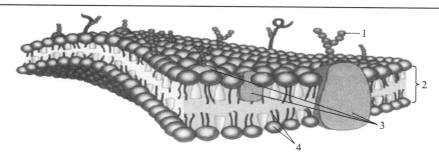

图 1-2　细胞膜结构模式图

1.糖蛋白　2.脂质双分子层　3.蛋白质分子　4.脂类分子

脂类分子呈双层排列,构成膜的框架,是膜的基质。脂类分子亲水的头部朝向膜内、外表面,而疏水的尾部朝向膜的内部,并且脂质双分子层不对称。膜中的脂类包括磷脂、胆固醇、糖脂等,以磷脂为主。它们使细胞膜具有一定的流动性。

蛋白质镶嵌在由脂质双分子层构成的框架中。膜内蛋白质以球状蛋白为主,根据蛋白质的功能可分为受体蛋白、载体蛋白等。若按其分布则可分为表在蛋白和嵌入蛋白两类。膜的大部分功能是由膜上的这些蛋白质来完成的。膜上蛋白质的数量能反映出膜功能的复杂程度。

2. 细胞膜的生理功能

(1)维持细胞形态和结构的完整性。

(2)保护细胞内含物,控制和调节细胞与周围环境间的物质交换,为细胞的生命活动提供相对稳定的环境。

(3)具有物质转运的功能。细胞要与环境之间发生联系与反应,必须通过细胞膜来实现,膜的脂质双分子层内部是疏水的,几乎阻碍了所有水溶性分子的通过。但细胞的生长发育过程中必须有物质的交换,除少量的小分子外,物质交换都是通过膜的跨膜运输来实现的。完成这一运输功能的是膜上的运输蛋白,它们为物质运输提供各种通道,这是由于细胞膜内的蛋白质可发生位置上的移动。物质通过细胞膜的运输方式主要有三种。

①被动运输:物质顺着浓度差由高浓度向低浓度运输。脂溶性分子和不带电的小分子(如水、氧气、二氧化碳等)可直接通过细胞膜,此种方式称为单纯扩散;而水溶性分子(如糖、氨基酸等)需要借助膜上的蛋白质来穿过细胞膜,此种方式称为易化扩散,也称协助扩散。被动运输方式均不需要消耗能量。

②主动运输:物质逆着浓度差由低浓度向高浓度运输。例如:正常血浆中钠离子浓度比红细胞中的高,而钾离子的浓度却比红细胞中的低,但钠离子仍能从红细胞内运输到血浆中,而钾离子却能从血浆中进入红细胞。主动运输主要由膜上的转运蛋白参与,是耗能的过程。通常把参与此运输过程的膜蛋白称为"泵"。运输钠离子和钾离子的就是钠钾泵,运输钙离子的就称为钙泵等。

③胞吞与胞吐作用:大分子与颗粒物质运输的方式。物质进出细胞的转运过程都有膜包围,在细胞质内形成小的膜泡。细胞膜接触到这些物质,首先发生内陷,包围这些大分子或颗粒物质,形成小泡(囊泡),然后小泡脱离细胞膜进入细胞内称为胞吞作用。胞吞作用中,内陷形成的小泡的大小与胞吞的物质有关,如果小泡内物质是液体称为胞饮作用,如果是大的颗粒物质(如微生物或细胞碎片)则称为吞噬作用。相反,细胞内的小泡与细胞膜融合,把所含物质送到细胞外就称为胞吐作用。胞吐作用是将细胞内的分泌泡或其他膜泡中的物质通过细胞膜运出细胞的过程。

(4)信息传递:多细胞动物不同细胞间及细胞与外界环境之间不断地发生信息交流,是因为细胞能接受信息,并发生生理、生化反应。而这些信息或信号,并不进入细胞内,只作用于细胞表面,因为细胞表面存在着能接受各种信号分子的相应受体。受体能够识别不同的配体。配体就是外部的信息或信号的统称,如激素、药物和神经递质等都是配体。

（5）细胞识别：细胞对同种和异种细胞的识别，对自己或异己细胞的鉴别。如血液中入侵的细菌会被白细胞识别、吞噬等。

（6）参与免疫反应：细胞膜上的部分糖蛋白，可以充当抗原，如血型抗原、组织相容性抗原等。它们所参与的反应就是免疫反应，即当机体的细胞、器官进入另一个机体内时，一般会发生排斥反应。如红细胞表面抗原的糖蛋白不同而形成不同的血型，因此，输血时需要配型。

（二）细胞质

细胞质是执行细胞生理功能和化学反应的重要部分，是存在于细胞膜与细胞核之间的物质，是均匀透明的胶状物，包括基质、细胞器和内含物。

1. 基质　基本由蛋白质、糖、无机盐和水等组成。光学显微镜（光镜）下观察，基质是均匀的透明细胞液。生理状态下，各种细胞器、内含物和细胞核均悬浮于基质中。

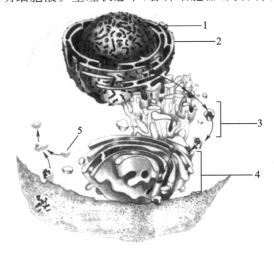

图 1-3　细胞器模式图
1.细胞核　2.粗面内质网　3.滑面内质网
4.高尔基体　5.溶酶体

2. 细胞器　细胞器是分布于细胞质内，执行一定生理功能，并具有一定形态结构的微小器官。主要包括线粒体、内质网、核糖体、溶酶体、高尔基体和中心体等（图 1-3）。

（1）线粒体：光镜下，呈线状或颗粒状，由内、外两层单位膜构成。内膜向内折叠成嵴。线粒体内含各种酶系，动物细胞摄取的糖、脂肪、蛋白质等营养物质，最终都是在线粒体内经这些酶的作用，彻底氧化分解成水和二氧化碳等，释放出能量，并以三磷酸腺苷（ATP）的形式储存起来，供细胞利用，为细胞提供80%以上的能量，故线粒体又被称为细胞的"供能站"。除成熟的红细胞外，其余细胞均有线粒体，但数量、大小不尽相同。代谢旺盛的细胞内含线粒体的数量较多，反之则较少。例如：肝细胞中线粒体的数量就比其他细胞的多。

（2）内质网：由单位膜构成的相互连通、大小不等的扁平囊所组成。根据其表面是否有核糖体（核蛋白体）附着，分为粗面内质网和滑面内质网。

粗面内质网由扁平囊和附着在其上的核糖体组成，主要参与蛋白质的合成与运输。由核糖体合成的分泌蛋白，进入内质网的囊腔内，因此，扁平囊既是运输的通道，又是核糖体附着的支架。

滑面内质网表面并不附着核糖体，其功能较为复杂，但与蛋白质的合成无关，主要参与激素、糖原和脂类的合成，还具有解毒作用。内质网是细胞中重要的代谢环境，内质网膜系统将细胞基质分隔为若干不同区域，使各种代谢能在特定环境下进行。

（3）核糖体：又称核蛋白体，化学成分主要是核糖核酸和蛋白质。电镜下，由大、小两个亚基组成。有的核糖体附着于内质网上，称为附着核糖体，有的核糖体游离于细胞的基质中，称为游离核糖体。核糖体与蛋白质合成有关：附着核糖体合成分泌蛋白，如抗体、激素等；游离核糖体合成自身的结构蛋白，如膜蛋白、基质蛋白等，它们供细胞生长、代谢和增殖等使用。

（4）溶酶体：散在于细胞中，光镜下不易见到。在电镜下，为圆形或椭圆形的小泡，含有多种酸性水解酶。溶酶体广泛存在于各种细胞内，最基本的作用是降解生物大分子，维持细胞正常代谢、防止病原体的侵入等。溶酶体能消化分解进入细胞的异物或衰老死亡的细胞碎片，使细胞内的一些结构不断更新；在饥饿状态下，溶酶体还能降解自身的生物大分子，以维持细胞的正常生命活动；动物体内的白细胞、巨噬细胞等可吞噬细菌、病毒等病原体，这些病原体也是在溶酶体内进行降解的。

（5）高尔基体：电镜下,高尔基体是由单位膜构成的扁平囊泡、大囊泡和小囊泡,分布在细胞核附近,其主要功能是参与细胞的分泌活动,合成分泌颗粒,并能合成多糖类物质。在肝细胞中,高尔基体还与脂蛋白的合成分泌有关。此外,高尔基体还参与溶酶体的形成。

（6）中心体：主要由两个相互垂直的中心粒组成,位于细胞中央近细胞核处。它在细胞分裂时形成纺锤体,与细胞有丝分裂有关。

3. 内含物 内含物是细胞内储存的营养物质和代谢产物,如脂类、糖原、蛋白质、色素等,其数量和形态可随细胞不同的生理状态而改变。

（三）细胞核

细胞核是细胞的重要组成部分,其主要功能是储存遗传信息,在一定程度上控制着细胞的代谢、分化和繁殖等活动。多数细胞只有一个细胞核,也有两个或多个细胞核的,如有的肝细胞有两个细胞核,骨骼肌细胞核可达数百个。

细胞核的形态结构在生活周期的不同阶段变化很大。在两次细胞分裂之间的时期,细胞核具有相对稳定的结构,均由核膜、核仁、核质组成。

1. 核膜 核膜是包于细胞核外的薄膜,在电镜下此膜为双层结构,膜上有核孔。核孔是细胞核与细胞质之间进行物质交换的通道。

2. 核仁 核仁是细胞核内的球形小体,通常为 1～2 个,主要化学成分是核糖核酸（RNA）和蛋白质。

3. 核质 核质由核液和染色质组成。核液为无结构的胶状物质,主要成分是水、蛋白质和无机盐等。染色质在细胞分裂间期呈颗粒状或块状,化学成分主要是脱氧核糖核酸（DNA）和蛋白质。当细胞进行有丝分裂时,染色质变粗变短,形成一定数目和形状的染色体。每种动物都有其特定的染色体数目和形态。如猪的染色体有 19 对,牛 30 对,马 32 对,驴 31 对,绵羊 27 对,山羊 30 对,犬 39 对。其中 1 对为性染色体,起决定下一代性别的作用,其余的则称为常染色体。染色体中的 DNA 储藏着大量遗传信息,控制着细胞的分化、机体的形态发育和代谢,决定子代细胞的遗传性状。

三、细胞的生命现象

（一）新陈代谢

新陈代谢是细胞生命活动的基本特征。通过新陈代谢,细胞内的物质不断得到更新,保持和调整细胞内、外的平衡,以维持细胞的生命活动。细胞在生命活动中,要不断地从外界摄取营养物质,并将其加工成自身可用的物质,这个过程称为同化作用。同时,细胞要不断地释放能量,以满足自身活动的需要,还要把代谢产物排出,这个过程称为异化作用。同化作用和异化作用的相互对立统一就是新陈代谢。

（二）细胞增殖

细胞增殖是通过细胞分裂完成的。大部分细胞的增殖方式为有丝分裂,少数细胞的是无丝分裂,无丝分裂可见于白细胞、肝细胞、膀胱上皮细胞等。还有特殊的分裂方式——减数分裂,如生殖细胞成熟过程中的分裂。

（三）感应性

感应性是细胞对外界刺激产生反应的能力。组织细胞受到机械、温度和化学等刺激后会发生反应。细胞种类不同,受到刺激后的反应也不同。例如：神经细胞受刺激后产生兴奋和传导冲动,肌细胞可产生收缩,腺细胞可产生分泌活动,浆细胞可产生抗体,细菌和异物的刺激可引起吞噬细胞的变形运动和吞噬活动等。

（四）运动性

活细胞在各种环境条件刺激下，能表现出不同的运动形式。例如：中性粒细胞的变形运动，肌细胞的收缩运动，呼吸道上皮细胞的纤毛运动，精子的鞭毛运动等。

（五）细胞的分化、衰老与死亡

1. 细胞的分化　在个体发育进程中，细胞在化学组成、形态结构和生理功能等方面发生稳定性差异的过程称为细胞的分化。此过程是不可逆的，可导致个体的成熟、衰老与死亡。分裂和分化不同，分裂是细胞数量上的变化，而分化是质变，是功能上的变化。一般来说，胚胎时期分化程度低的细胞，其分裂增殖的潜力大，如结缔组织的间充质细胞；分化程度较高的细胞，其分裂增殖的潜力小或完全丧失，如神经细胞。还有一些细胞，在不断进行分裂增殖的同时不断地进行分化，如精原细胞。细胞分化既受内部遗传因素的影响，也受某些外界环境因素（如化学农药、激素等）的影响。

2. 细胞的衰老与死亡　衰老和死亡是细胞发育过程中的必然结果。不同类型的细胞，衰老进程不一致。一般来说，分化程度高的细胞（如神经细胞和心肌细胞）衰老较慢，其寿命可与个体等长。相反，分化程度低的细胞（如红细胞、上皮细胞等）衰老较快，仅存活数十天。

当细胞衰老时，细胞质内脂肪增多，出现空泡，核崩溃或核溶解，而后整个细胞解体。细胞死亡后，在体内被吞噬细胞吞噬或自溶解体，随排泄物排出体外。在体表死亡的细胞则自行脱落。

在线学习

1. 动物解剖生理在线课	2. 多媒体课件	3. 能力检测
视频：细胞的基本　视频：细胞器 结构及功能	PPT：1.1	习题：1.1　试题：1.1

任务实施

一、任务分配

学生任务分配表（此表每组上交一份）

班级		组号		指导教师	
组长		学号			
组员		姓名	学号	姓名	学号
任务分工					

二、工作计划单

工作计划单（此表每人上交一份）

项目一	动物体基本结构的认识		学时	8
学习任务	细胞结构的认识		学时	4
计划方式	分组计划（统一实施）			
制订计划	序号	工作步骤	使用资源	
	1			
	2			
	3			
	4			
	5			
	6			
	7			
制订计划说明	（1）每个任务中包含若干个知识点，制订计划时要加以详细说明。 （2）各组工作步骤顺序可不同，任务必须一致，以便于教师准备教学场景。 （3）先由各组制订计划，交流后由教师对计划进行点评。			
	班级		第 组	组长签字	
	教师签字			日期	
评语				

三、器械、工具、耗材领取清单

器械、工具、耗材领取清单（此表每组上交一份）

班级： 小组： 组长签字：

序号	名称	型号及规格	单位	数量	回收	备注

回收签字　学生：　　　教师：

四、工作实施

工作实施单（此表每人上交一份）

项目一	动物体基本结构的认识		
学习任务	细胞结构的认识	建议学时	4

Note

7

续表

任务实施过程

一、实训场景设计

在校内显微互动实训室进行,要求有计算机、投影仪、擦镜纸、显微镜、血涂片等。将全班学生分成8组,每组4~5人,由组长带头,制订任务分配、工作计划,领取器械、工具和耗材,并认真记录。

二、材料与用品

鸡血涂片,牛、马、羊或猪等哺乳动物的血涂片,脊髓涂片,平滑肌细胞分离装片等。

三、任务实施过程

了解本学习任务需要掌握的内容,组内同学按任务分配收集相关资料,按下述实施步骤完成各自任务,并分享给组内同学,共同完成学习。

实施步骤:

(1)学生分组,填写分组名单。

(2)制订并填写学习计划,小组讨论计划实施的可行性,由教师进行决策和点评。

(3)了解显微镜的使用及保养方法。

通过前期网络平台在线课程的学习,参照教材上显微镜的使用及保养操作步骤,进行显微镜的操作及保养练习。

各小组成员练习后讨论,记录显微镜使用的操作要点,记录显微镜保养方法要点。

引导问题1:简述显微镜各组件的名称及作用。

引导问题2:简述显微镜使用的操作流程。

引导问题3:简述显微镜放大倍数的计算方法。

引导问题4:简述显微镜的保养方法。

引导问题5:显微镜下观察鸡血涂片、牛血涂片,描述两类血涂片中血细胞的结构及不同点,并用红蓝铅笔绘制高倍镜下两类血涂片中的红细胞。

引导问题6:显微镜下观察脊髓涂片,用红蓝铅笔绘制高倍镜下脊髓涂片中的神经细胞,并标注细胞结构。

引导问题7:显微镜下观察平滑肌细胞分离装片,用红蓝铅笔绘制高倍镜下平滑肌细胞,并标注细胞结构。

五、评价反馈

学生进行自评,评价自己能否完成学习任务、完成引导问题,在完成过程中有无遗漏等。教师对学生进行评价的内容如下:工作实施是否科学、完整,所填内容是否正确、翔实,学习态度是否端正,学习过程中的认识和体会等。

学生自评表

班级: 姓名: 学号:

学习任务	细胞结构的认识		
评价内容	评价标准	分值	得分
完成引导问题1	熟知显微镜各组件的名称及作用	10	
完成引导问题2	显微镜使用的操作流程书写正确	10	
完成引导问题3	显微镜放大倍数的计算方法正确	5	
完成引导问题4	显微镜的保养方法正确	10	
完成引导问题5	绘制高倍镜下两类血涂片中的红细胞正确,血细胞的结构及不同点描述正确	10	
完成引导问题6	绘制高倍镜下脊髓涂片中的神经细胞正确,结构标注正确	5	
完成引导问题7	绘制高倍镜下平滑肌细胞正确,结构标注正确	5	
学习态度	态度端正,无缺勤、迟到、早退等现象	5	
学习质量	能按计划完成学习任务	10	
协调能力	小组成员间能合作交流、讨论、协调工作	10	
职业素质	能做到安全、规范操作,文明交流,保护环境,爱护实训器材和公共设施	10	
创新意识	通过学习,建立空间概念,举一反三	5	
思政收获和体会	完成任务有收获	5	

学生互评表

班级: 姓名: 学号:

学习任务	细胞结构的认识		
序号	评价内容	组内互评	组间评价	总评
1	任务是否按时完成			
2	器械、工具等是否放回原位			
3	任务完成度			
4	语言表达能力			
5	小组成员合作情况			
6	创新内容			
7	思政目标达成度			

教师评价表

班级: 姓名: 学号:

学习任务	细胞结构的认识		
序号	评价内容	教师评价	综合评价
1	学习准备情况		

Note

续表

2	计划制订情况		
3	引导问题的回答情况		
4	操作规范情况		
5	环保意识		
6	完成质量		
7	参与互动讨论情况		
8	协调合作情况		
9	展示汇报		
10	思政收获		
总分			

任务二　组织结构的识别

→ 任务导入

　　动物体的基本组织包括上皮组织、结缔组织、肌组织和神经组织四类。动物体的各器官都是由组织构成的,各器官的功能也是由不同组织来完成的。通过本任务的学习,掌握上皮组织的构成、分类、分布及功能,结缔组织的构成、分类、分布及功能,特别是疏松结缔组织的构成,肌组织的构成、分类、分布及功能和神经组织的构成、分布及功能。

→ 学习目标

　　在这个任务中,重点是掌握上皮组织、结缔组织、肌组织和神经组织的构成及分布,根据结构探讨其生理功能。能熟练调节显微镜,能区分显微镜下的不同组织,准确识别其结构特点并描述其功能。根据不同组织的结构特点和功能,强调团队合作的重要性,培养学生的团队合作意识。

→ 工作准备

　　(1)根据任务要求,了解动物体四大基本组织的分布。
　　(2)收集四大基本组织的相关资料。
　　(3)本任务的学习需准备计算机、显微镜、各类上皮组织切片、各类结缔组织切片、三类肌组织切片和神经组织涂片、分离装片等。

→ 任务资讯

任务二　组织结构的识别	学时	2
组织由起源相同、形态和功能相似的细胞和细胞间质构成。组织是构成机体内各器官的基本材料。根据组织的形态结构与功能特点,动物体内的组织可分为上皮组织、结缔组织、肌组织、神经组织四类。		

一、上皮组织

上皮组织简称上皮,主要分布于动物体的外表面及管腔器官的内表面,此外,还分布在腺体和感觉器官内。上皮组织的结构特征是细胞排列紧密,呈一层或多层排列,细胞间质少。上皮组织的细胞有明显的极性,一面是游离面,不与其他组织相连,另一面是基底面,以基膜与深层结缔组织相连。上皮组织内缺乏血管和淋巴管,其营养物质的获得及代谢产物的排出,都是靠基膜的渗透实现的。上皮组织的功能多种多样,主要有保护、吸收、分泌、感觉和排泄等功能。

根据上皮组织的功能和形态结构特点,可将其分为被覆上皮、腺上皮、感觉上皮和生殖上皮四类。

(一)被覆上皮

被覆上皮是分布最广泛的一类上皮,根据细胞排列层次和形态不同可分为以下两类。

1. 单层上皮 细胞呈单层排列,细胞的基底面与基膜相贴。

(1)单层扁平上皮细胞呈扁平不规则多边形,单层排列为膜状,细胞核呈扁圆形,位于细胞中央。单层扁平上皮(图1-4)根据所处位置不同分为间皮和内皮。分布于心脏、血管和淋巴管内壁表面的单层扁平上皮称为内皮,薄而光滑,以减少血液和淋巴流动时的阻力;分布于胸膜、腹膜、心包膜和某些器官表面的单层扁平上皮称为间皮,光滑而湿润,可减少内脏器官运动时的摩擦。

(2)单层立方上皮细胞侧面观呈立方状,细胞排列紧密,细胞核大而圆,位于中央。单层立方上皮(图1-5)多分布于腺体排泄管、卵巢表面、甲状腺腺泡等处。其功能随器官不同而异。

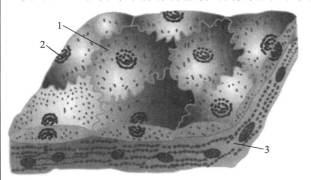

图 1-4 单层扁平上皮
1.细胞 2.细胞核 3.基膜

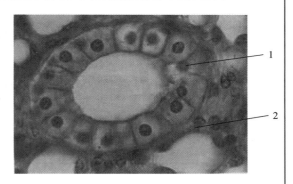

图 1-5 单层立方上皮
1.细胞核 2.基膜

(3)单层柱状上皮(图1-6)由多面形高柱状细胞组成,细胞核长圆形,位于细胞基部。此类上皮分布于胃、肠、子宫等器官内表面及一些腺体内,有吸收和分泌的功能。

(4)假复层柱状纤毛上皮(图1-7)由高低不同、形态也各异的细胞构成。其看似复层,但由于细胞均起自同一基膜上,因而为单层上皮。其游离面上有纤毛,故称为假复层柱状纤毛上皮。此类上皮主要分布于呼吸道、睾丸输出管、输精管及输卵管等处。

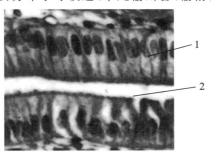

图 1-6 单层柱状上皮
1.细胞核 2.基膜

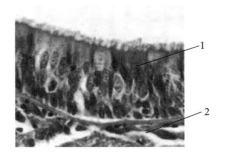

图 1-7 假复层柱状纤毛上皮
1.纤毛 2.基膜

Note

2. 复层上皮 由两层或两层以上的上皮细胞组成,仅基底层细胞与基膜相贴。动物体中常见的有两种,即复层扁平上皮和变移上皮。

(1)复层扁平上皮由多层细胞构成,表层细胞扁平,呈鳞片状;深层细胞体积较大,呈梭形、多角形到低柱形(图1-8)。最内层与基膜相贴,其分裂增殖能力较强,所以复层扁平上皮的修复能力很强,多分布于皮肤、口腔、食管、输精管、阴道等处,起保护作用,是一种保护性上皮。

(2)变移上皮由多层细胞组成,细胞的层数和形状随器官功能状态的变化而改变(图1-9)。主要分布于膀胱、输尿管等处的黏膜。当器官充盈时,变移上皮的细胞层数减少,表层细胞变得扁平;当器官缩小时,上皮变厚,细胞层数增多。

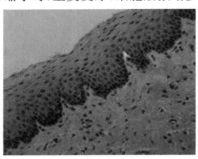

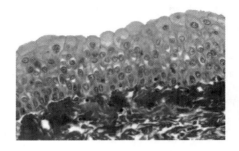

图1-8 复层扁平上皮   图1-9 变移上皮(扩张状态)

(二)腺上皮

由具有分泌功能的细胞组成的上皮称为腺上皮。腺上皮细胞多数聚集成团状、索状、管状或泡状,也有单个存在的,如杯状细胞,或少量散在分布的,如睾丸间质细胞。

以腺上皮为主要成分构成的器官称为腺体。腺体又因其形态和结构不同分为外分泌腺和内分泌腺。如果腺体的导管与表面上皮有联系,腺体分泌物可经导管排到器官管腔内或体表,这种腺体称为外分泌腺,亦称有管腺,如唾液腺、泪腺、胃腺、肠腺等。如果腺体与表面上皮脱离,不形成导管,腺体分泌物通过渗透进入血液而运送至全身各部,这种腺体称为内分泌腺,亦称无管腺,如肾上腺、甲状腺、脑垂体等。这种腺体的分泌物,称为激素。

(三)感觉上皮

感觉上皮又称神经上皮,是具有特殊感觉功能的特化上皮,上皮的游离端往往有纤毛,另一端与感觉神经纤维相连。此类上皮主要分布在舌、鼻、眼、耳等感觉器官内,具有感受刺激的功能。

(四)生殖上皮

生殖上皮分布于雄性动物的睾丸和雌性动物的卵巢内。

二、结缔组织

结缔组织是动物体内分布最广、形态结构最多样的一大类组织,以细胞少、细胞间质多为特征。细胞间质又分为基质和纤维两个部分。基质是无定形物质,充填于细胞和纤维之间。结缔组织的形态和功能多样,主要功能有填充、连接、支持、防卫、营养、运输、修复等。根据结缔组织的形态结构特点,可将其分为疏松结缔组织、致密结缔组织、脂肪组织、网状组织、软骨组织、骨组织、血液和淋巴。

(一)疏松结缔组织

疏松结缔组织质地柔软,具有一定的弹性和韧性,广泛分布于皮下、器官内及各器官之间。肉眼观察呈白色网泡状或蜂窝状(图1-10),故又称蜂窝组织,具有连接、支持、保护、营养、修复、运输代谢产物等作用。疏松结缔组织的基质多,纤维和细胞成分少,结构疏松。疏松结缔组织由细胞、纤维和基质组成。

1. 细胞 细胞数量少,但种类较多,功能也各不相同,主要的细胞有成纤维细胞、巨噬细胞、肥大细胞和浆细胞等。

(1)成纤维细胞是疏松结缔组织中的主要细胞,细胞体积大,有突起,位于胶原纤维附近,功能较活跃;能分泌胶原蛋白、弹性蛋白和蛋白多糖,有产生三种纤维和基质的能力;在组织修复中其功能表现更明显。

(2)巨噬细胞又称组织细胞,细胞呈梭形,细胞核小;其来源于血液中的单核细胞。此细胞有一定的趋化

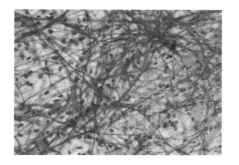

图 1-10　疏松结缔组织

性,当细胞受到抗原或其他趋化因子的刺激时,能做变形运动。由于胞质富含溶酶体,此细胞有很强的吞噬能力,能吞噬进入组织的细菌、衰老死亡的细胞器,并清除坏死的组织。

(3)肥大细胞位于小血管附近,呈圆形,细胞核小,染色浅;细胞质内含粗大的碱性颗粒,颗粒中含有组胺、5-羟色胺和肝素等;可参与机体的过敏反应,其中肝素有防止血液凝固的作用。

(4)浆细胞呈圆形或椭圆形,核圆形,位于细胞一侧;核内染色质多聚集成块,沿核膜呈辐射状排列,呈车轮状,故称车轮状核,是镜下识别该细胞的重要标志。其主要功能是合成和分泌抗体,参与机体的体液免疫。

2. 纤维 疏松结缔组织中的纤维有胶原纤维、弹性纤维和网状纤维,它们分散交织于基质中。

(1)胶原纤维数量最多,分布最广,新鲜时为白色,故又称白纤维。纤维粗细不同,直径为 $1\sim12\ \mu m$,常被黏合在一起,构成胶原纤维束,交织分布。胶原纤维韧性大、抗拉性强,但弹性较差,其化学成分为胶原蛋白,是结缔组织发挥支持作用的物质基础。

(2)弹性纤维新鲜时呈黄色,又称黄纤维。弹性纤维数量比胶原纤维少,纤维较细,其化学成分为弹性蛋白,韧性差而弹性好。

(3)网状纤维细短而分支较多,常交织成网。在疏松结缔组织中数量较少。其化学成分为胶原蛋白,有韧性而无弹性。

3. 基质 疏松结缔组织中基质为无定形的无色透明胶状物,各种细胞膜和纤维都浸没其中。其主要成分是透明质酸和组织液。

（二）致密结缔组织

致密结缔组织的特点是细胞和基质成分少而纤维成分多,纤维排列紧密。细胞以有活性的成纤维细胞和无活性的纤维细胞为主。绝大部分致密结缔组织以胶原纤维为主,如排列不规则互相交织的真皮、骨膜、巩膜等,排列规则的肌腱、韧带等。也有的致密结缔组织以弹性纤维为主且排列较规则,如项韧带。致密结缔组织中的纤维排列方向与其所受的张力方向一致。致密结缔组织主要起连接、支持和保护作用。

（三）脂肪组织

脂肪组织由大量脂肪细胞聚集而成,成群的细胞之间由疏松结缔组织将其分隔成若干小叶,基质含量极少(图 1-11)。脂肪组织主要分布在皮下、肠系膜、大网膜、肾周围及某些器官周围,主要作用是储存脂肪,参与能量代谢,缓冲和维持体温。

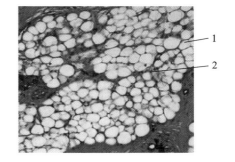

图 1-11　脂肪组织
1.脂肪细胞　2.疏松结缔组织

（四）网状组织

网状组织由网状细胞和网状纤维及无定形的基质组成,没有单独存在的网状组织。网状细胞呈星形,有多个突起,细胞核较大,着色淡,核仁明显,并且相邻的细胞借突起彼此相连,并具有生成网状纤维的功能。网状纤维纤细,多分支,沿网状细胞分布,并被网状细胞突起包围、交织成网。其基质是淋巴或组织液。网状组织主要分布于在淋巴结、脾、胸腺、骨髓等组织器官内。一般认为网状组织是构成淋巴组织的支架,并为淋巴细胞和血细胞的发育提供好的微环境。

（五）软骨组织

软骨组织和覆盖在其上的软骨膜统称为软骨。软骨组织由少量的软骨细胞和大量的细胞间质构成。软骨细胞埋藏在由软骨基质形成的软骨陷窝中,细胞间质包括胶状的纤维和基质。软骨内缺少血管和神经,其营养依靠软骨表面的软骨膜内的血管供应。除关节软骨外,软骨表面覆盖有一层结缔组织构成的软骨膜。软骨膜有内、外两层结构,外层为纤维层,内层含有细胞、血管及神经末梢。软骨组织坚韧而富有弹性,具有支持和保护作用。根据软骨基质中所含纤维成分的不同,将其分为透明软骨、弹性软骨和纤维软骨。

1. 透明软骨　新鲜时为浅蓝色,半透明,稍有弹性。基质中的纤维主要是纤细的胶原纤维,其折光度与基质相似,因而镜下难以分辨,光镜下纤维不明显,故称为透明软骨。透明软骨有弹性,能承受压力,主要分布于骨的关节面、肋软骨、气管环、胸骨、喉等处。

2. 弹性软骨　呈微黄色,有弹性,不透明,结构与透明软骨相似。间质中含有大量的弹性纤维,并交织成网。软骨细胞多分散存在。这种软骨主要分布于耳廓、会厌软骨等处。

3. 纤维软骨　新鲜时呈白色,富有韧性。基质中含大量平行排列的胶原纤维束,软骨细胞成行排列于纤维束之间。软骨与软骨膜之间无明显分界。机体内的椎间盘、半月板均为纤维软骨,有很强的抗压能力。

（六）骨组织

骨组织由骨细胞和细胞间质构成。间质内因有大量的钙盐沉淀,故称为骨质。骨组织是动物体内最坚硬的组织,构造复杂。骨组织具有支持、保护和造血等功能。

1. 骨细胞　骨细胞扁平,有多个突起,位于骨质内,单个分散于骨板内或相邻的骨板之间,胞体所在的位置是骨陷窝。骨陷窝向周围伸出许多骨小管,相邻的骨小管是互相连通的。骨细胞伸出突起,通过骨小管与相邻的骨细胞相连接。

2. 骨质　骨质内有机成分包括大量的胶原纤维和少量的黏蛋白;无机成分主要是钙盐,又称骨盐。动物体内90%的钙以骨盐的形式储存在骨内。

骨组织内的胶原纤维被基质中的黏蛋白黏合在一起并有钙盐沉积形成的薄板状结构,称为骨板。同一层内的骨胶原纤维束平行排列,相邻骨板内的纤维互相垂直或成一定角度并有分纤维贯穿于两层骨板之间。骨组织的这种结构,增强了骨的坚固性。

（七）血液和淋巴

血液和淋巴是流动在血管和淋巴管内的液体性结缔组织,由细胞(各种血细胞、淋巴细胞)和细胞间质(血浆、淋巴液)组成。

三、肌组织

肌组织是动物产生各种运动的动力组织,如四肢的运动、胃肠蠕动、心脏跳动都通过肌组织的舒缩来实现。肌组织由肌细胞构成,细胞间夹有少量的疏松结缔组织、血管和神经。肌细胞细而长,也称肌纤维,其细胞膜为肌膜,肌细胞的胞质为肌浆。肌组织所含的细胞间质极少。肌细胞中所含的肌原纤维是肌细胞收缩的物质基础。

肌组织根据形态结构、生理特性和分布的不同,可分为骨骼肌、平滑肌、心肌。

1. 骨骼肌 主要分布在骨骼上,其因肌纤维上有明显的横纹,也称横纹肌,由于受意识的支配,又称随意肌。骨骼肌细胞呈圆柱状,属多核细胞,细胞核最多可达几百个(图1-12)。骨骼肌收缩有力,快速但不持久。

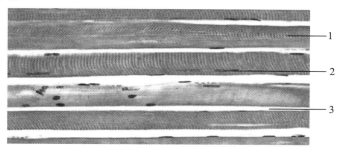

图 1-12　骨骼肌纵切面
1.骨骼肌纤维　2.骨骼肌细胞核　3.间质

2. 平滑肌 平滑肌分布广泛,主要分布于血管壁、淋巴管壁、内脏器官等处,所以又称内脏肌。其因不受意识的支配,又称不随意肌。平滑肌细胞呈长梭形,有一个细胞核,呈棒状或椭圆状(图1-13)。平滑肌收缩缓慢而持久,有节律性。

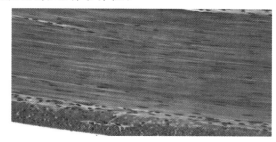

图 1-13　平滑肌纵切面

3. 心肌 心肌主要分布在心脏,是构成心壁的主要组织。心肌纤维与骨骼肌纤维一样,也有横纹,心肌纤维呈短柱状,细胞核为卵圆形,每条肌纤维有1~2个核,且位于纤维中央(图1-14)。心肌和平滑肌一样属于不随意肌,不受意识的支配。心肌能自动有节律地收缩,收缩力最强,持续时间最长,不会出现强直收缩。

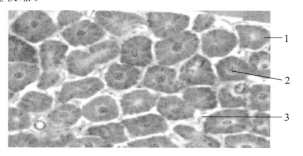

图 1-14　心肌横切面
1.细胞质　2.细胞核　3.结缔组织

四、神经组织

神经组织由神经细胞和神经胶质细胞组成。神经组织分布广泛,是构成脑、脊髓和外周神经的主要组织。外周神经的末端伸入器官组织内,构成了神经末梢。

扫码看彩图
1-12

扫码看彩图
1-13

扫码看彩图
1-14

（一）神经元

1. 神经元的构造　神经细胞又称神经元,是神经系统结构和功能的基本单位,是高度分化的细胞。神经元是神经组织的主要成分,由细胞体和突起构成(图1-15)。

（1）细胞体包括细胞核及其周围的细胞质。细胞体形态多样,大小相差大,多分布于脑、脊髓和神经节中。细胞体包括细胞核、细胞质和细胞膜等结构。

（2）突起是从细胞体伸出的,由细胞质和细胞膜共同向外周延伸而成,按其形态可分为轴突和树突。

①轴突:从细胞体发出的一个细长的单突称轴突,其末端有小的分支。每个神经元只有一个轴突。轴突的主要功能是运输功能,能将神经冲动从一个神经元传至另一个神经元,或传至肌细胞和腺细胞等效应器上。

②树突:从细胞体发出的一种呈树枝状的短突称树突,起始端较粗,逐渐变细。树突的多少和长短因神经元的种类不同而不同。树突的作用是接受由感受器或其他神经元传来的冲动,并将其传至细胞体,分支越多,所能接受冲动的面积越大。

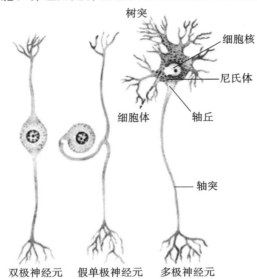

图 1-15　神经元的结构模式图

2. 神经元的类型

（1）按神经元细胞体发出突起的数目分为假单极神经元、双极神经元和多极神经元。

（2）按神经元的功能分类。

①感觉神经元:又称传入神经元,能感受内、外刺激并将其转变为神经冲动,进而将冲动传至脑和脊髓。细胞体分布于外周神经系统中。

②中间神经元:又称联络神经元,能联络感觉神经元和运动神经元,多分布于中枢神经中。

③运动神经元:又称传出神经元,能把中枢的神经冲动传至外周的效应器,引起肌肉收缩或腺体分泌。

3. 神经纤维　神经元的长突起及外面包绕的神经胶质(施万细胞)细胞构成的结构称为神经纤维。神经纤维的主要功能是传导神经冲动。根据轴突外是否包有髓鞘分为有髓神经纤维和无髓神经纤维。

（1）有髓神经纤维包括三层结构,即轴突、髓鞘和外面的一层薄的神经膜。一般中枢神经中有髓神经纤维的髓鞘由少量神经胶质细胞构成,而外周神经中有髓神经纤维的髓鞘由施万细胞构成。

（2）无髓神经纤维没有由脂蛋白构成的髓鞘,但有神经膜包绕,植物性神经的节后神经纤维为无髓神经纤维。

4. 神经末梢　神经末梢是外周神经纤维的末端分支部分终止于其他组织的一种结构。按功能分为感觉神经末梢和运动神经末梢。

（1）感觉神经末梢是感觉神经元轴突末梢,末端的装置称为感受器。感觉神经末梢可以接受内环境的各种刺激,并将其传至中枢神经系统。

（2）运动神经末梢是中枢发出的运动神经元轴突末梢,末端与肌细胞膜、腺细胞相连组成的结构称为效应器。运动神经末梢可支配这些器官的活动。

（二）神经胶质细胞

神经胶质细胞是神经系统中不具有兴奋传导功能的一种辅助性细胞,有支持、营养、保护神经元的作用。此类细胞的数量是神经元的 $10\sim50$ 倍,夹杂在神经元之间,细胞有突起,但没有树突和轴突之分。中枢神经系统的神经胶质细胞种类多,可分为星形胶质细胞、少突胶质细胞及小胶质细胞等。

 在线学习

1.动物解剖生理在线课	2.多媒体课件	3.能力检测
视频:结缔组织	PPT:1.2	习题:1.2　　试题:1.2

 任务实施

一、任务分配

学生任务分配表（此表每组上交一份）

班级		组号		指导教师	
组长		学号			
组员	姓名		学号	姓名	学号
任务分工					

二、工作计划单

工作计划单（此表每人交一份）

项目一		动物体基本结构的认识		学时	8
学习任务		组织结构的识别		学时	2
计划方式		分组计划（统一实施）			
制订计划	序号	工作步骤		使用资源	
	1				
	2				
	3				

Note

续表

制订 计划	4		
	5		
	6		
	7		
制订计划 说明	(1) 每个任务中包含若干个知识点,制订计划时要加以详细说明。 (2) 各组工作步骤顺序可不同,任务必须一致,以便于教师准备教学场景。 (3) 先由各组制订计划,交流后由教师对计划进行点评。		

	班级		第 组	组长签字	
评语	教师签字			日期	

三、器械、工具、耗材领取清单

器械、工具、耗材领取清单(此表每组上交一份)

班级: 小组: 组长签字:

序号	名称	型号及规格	单位	数量	备注

回收签字 学生: 教师:

四、工作实施

工作实施单(此表每人上交一份)

项目一	动物体基本结构的认识		
学习任务	组织结构的识别	建议学时	2
任务实施过程			

一、实训场景设计

在校内解剖实训室或虚拟仿真实训室进行,要求有计算机、实验动物猪等。将全班学生分成8组,每组4~5人,由组长带头,制订任务分配、工作计划,领取器械、工具和耗材,并认真记录。

二、材料与用品

动物各种组织切片、显微镜等。

三、任务实施过程

了解本任务需要掌握的内容,组内同学按任务分配,收集相关资料,完成各自任务,并分享给组内同学,共同完成学习任务。

续表

实施步骤:

（1）学生分组,填写分组名单。

（2）制订并填写学习计划,小组讨论计划实施的可行性,由教师进行决策和点评。

（3）按组领取各类上皮组织、结缔组织、肌组织和神经组织切片,在设备回收时,按领取数量核实后,签字确认。

（4）熟练使用显微镜,分别在低倍镜和高倍镜下观察四种基本组织,小组成员交换组织切片进行观察。

（5）把看到的内容与同学分享、讨论,描述所看到的内容。

（6）对显微镜下各组织的形态特点及结构识别进行自我评价、组内考核和组间考核,完成自评和互评。

（7）在观察和考核过程中,如有问题,随时与教师沟通,观察和考核后完成下列引导问题。

引导问题1:上皮组织的特点是什么? 你观察的是哪类上皮组织? 它主要分布于哪里?

引导问题2:结缔组织共分为哪几类? 你观察的是哪类结缔组织? 它主要分布于哪里?

引导问题3:肌组织共分为哪三类? 你观察的是哪类肌组织? 它主要分布于哪里?

引导问题4:神经组织由什么构成? 绘制神经元的结构,并标注其主要结构名称。

引导问题5:用彩色铅笔绘制你观察到的上皮组织图,并标注切片名称和放大倍数。

引导问题6:用彩色铅笔绘制你观察到的结缔组织图,并标注切片名称和放大倍数。

引导问题7:用彩色铅笔绘制你观察到的肌组织图,并标注切片名称和放大倍数。

五、评价反馈

学生进行自评,评价自己能否完成学习任务、完成引导问题,在完成过程中有无遗漏等。教师对学生进行评价的内容如下:工作实施是否科学、完整,所填内容是否正确、翔实,学习态度是否端正,学习过程中的认识和体会等。

学生自评表

班级： 姓名： 学号：			
学习任务	组织结构的识别		
评价内容	评价标准	分值	得分
完成引导问题 1	能识别上皮组织，正确说出上皮组织的特点及分布	10	
完成引导问题 2	能识别结缔组织，正确说出结缔组织的分类、特点及分布	10	
完成引导问题 3	能识别肌组织，正确说出肌组织的分类、特点及分布	10	
完成引导问题 4	能正确绘制神经元的结构，并标注结构名称	10	
完成引导问题 5	能正确绘制上皮组织图，标注切片名称和放大倍数	10	
完成引导问题 6	能正确绘制结缔组织图，标注切片名称和放大倍数	10	
完成引导问题 7	能正确绘制肌组织图，标注切片名称和放大倍数	10	
学习态度	态度端正，无缺勤、迟到、早退等现象	5	
学习质量	能按计划完成工作任务	5	
协调能力	与小组成员间能合作交流、协调工作	5	
职业素质	能做到安全操作，文明交流，保护环境，爱护动物，爱护实训器材和公共设施	5	
创新意识	通过学习，建立空间概念，举一反三	5	
思政收获和体会	完成任务有收获	5	

学生互评表

班级： 姓名： 学号：				
学习任务	组织结构的识别			
序号	评价内容	组内互评	组间评价	总评
1	任务是否按时完成			
2	器械、工具等是否放回原位			
3	任务完成度			
4	语言表达能力			
5	小组成员合作情况			
6	创新内容			
7	思政目标达成度			

教师评价表

班级： 姓名： 学号：			
学习任务	组织结构的识别		
序号	评价内容	教师评价	综合评价
1	学习准备情况		
2	计划制订情况		
3	引导问题的回答情况		
4	操作规范情况		
5	环保意识		
6	完成质量		

续表

7	参与互动讨论情况		
8	协调合作情况		
9	展示汇报		
10	思政收获		
总分			

任务三　动物体大体结构的识别

任务导入

组织构成器官,器官构成系统,各器官、系统构成动物有机体。通过本任务的学习,掌握动物体表主要部位的名称、解剖学常用方位术语,从局部到整体认识动物有机体。

学习目标

在这个任务中,重点是熟记动物体表主要部位的名称及会用解剖学常用方位术语,能描述器官、系统及动物有机体的构成,能准确描述动物体的面和轴。根据动物体是一个有机整体,培养学生的集体荣誉感。

工作准备

(1) 根据任务要求,认识动物体主要部位的名称,会用解剖学常用方位术语。
(2) 收集动物解剖学常用方位术语的相关资料。
(3) 准备计算机、各类动物标本、模型、活体动物等。

任务资讯

任务三　动物体大体结构的识别	学时	2

一、器官、系统和有机体

（一）器官

器官是由几种不同组织按一定规律有机地结合在一起,并具有一定形态、执行一定生理功能的结构。按形态特点分为中空性器官、实质性器官和膜性器官三类。

1. 中空性器官　器官内部有较大的空腔,如食管、胃、肠、子宫、膀胱等。结构上分内、外两层。内表面是上皮,周围是结缔组织和肌组织。

2. 实质性器官　器官内部没有大的空腔,如肝、脾、肾和肌肉等。它们的结构分实质和间质两个部分。实质是指代表该器官主要特征的某一种组织,如脑实质部分就是神经组织,肝的实质部分就是肝细胞等。间质是指该器官内部的一些辅助部分,大多为一些结缔组织、血管和神经。

3. 膜性器官　膜性器官是指覆盖在体表或体腔的一层膜,如胸膜和腹膜。它们的结构特点是表面为一层上皮,上皮下是结缔组织。

（二）系统

多个功能上密切相关的器官，按一定的规律联合在一起，彼此分工合作来完成机体某一方面的生理功能，这些器官就构成一个系统。如肾、输尿管、膀胱和尿道这些器官按一定的顺序联合在一起完成泌尿、储尿、排尿功能，它们就组成一个系统，即泌尿系统。

动物由十大系统组成：运动系统、被皮系统、消化系统、呼吸系统、泌尿系统、生殖系统、循环系统、内分泌系统、免疫系统、神经系统。其中消化系统、呼吸系统、泌尿系统、生殖系统称为内脏。构成内脏的各个器官为脏器。

（三）有机体

有机体是由各个器官和系统构成的完整统一体。有机体内的各个器官、系统都不是独立存在的，而是相互关联的，它们协调统一才能保证有机体的完整性。动物体与外界环境之间也要保持动态平衡。这种平衡主要靠机体的神经调节、体液调节和器官、组织、细胞的自身调节来实现。

1. 神经调节　神经系统对各个器官和系统活动所进行的调节称神经调节。神经调节的基本方式是反射。所谓的反射是指机体在神经系统的参与下，对内、外刺激所产生的全部适应性反应。完成这一活动必备的结构就是反射弧，它由感受器、传入神经纤维、神经中枢、传出神经纤维和效应器五个部分组成，缺一不可。任何一个环节发生异常，反射活动均不能完成。

神经调节的特点是作用范围比较局限，作用时间短，但迅速而准确。

2. 体液调节　体液因素能通过血液循环输送到全身或某些特定的器官，有选择地调节其功能活动的过程称为体液调节。体液因素很多，如内分泌腺、具有分泌功能的特殊细胞或组织分泌物都能参与体液调节。另外组织本身的代谢产物（如二氧化碳）也参与体液调节。

体液调节的特点是作用范围比较广泛，作用时间长，但作用较缓慢。

动物体内各个器官、系统的协调统一不是靠单一的一种调节来完成的，而是神经调节和体液调节双重因素作用的结果，而且神经调节直接或间接地支配着体液调节。从整体上来讲，神经调节占主要位置。

3. 自身调节　在周围环境变化时，动物有机体的许多组织细胞不依赖于神经调节或体液调节而产生适应性反应，这种反应是组织、细胞本身的生理特性，所以称自身调节，如血管壁中的平滑肌受到牵拉刺激时发生收缩反应。自身调节是全身性神经调节和体液调节的补充。

二、动物体主要部位名称

为了便于说明动物体各部分的位置，可将动物体从外表划分为头部、躯干部和四肢部三个部分（图1-16）。各部位的划分和命名常以骨为基础。

（一）头部

头部分为颅部和面部。

1. 颅部　位于颅腔周围，可分为枕部、顶部、额部和颞部等。

2. 面部　位于鼻腔周围，可分为眼部、鼻部、咬肌部、颊部、唇部和下颌间隙部等。

（二）躯干部

除头和四肢以外的部分称躯干部。躯干部包括颈部、背胸部、腰腹部、荐臀部和尾部。

1. 颈部　以颈椎为基础，颈椎以上的部分称颈上部，颈椎以下的部分称颈下部。

2. 背胸部　位于颈部和腰腹部之间，其外侧被前肢的肩胛部和臂部覆盖。前方较高的部位称为鬐甲部，后方为背部；侧面以肋骨为基础称为肋部；前下方称胸前部；下部称胸骨部。

3. 腰腹部　位于背胸部与荐臀部之间，上方为腰部，两侧和下面为腹部。

4. 荐臀部　位于腰腹部后方，上方为荐部，侧面为臀部。后方与尾部相连。

5. 尾部　分为尾根、尾体和尾尖。

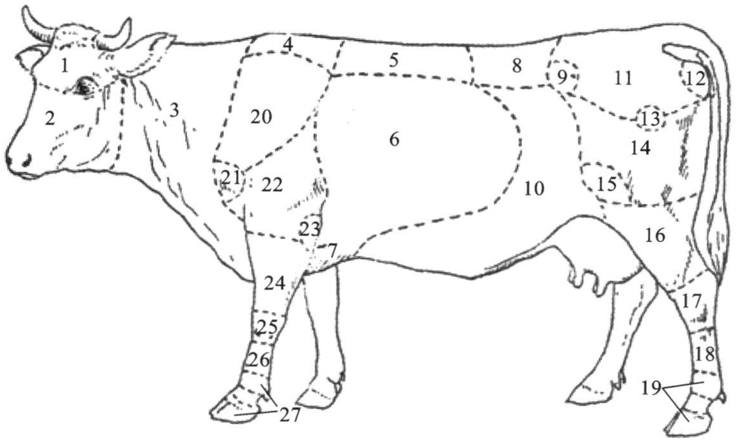

图 1-16　牛体表各部位名称

1.颅部　2.面部　3.颈部　4.鬐甲部　5.背部　6.肋部　7.胸骨部　8.腰部　9.髋结节
10.腹部　11.荐臀部　12.坐骨结节　13.髋关节　14.股部　15.膝部　16.小腿部　17.跗部　18.跖部
19.趾部　20.肩带部　21.肩关节　22.臂部　23.肘部　24.前臂部　25.腕部　26.掌部　27.指部

（三）四肢部

1. 前肢　前肢借肩胛和臂部与躯干的背胸部相连,分为肩带部、臂部、前臂部、前脚部。前脚部包括腕部、掌部和指部。

2. 后肢　由臀部与荐臀部相连,分为股部、小腿部、后脚部。后脚部又包括跗部、跖部和趾部。

三、解剖学常用方位术语

解剖学方位术语是解剖学的基本术语,在学习和阅读解剖学内容时首先要了解这些术语,才能弄懂动物体各部和各器官的方向、位置和关系。

（一）轴

1. 长轴　长轴又称纵轴,是动物体和地面平行的轴。

2. 横轴　横轴是垂直于长轴的轴。

（二）面（图 1-17）

1. 矢状面　与动物体长轴平行而与地面垂直的切面称矢状面。其中通过动物体正中轴将其分成左、右两等份的面称正中矢状面,仅有一个。其他矢状面称侧矢状面,有无数个。

2. 横断面　与动物体的长轴或某一器官的长轴垂直的切面称横断面,横断面将动物体分成前、后两个部分。

3. 额面（水平面）　与地面平行且与矢状面和横断面垂直的切面称额面。额面将动物体分成背侧和腹侧两个部分。

（三）用于躯干的方位术语

1. 头侧和尾侧　头侧和尾侧是相对的两点,以某一横断面为参照面,近头侧的为头侧,近尾侧的为尾侧。

2. 背侧和腹侧　以某一额面为参照面,近地面者为腹侧,背离地面者为背侧。

3. 内侧和外侧　以正中矢状面为参照,近者为内侧,远者为外侧。

4. 浅和深　近体表者为浅,反之则为深。

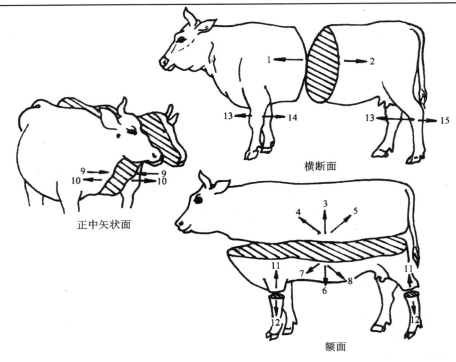

横断面

正中矢状面

额面

图1-17 动物体的三个面及方位

1.前 2.后 3.背侧 4.前背侧 5.后背侧 6.腹侧 7.前腹侧 8.后腹侧

9.内侧 10.外侧 11.近端 12.远端 13.背侧 14.掌侧 15.跖侧

(四)用于四肢的方位术语

1. 近端和远端 对某一部位而言,近躯干的一侧为近侧,近躯干的某一点为近端。反之称为远侧及远端。

2. 背侧、掌侧和跖侧 四肢的前面为背侧。前肢的后面称掌侧,后肢的后面为跖侧。此外,前肢内侧为桡侧,外侧为尺侧;后肢的内侧为胫侧,外侧为腓侧。

→ 在线学习

1.动物解剖生理在线课    2.多媒体课件   3.能力检测

视频:动物解剖生理   PPT:1.3   习题:1.3   试题:1.3
课程的认识

→ 任务实施

一、任务分配

学生任务分配表(此表每组上交一份)

班级		组号		指导教师	
组长		学号			

续表

组员		姓名	学号	姓名	学号

任务分工	

二、工作计划单

工作计划单(此表每人上交一份)

项目一		动物体基本结构的认识	学时	8
学习任务		动物体大体结构的识别	学时	2
计划方式		分组计划(统一实施)		
制订计划	序号	工作步骤	使用资源	
	1			
	2			
	3			
	4			
	5			
	6			
	7			
制订计划说明	(1) 每个任务中包含若干个知识点,制订计划时要加以详细说明。 (2) 各组工作步骤顺序可不同,任务必须一致,以便于教师准备教学场景。 (3) 先由各组制订计划,交流后由教师对计划进行点评。			
	班级		第　组	组长签字	
	教师签字			日期	
评语				

三、器械、工具、耗材领取清单

器械、工具、耗材领取清单(此表每组上交一份)

班级:　　　小组:　　　组长签字:

序号	名称	型号及规格	单位	数量	回收	备注

回收签字　学生:　　　　　教师:

四、工作实施

工作实施单(此表每人上交一份)

项目一	动物体基本结构的认识		
学习任务	动物体大体结构的识别	建议学时	2
任务实施过程			

一、实训场景设计

在校内解剖实训室或虚拟仿真实训室进行,要求有计算机,牛、羊的鼻腔、气管、支气管标本,实验动物猪。将全班学生分成8组,每组4~5人,由组长带头,制订任务分配、工作计划,领取器械、工具和耗材,并认真记录。

二、材料与用品

牛、马、羊、猪、犬模型,实验动物牛、猪、犬等。

三、任务实施过程

了解本任务需要掌握的内容,组内同学按任务分配,收集相关资料,按下述实施步骤完成各自任务,并分享给组内同学,共同完成本任务的学习。

实施步骤:

(1)学生分组,把分组名单填写在学生任务分配表中。

(2)制订学习计划,并填写工作计划单,小组讨论计划实施的可行性,由教师进行决策和点评。

(3)观察各类家畜模型,描述主要部位名称。

(4)观察实验动物,描述主要部位名称。

(5)观察各类家畜模型、实验动物,明确两个轴、三个面及用于躯干和四肢的方位术语。

(6)对动物体的大体结构进行识别,完成自我评价、组内考核和组间考核,完成学生自评表和学生互评表。

(7)在观察和评价过程中,如有问题,随时与教师沟通,观察和评价后完成下列引导问题。

引导问题1:列举构成动物体的器官的分类。

引导问题2:列举构成动物体的十大系统。

引导问题3:在下图中标注出动物体主要部位名称及骨性标志。

续表

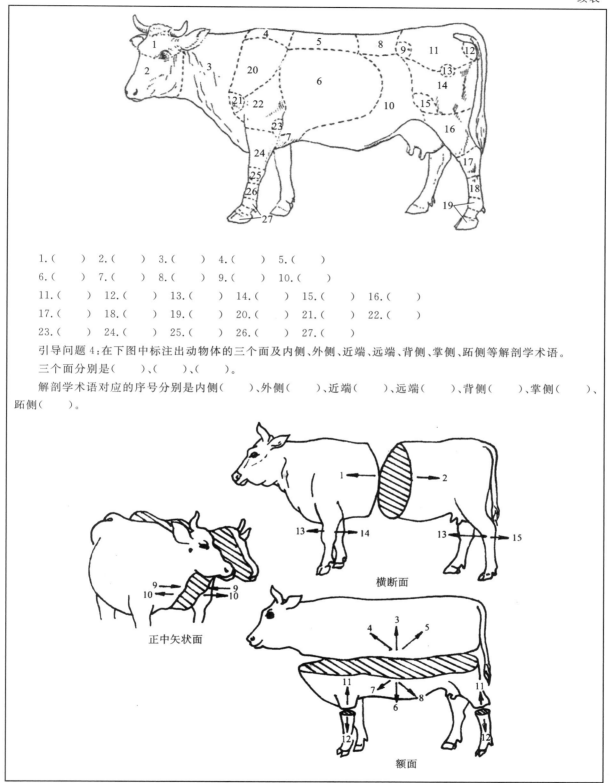

1.( ) 2.( ) 3.( ) 4.( ) 5.( )
6.( ) 7.( ) 8.( ) 9.( ) 10.( )
11.( ) 12.( ) 13.( ) 14.( ) 15.( ) 16.( )
17.( ) 18.( ) 19.( ) 20.( ) 21.( ) 22.( )
23.( ) 24.( ) 25.( ) 26.( ) 27.( )

引导问题4:在下图中标注出动物体的三个面及内侧、外侧、近端、远端、背侧、掌侧、跖侧等解剖学术语。

三个面分别是( )、( )、( )。

解剖学术语对应的序号分别是内侧( )、外侧( )、近端( )、远端( )、背侧( )、掌侧( )、跖侧( )。

横断面

正中矢状面

额面

五、评价反馈

学生进行自评,评价自己能否完成学习任务、完成引导问题,在完成过程中有无遗漏等;教师对学生进行评价的内容如下:工作实施是否科学、完整,所填内容是否正确、翔实,学习态度是否端正,学习过程中的认识和体会等。

学生自评表

班级： 姓名： 学号：			
学习任务	动物体大体结构的识别		
评价内容	评价标准	分值	得分
完成引导问题1	正确列举构成动物体的器官的分类	10	
完成引导问题2	正确列举构成动物体的十大系统	10	
完成引导问题3	动物体主要部位名称及骨性标志标注正确	20	
完成引导问题4	三个面名称及解剖学术语标注正确	20	
学习态度	态度端正,无缺勤、迟到、早退等现象	5	
学习质量	能按计划完成工作任务	5	
协调能力	与小组成员间能合作交流、协调工作	10	
职业素质	能做到安全操作,文明交流,保护环境,爱护动物,爱护实训器材和公共设施	10	
创新意识	通过学习,建立空间概念,举一反三	5	
思政收获和体会	完成任务有收获	5	

学生互评表

班级： 姓名： 学号：				
学习任务	动物体大体结构的识别			
序号	评价内容	组内互评	组间评价	总评
1	任务是否按时完成			
2	器械、工具等是否放回原位			
3	任务完成度			
4	语言表达能力			
5	小组成员合作情况			
6	创新内容			
7	思政目标达成度			

教师评价表

班级： 姓名： 学号：			
学习任务	动物体大体结构的识别		
序号	评价内容	教师评价	综合评价
1	学习准备情况		
2	计划制订情况		
3	引导问题的回答情况		
4	操作规范情况		
5	环保意识		
6	完成质量		
7	参与互动讨论情况		
8	协调合作情况		
9	展示汇报		
10	思政收获		
总分			

项目二 运动系统结构的识别

项目概述

　　动物的运动系统由骨、骨连结和肌肉三个部分组成。骨骼构成动物体的坚固支架,维持体形,保护脏器,支持体重,是运动的杠杆。肌肉是运动的动力,骨连结(关节)是运动的枢纽。骨和骨连结是运动的被动部分,肌肉则是主动部分。

项目目标

　　知识目标:本项目主要学习动物体骨骼的识别和肌肉的识别。通过观察标本、解剖实验动物,认识脊柱、鼻旁窦、骨盆腔、胸腔等;以牛为例学习全身骨骼的名称、形态和分布;以滑膜关节为例学习关节的构造。

　　能力目标:能熟练指出骨骼的分类,长骨的构造及骨的成分;描述颈静脉注射的部位,腹股沟管、筋膜、膈肌等;以牛为例描述全身肌肉的名称、形态和分布,肌肉的分类及成分,参与呼吸的肌肉的种类与位置。

　　思政目标:在讲授过程中,利用多种关节种类,抓住学生对"纤维连结""软骨连结""滑膜连结"的兴趣,联系班集体建设,类比在维护班集体利益时同学之间要像"纤维连结",紧密团结;在处理班级事务时要像"软骨连结",张弛有度;在处理生活事务时要像"滑膜连结",灵活自如。通过对动物体全身大大小小数百块肌肉结构和功能的学习,学生明确各处肌肉无论大小都有自己的运动特点和作用,无数发挥微小力量的肌肉集合起来使动物活动自如。同样地,班集体每一位学生要建立团结协作的团队精神,局部服从整体的纪律意识,形成巨大的合力。

任务一 骨骼的识别

任务导入

　　骨骼包括骨和骨连结两个部分。全身的骨通过骨连结联系起来形成动物体的支架和基本轮廓,执行着支持体重、保护内脏器官、产生运动等功能。通过本任务的学习,掌握牛的全身骨骼(包括头骨、躯干骨和四肢骨)的名称、分布等。躯干骨包括脊柱、肋、胸骨,构成了脊柱和胸廓;前肢骨包括肩胛骨、臂骨、前臂骨、腕骨、掌骨、指骨、籽骨;前肢关节自上而下依次为肩关节、肘关节、腕关节、指关节;后肢骨包括髋骨、股骨、膝盖骨、小腿骨、后脚骨;后肢关节包括荐髂关节、髋关节、膝关节、跗关节和趾关节。

Note

→ **学习目标**

在这个任务中,重点是熟练掌握动物体主要部位的骨骼名称;难点是动物体的各处关节,尤其是髋关节的构造。这在后续课程的学习中尤为重要,特别是在动物外产科、动物影像课程里会经常应用到关节的相关知识。

→ **工作准备**

(1) 根据任务要求,了解不同类型骨骼的特点。
(2) 收集骨连结的相关资料。
(3) 本任务的学习需要计算机、标本、多种类型的骨骼和关节等。

→ **任务资讯**

任务一　骨骼的识别	学时	1

一、骨骼总论

每一块骨都是一个器官,有一定的形态和功能,具备新陈代谢和生长发育的特点,并且有改建和再生的能力。骨骼除起到杠杆和保护作用外,还参与机体钙、磷代谢,维持血钙平衡。骨髓还有造血的功能。

(一)骨的类型

动物体全身的骨因位置和功能的不同,一般可分为长骨、扁骨、短骨和不规则骨四种。长骨一般分布于四肢,呈圆柱状,两端膨大,称骨端,中部较细,称骨干,骨干内有骨髓腔;扁骨一般为板状骨,如颅骨、肋骨、肩胛骨等,起保护作用且有大量肌肉附着;短骨多成群分布于四肢的长骨之间,如腕骨、跗骨;不规则骨形状不规则,如椎骨、蝶骨。

(二)骨的构造

骨由骨膜、骨质、骨髓和血管、神经等构成。

1. 骨膜　骨膜为被覆在骨表面的一层致密结缔组织膜,淡粉红色,富有血管和神经,分为深、浅两层。浅层为纤维层,富有血管和神经,具有营养、保护作用;深层为成骨层,富有细胞成分,参与骨的生成和修复。

2. 骨质　骨质构成骨的基本成分,分骨密质和骨松质两种。骨密质致密坚硬,分布于长骨的骨干和骨的表面。骨松质分布于骨的内部,由许多骨小板和骨针交织成海绵状。骨针中骨小板的排列方式与该骨所承受的压力的方向是一致的,这种组合,既加强了骨的坚固性,又减轻了骨的重量。

3. 骨髓　骨髓存在于骨髓腔及骨松质的间隙内,分红骨髓和黄骨髓两种。红骨髓是重要的造血器官;黄骨髓主要是脂肪组织,有储存营养物质的作用。

4. 血管、神经　骨具有丰富的血液供应。骨膜和骨髓内均有丰富的神经分布。

(三)骨的化学成分和物理特性

骨是由有机质和无机盐两种化学成分组成的。有机质主要为骨胶原,占1/3,它决定骨的弹性和韧性。无机盐主要成分为磷酸钙、碳酸钙、氟化钙等,占骨的2/3,决定骨的坚固性和硬度。有机质和无机盐的比例随着年龄和营养状况的不同,有很大变化。幼年动物有机质多,老年动物无机盐多。

（四）骨连结

骨与骨之间主要借助纤维结缔组织、软骨或骨组织相连。骨连结根据连结方式及运动类型不同分为直接连结和间接连结。

1. 直接连结 两骨相对面或相对缘之间借纤维结缔组织直接相连，其间无腔隙，基本不能活动，或仅在小范围内活动。直接连结根据其连接组织的不同又分为以下三类。

（1）纤维连结：两骨相对面或相对缘之间借纤维结缔组织相连，连接比较牢固，一般无活动性。如头骨缝间的缝韧带，桡骨和尺骨的韧带连合，这些连结大部分是暂时性的，老龄时逐渐变成骨性连结。

（2）软骨连结：两骨相对面之间借软骨相连，可轻微活动。如长骨的骨干与骨骺之间的骨骺软骨，椎体之间的椎间盘等。

（3）骨性连结：骨性连结常由软骨连结骨化而成。

2. 间接连结 间接连结又称关节，是骨连结中较普遍的一种方式。两骨相对的面存在腔隙，周围由能够分泌滑液的滑膜相连，可做灵活运动，因而又称滑膜连结或动连结。

（五）关节的构造

1. 关节的基本构造 关节由关节面、关节软骨、关节囊和关节腔四个部分组成。关节面指骨与骨彼此相接触的光滑面，骨质致密、光滑，彼此吻合。关节面上覆有一层透明软骨，称为关节软骨，关节软骨表面光滑，富有弹性，有减小摩擦和缓冲震动的作用。关节囊是围绕在关节周围的结缔组织囊，附着于关节面的周缘及附近的骨上。囊壁分内、外两层：外层是纤维层，由致密结缔组织构成，具有保护作用；内层为滑膜层，薄而柔润，由上皮组织构成，能分泌透明黏稠的滑液，有营养软骨和滑润关节的作用。关节腔为滑膜和关节软骨共同围成的密闭腔隙，内有滑液。

2. 关节的辅助结构

（1）韧带：存在于大多数关节中，由致密结缔组织构成。韧带具有不可伸缩性，因而韧带的存在限制了关节的活动，韧带的位置也决定了关节的活动。

（2）关节盘：位于两关节面之间的纤维软骨板，如股胫关节的半月板，其周缘附着于关节囊，把关节腔分为上下两半，使关节更加吻合一致。

（3）关节唇：附着于关节周围的纤维软骨环，可加深关节窝，扩大关节面，并有防止关节边缘破裂的作用。

关节的神经和血管，主要来自附近血管的分支，在关节周围形成网状结构，其分支到达关节囊。

3. 关节的运动 关节在肌肉的作用下，可做各种运动，归纳起来有四种基本运动形式。一是屈伸运动，关节角度变小为屈，角度增大为伸，四肢关节多为进行屈伸运动的关节；二是内收和外展运动，关节沿纵轴运动，向正中矢状面移动靠拢为内收，远离为外展；三是旋转运动，骨环绕垂直轴运动时称旋转运动，向前内侧转动的称为旋内，向后外侧转动的称为旋外；四是滑动运动，是指两个扁平关节面之间的相互运动，如颈椎关节突之间的运动。

（六）关节的类型

（1）按构成关节的骨的数目：关节可分为单关节和复关节。

（2）根据关节运动轴的数目：关节可分为单轴关节、双轴关节和多轴关节。单轴关节一般由具有中间嵴的滑车关节面构成。由于嵴的限制，单轴关节只能沿横轴在矢状面上做屈伸运动。双轴关节能在横轴和纵轴上做屈伸、左右摆动运动，如寰枕关节。多轴关节是由半球形的关节头和相应的关节窝构成的关节，如肩关节、髋关节，可做屈伸、内收、外展和小范围的旋转运动。通常，关节的韧带会限制关节的运动，单轴关节具有发达的侧副韧带，多轴关节则无侧副韧带。

Note

二、头骨及其连结

(一) 头骨的构成

头骨位于身体的最前端,包括颅骨和面骨,由枕骨与寰椎相连,主要由扁骨和不规则骨构成。

1. 颅骨 构成颅腔,保护脑,主要包括位于正中线上的单骨(如枕骨、顶间骨、蝶骨和筛骨)和位于正中线两侧的对骨(如顶骨、额骨和颞骨)。

(1) 枕骨:单骨,位于颅腔的后部,构成颅腔的后壁和底壁。后下方有一大圆孔称枕骨大孔,两侧有枕髁,与寰椎形成关节。枕髁的外侧有颈突。基部向前延伸,和蝶骨相接形成颅腔的底壁。表面粗糙,有明显的枕外隆凸供项韧节和肌肉附着。

(2) 顶骨:对骨,位于枕骨之前、额骨之后,构成颅腔的顶壁(除牛外)。

(3) 顶间骨:单骨,很小,位于枕骨和顶骨之间,常与枕骨、顶骨愈合,在颅腔内面有枕内隆凸,即枕内结节。

(4) 额骨:对骨,构成颅腔的顶壁,向外伸出颧突,构成眼眶的上界,颧突的基部有眶上孔。反刍动物的额骨向外伸出形成角突。

(5) 颞骨:对骨,位于枕骨的前方、顶骨的下方,构成颅腔的侧壁,分为鳞部、岩部、鼓部。鳞部与额骨、顶骨和蝶骨相接,向外伸出颞骨的颧突,参与形成颧弓。在颧突的腹侧有关节结节与下颌骨形成关节。岩部位于鳞部与枕骨之间,岩部腹侧有连接舌骨的基突。鼓部位于岩部的腹外侧,外侧有骨性外耳道,向内通鼓室(中耳),鼓室在腹侧形成凸向腹外侧的鼓泡。

(6) 蝶骨:单骨,位于颅腔的底壁,形似蝴蝶(眶翼和颞翼),分为蝶骨体、两对翼(眶翼和颞翼)、一对翼突。前方与筛骨、腭骨、翼骨、犁骨相连,侧面与颞骨相接,后部与枕骨基部相接,眶翼的基部有视神经孔,下后方有眶孔,下方为圆孔,是血管、神经的通道。

(7) 筛骨:单骨,位于颅腔的前壁,包括筛板(隔在鼻腔与颅腔之间,脑面形成筛骨窝,筛骨窝容纳嗅球)、垂直板(形成鼻中隔的后部)、筛骨侧块(迷路)(由许多薄骨片卷曲形成,支持嗅黏膜)。

2. 面骨 形成口腔和鼻腔的支架,参与围成眼眶,包括位于正中线两侧的鼻骨、上颌骨、泪骨、颧骨、切齿骨、腭骨、翼骨、鼻甲骨、下颌骨和位于正中线上的单骨(犁骨和舌骨)。

(1) 鼻骨:对骨,构成鼻腔的顶壁,外接泪骨,后接额骨。

(2) 上颌骨:对骨,构成鼻腔的侧壁、底壁和口腔的上壁,外侧面上有孔,称眶下孔。水平的板状腭突隔开口腔和鼻腔,腹缘有臼齿槽,内、外骨板形成发达的上颌窦。

(3) 泪骨:对骨,漏斗状的泪窝为骨性泪骨的入口。

(4) 颧骨:对骨,位于泪骨的下方,构成眼眶的下壁,并向后伸出颞突,颞突与颞骨的颧突结合形成颧弓。

(5) 切齿骨:在上颌骨的前方,除反刍动物外有切齿槽,骨体伸出腭突和鼻突。

(6) 腭骨:在上颌骨腭突的后方,分水平部和垂直部,构成硬腭的骨质基础并围成鼻后孔。

(7) 翼骨:对骨,为狭窄而小的小骨板,附于蝶骨翼突的内侧,参与围成鼻后孔。

(8) 犁骨:单骨,位于蝶骨体前方,沿鼻腔底壁中线向前延伸,构成鼻中隔,将鼻后孔分为对称的两半。

(9) 鼻甲骨:位于鼻腔内,是两对卷曲的薄骨片,附着于鼻腔的两侧壁上,分别称为背鼻甲骨和腹鼻甲骨,将鼻腔分为上、中、下、总四个鼻道。

(10) 下颌骨:单骨,是面骨中最大的骨,分左、右两半,每半分下颌骨体(下颌骨体前方有孔,称颏孔)、下颌骨支(上端的后方与颞骨成关节的关节面称颞髁,关节面后方有较高的突起称冠状突,供肌肉附着)。

(11) 舌骨:单骨,位于下颌间隙后部,由数块小骨组成,支持舌根、咽及喉。舌骨可分为舌骨体(短柱状)、舌突、甲状软骨及茎舌骨。

（二）头骨的连结

头骨的连结多为直接连结,主要形成缝韧带,有的形成软骨连结。但下颌关节由颞骨的关节结节与下颌髁构成灵活的关节,两关节面间有椭圆形的关节盘,关节囊外有侧韧带。下颌关节活动度大,主要进行开闭口腔和左右活动等。

三、躯干骨及其连结

（一）躯干骨

躯干骨包括脊柱(由椎骨构成)、肋和胸骨。脊柱由颈椎、胸椎、腰椎、荐椎和尾椎构成,构成动物体的中轴。

1. 椎骨的一般构造 椎骨由椎体、椎弓和突起三个部分组成。椎体位于椎骨的腹侧,前面略凸,称椎头,后面稍凹,为椎窝。椎弓是椎体背侧的拱形骨板,椎体和椎弓之间形成椎孔。所有椎孔连续形成椎管,内有脊髓。椎弓基部的前后缘各有一对切迹,相邻椎骨的切迹围成椎间孔。突起包括棘突、横突和关节突三种,从椎弓背侧向上方伸出的一个突起称棘突;从椎弓基部向两侧伸出的一对突起称横突;棘突和横突是韧带和肌肉附着处。椎弓的背侧缘前后各伸出一对关节突起,称前关节突和后关节突。相邻椎骨的前、后关节突构成关节。

2. 脊柱各部椎骨的主要特征

(1)颈椎:绝大多数哺乳动物的颈椎由7枚组成。第1颈椎又称寰椎,前面有与枕骨髁形成关节的关节窝,后面有一对鞍状关节面与第2颈椎形成关节。第2颈椎又称枢椎,前面为发达的齿突代替了椎头,与寰椎的鞍状关节面形成关节,无节前突。第3~6颈椎的椎体发达,前、后关节突发达,棘突不发达,横突分前、后两支,基部有横突孔,各颈椎横突孔连成横突管。第7颈椎短而宽,椎窝两侧有一对肋窝与第1肋骨形成关节,棘突较明显,是颈椎向胸椎的过渡类型。

(2)胸椎:马为18枚,牛为13枚,猪为14~15枚。胸椎椎体短,棘突长,横突短。椎头与椎窝的两侧均有与肋骨头形成关节的肋凹,分别称为前、后肋凹。横突上有小关节面,称为横突肋凹,与肋骨的肋结节形成关节。牛的第2~6、马的第3~5胸椎棘突最高,是构成鬐甲的骨质基础。

(3)腰椎:构成腰部的骨质基础。马、牛为6枚,猪羊为6~7枚。棘突较短,与后位胸椎棘突相近。横突长,呈现上下压扁的板状,扩大了腹腔顶壁的横径,承受腹腔的重量,草食动物尤其明显。

(4)荐椎:牛、马的荐椎均为5枚,猪、羊为4枚。成年后荐椎合成一个整体,称荐骨。荐骨前部宽,并向两侧突出称为荐骨翼。翼的背外侧面有粗糙的耳状关节面,与髂骨形成关节。第1荐椎椎头腹侧缘较突出,称荐骨岬,是重要的骨性标志。

(5)尾椎:数目变化较大,牛为18~20枚,马为14~21枚,骆驼为15~20枚,羊为3~24枚,猪为20~23枚,一般前几个尾椎仍具有椎弓、棘突和横突,尾椎向后逐渐退化。

3. 肋和胸骨

(1)肋:左右成对,其对数与胸骨块数相同,连于胸椎与胸骨间,构成胸廓侧壁。每一肋都包括肋骨和肋软骨。肋骨在背侧近端前方有肋骨小头与相邻胸椎的肋凹形成关节。肋骨小头外方有肋结节与横突肋凹形成关节,远侧端与肋软骨相连,后缘有血管和神经通过的肋沟。肋软骨的前几对直接与胸骨相连,这种肋称真肋(或胸骨肋),其余则由结缔组织顺次连接成肋弓,这种肋称假肋(或弓肋)。有的肋的肋软骨游离,称浮肋。牛、羊肋为13对,其中真肋8对,假肋5对;马肋为18对,其中真肋8对,假肋10对;猪肋为14~15对,其中真肋7对,其余为假肋。

(2)胸骨:位于腹侧,为骨性胸廓的下壁,由6~8个胸骨节片和软骨组成,前部为胸骨柄,中部为胸骨体,在胸骨体上有与肋软骨形成关节的肋凹,后端呈上下扁圆形,称剑状软骨。

4. 骨性胸廓 胸椎、肋和胸骨构成胸廓,胸廓容纳和保护心、肺等重要器官。胸廓是执行呼吸运动的主要结构。前部肋较短,直接与胸骨相连,坚固性强但活动范围小,适合保护胸腔内器官,并连接前肢。后部肋长而弯曲,活动范围大,形成呼吸运动的杠杆。胸廓前口较窄,由第 1 胸椎、第 1 对肋骨和胸骨柄组成。胸廓后口较宽大,由最后 1 节胸椎、最后 1 对肋骨、肋弓及剑状软骨围成。

（二）躯干骨的连结

1. 脊柱的连结　脊柱的连结包括椎体的连结、椎弓的连结和脊柱总韧带。

（1）椎体的连结:相邻两椎骨的椎头和椎窝借纤维软骨构成的椎间盘连结,椎间盘的外围是纤维环,中央为髓核,既牢固又允许小范围的活动。

（2）椎弓的连结:相邻椎骨的关节突构成的关节,有关节囊,颈部的关节突发达,关节囊宽松,活动范围较大。

（3）脊柱总韧带:包括以下三种。①棘上韧带:附着于棘突顶端,自枕骨向后延伸至荐骨。颈部的棘上韧带发达,称项韧带,弹性组织多而呈黄色,其构造分为板状部和索状部。索状部呈圆索状,起自枕外隆凸,沿颈部上缘后行,附着于第 3、4 胸椎棘突,向后延续为棘上韧带。板状部起自第 2、3 胸椎棘突和索状部,向前下方连于第 2～6 颈椎棘突,板状部由左、右两叶构成。牛、马的项韧带很发达,猪的不发达。②背纵韧带:位于椎管底部,由枢椎至荐骨,在椎间盘处变宽,附着于椎间盘上。③腹纵韧带:位于椎体和椎间盘的腹侧,并紧密附着于椎间盘上。自胸椎中部延伸至荐骨。

（4）寰枕关节:双轴关节,可做屈伸、侧向运动,枕髁与寰椎前关节窝形成关节。

（5）寰枢关节:由寰椎的鞍状关节面与枢椎的齿突构成,可沿枢椎的纵轴做旋转运动。

2. 胸廓的关节

（1）肋椎关节:肋骨与胸椎形成的关节,包括肋骨小头与前后肋凹、肋结节、横突肋凹形成的关节。

（2）肋胸关节:肋软骨与胸骨两侧的肋凹形成的关节,具有关节囊和韧带。

四、前肢骨及其连结

（一）前肢骨

家畜的前肢骨包括肩胛骨、肱骨、前臂骨和前脚骨（包括腕骨、掌骨、指骨和籽骨）。

1. 肩胛骨　肩胛骨为三角形扁骨,斜位于胸前部两侧,由后上斜向前下,背缘附有肩胛软骨,外侧内有一纵行隆起,称肩胛冈。肩胛冈的前上方为冈上窝,后下方为冈下窝。远端粗大,有一浅关节窝,称肩臼,与肱骨头形成关节。牛的肩胛骨在肩胛冈的前下方具一突起,称肩峰。

2. 肱骨（臂骨）　肱骨为长骨,斜位于胸部两侧的前下部,由前上斜向后下。两侧有内、外结节,外结节称大结节。近端的前方有臂二头肌沟,近端有肱骨头,与肩臼形成关节。骨干呈扭曲的圆柱状。外侧有三角肌结节,内侧有一圆肌粗隆。远端有两个髁状关节面,与桡骨形成关节,髁的后面有一深的窝,称鹰嘴窝,鹰嘴窝的两侧为内、外上髁,为肌肉的附着部位。

3. 前臂骨　前臂骨由桡骨和尺骨构成,为长骨,与地面垂直。桡骨位于前内侧,发达,尺骨位于外侧,尺骨的近端突出,称鹰嘴,鹰嘴的前端突出,称肘突。

4. 腕骨　腕骨位于前臂骨与掌骨之间,由两列短骨组成。近列腕骨有四块,由内向外依次为桡腕骨、中间腕骨、尺腕骨、副腕骨。远列腕骨一般为 4 块,由内向外依次为第 1、2、3、4 腕骨。牛的腕骨,近列为 4 块,远列为 2 块,内侧一块较大,由第 2、3 腕骨愈合而成,外侧为第 4 腕骨。猪腕骨有 8 块,第 1 腕骨很小。

5. 掌骨　掌骨为长骨,近端接腕骨,远端接指骨。近端及骨干愈合在一起,称大掌骨。远端形成两个滑车关节面,分别与第 3、4 指骨和近籽骨形成关节。第 5 掌骨为一圆锥形小骨,附于第 4 掌骨近端的外侧。

6. 指骨和籽骨　每一指有三节指节骨,第 1 指节骨又称系骨,第 2 指节骨又称冠骨,第 3 指节骨又称蹄骨。另外,每一指还有 2 块近籽骨和 1 块远籽骨,它们是肌肉的辅助装置。牛的 3、4 指发达,每指有三节指节骨,2、5 指仅有 2 块指节骨,冠骨和蹄骨不与掌骨形成关节,仅以结缔组织连于掌骨的掌侧;3、4 指各有 3 块籽骨(2 块近籽骨和 1 块远籽骨);2、5 指仅各有 2 块近籽骨。

（二）前肢骨的连结

前肢的肩胛骨与躯干骨的连结仅以肩带肌连结(肌连结),其余各骨之间均形成关节。由上向下依次为肩关节、肘关节、腕关节、系关节、冠关节和蹄关节。

1. 肩关节 肩关节由肩臼(关节盂)和肱骨头组成,关节角顶向前,关节囊宽松,没有侧副韧带。

2. 肘关节 肘关节由肱骨远端和前臂骨近端的关节形成,关节角顶向后,关节囊两侧有内、外侧韧带,只能做屈伸运动。

3. 腕关节 腕关节为复关节,由桡骨远端、腕骨和掌骨近端构成。关节囊的滑膜形成三个囊:桡腕关节囊、腕间关节囊和腕掌关节囊。腕关节有一对长的内、外侧副韧带,还有一些短的骨间韧带,背面有背侧韧带。

4. 系关节 系关节又称球节,关节角大于 180°,约为 220°,为掌骨远端、系骨近端和一对近籽骨构成的单轴关节。系关节有悬韧带和籽骨下韧带,可协助系关节支撑巨大的体重,易受伤。

悬韧带是由骨间中肌腱质化而形成的,位于掌骨的掌侧,起自大掌骨近端,大部分止于近籽骨,并有分支伸入指伸肌腱。籽骨下韧带是系骨掌侧的强厚韧带,起自近籽骨,止于系骨的远端和冠骨的近端。

5. 冠关节 冠关节为系骨的远端和冠骨的近端形成的关节,由于侧副韧带紧密相连,仅能做小范围的屈伸运动。

6. 蹄关节 蹄关节为冠骨远端、蹄骨近端及远籽骨形成的关节,囊的背侧和两侧强而厚,侧副韧带短而强,可做屈伸运动。

五、后肢骨及其连结

（一）后肢骨

后肢骨包括髋骨、股骨、髌骨(膝盖骨)、小腿骨和后脚骨(包括跗骨、跖骨、趾骨和籽骨)。

1. 髋骨 髋骨由髂骨、坐骨和耻骨愈合而成。三骨愈合处形成深的杯状关节窝,称髋臼,与股骨头形成关节。

①髂骨位于前上方,后部窄,略呈三棱柱状,称髂骨体,前部宽而扁,呈三角形,称髂骨翼;外侧角粗大,称髋结节,内侧角小,称荐结节;翼的外侧面称臀肌面,内侧面称骨盆面。在骨盆面上有粗糙的耳状关节面与荐骨翼的耳状关节面形成关节。

②坐骨位于后下方,构成骨盆底壁的后部,外侧角粗大,称坐骨结节,两侧坐骨的后缘粗大,称坐骨弓,前部与耻骨围成闭孔,外侧角构成髋臼。

③耻骨较小,位于前下方,构成骨盆底部的前部,并构成闭孔的前缘,外侧参与形成髋臼。

骨盆由左右髋骨、荐骨和前 3～4 个尾椎以及两侧的荐结节韧带构成,为一前宽后窄的圆锥形腔。前口以荐骨岬、荐骨翼、髂骨、耻骨为界,后口由尾椎、坐骨、荐结节韧带构成。骨盆的大小形状因性别而异。一般来说,母畜的骨盆比公畜的大而宽敞,纵径、横径均较公畜的大,母畜骨盆的耻骨部较凹陷。

2. 股骨 股骨为长骨,由后上斜向前下,近端内侧有球形的股骨头,与髋臼形成关节。近端外侧有粗大的突起,称大转子,内侧的股骨头下方有结节,称小转子。远端前部有滑车关节面,后部有两个骨髁。

3. 髌骨 髌骨是一块大籽骨,位于股骨远端的前方。牛的髌骨近似圆锥形。

4. 小腿骨 小腿骨包括胫骨和腓骨,胫骨位于内侧,由前上斜向后下,近端粗大,内、外髁与股骨的髁形成关节。髁的前方为粗糙的隆起,为胫骨粗隆。远端有滑车关节面,与胫跗骨形成关节。腓骨位于外侧,牛的腓骨近端与胫骨愈合为一向下的小突起,骨体消失,远端形成一块小的踝骨,与胫骨远端外侧形成关节。

5. 跗骨 跗骨由数块短骨构成,位于小腿骨与跖骨之间,各种家畜跗骨数目不同,一般分为3列。近列有2块,内侧为胫跗骨,又称距骨,外侧为腓跗骨,又称跟骨。距骨有滑车关节面与胫骨远端形成关节,跟骨有向后方突出的跟结节。中列有1块,称为中央跗骨。远列由内向外一般为第1、2、3、4跗骨。牛的跗骨:共5块,近列为距骨和跟骨。中央跗骨和第4跗骨愈合为一块。第1跗骨很小,位于后内侧,第2、3跗骨愈合。

6. 跖骨、趾骨和籽骨 跖骨、趾骨和籽骨分别与前肢相应的掌骨、指骨和籽骨相似。

（二）后肢骨的连结

1. 荐髂关节 荐髂关节由荐骨翼、髂骨和耳状关节构成,关节腔狭窄,并有短的韧带加固,几乎不能活动。在荐骨与髂骨之间还有一些加固的韧带:荐髂背侧韧带、荐髂外韧带和荐结节阔韧带(也称荐坐韧带)。荐结节阔韧带构成骨盆的侧壁,背侧附着于荐骨侧缘及第1、2尾椎横突,腹侧附着于坐骨棘和坐骨结节,前缘与髂骨形成坐骨大孔,下缘与坐骨之间形成坐骨小孔,有血管和神经通过。

2. 髋关节 髋关节由髋臼和股骨头构成,为多轴关节,关节角顶向后,关节囊宽松,在股骨头与髋臼之间有一条短而强的圆韧带相连,可做屈伸、内收外展、旋转运动。

3. 髌关节(膝关节) 髌关节为复关节,包括股胫关节和股髌关节,为单轴关节。股胫关节由股骨远端和胫骨近端构成,中间有2个半月板减轻震动,具有侧副韧带、十字韧带,半月板还有一些短韧带,可做屈伸运动。股髌关节由髌骨和股骨远端的滑车关节面构成,关节囊宽松,具有内、外侧韧带,前方还有3条强大的髌直韧带,可做滑动运动,改变股四头肌作用力的方向而伸展髌关节。

4. 跗关节 跗关节又称飞节,为复关节,是单轴关节,主要做屈伸运动。滑膜形成四个囊:胫跗囊、近跗囊、远跗囊和跗跖囊。跗关节有内、外侧副韧带,四个囊中仅胫跗囊可灵活运动,其余三个囊几乎无活动性。

5. 趾关节 趾关节包括系、冠、蹄关节,构造同前肢指关节。

 在线学习

1.动物解剖生理在线课　　2.多媒体课件　　3.能力检测

视频:骨关节的分类　　视频:全身骨的　　PPT:2.1　　习题:2.1
结构及功能　　　　组成

任务实施

一、任务分配

学生任务分配表(此表每组上交一份)

班级		组号		指导教师	
组长		学号			

续表

组员	姓名	学号	姓名	学号

任务分工	

二、工作计划单

工作计划单（此表每人上交一份）

项目二	运动系统结构的识别		学时	4
学习任务	骨骼的识别		学时	2
计划方式	分组计划（统一实施）			

	序号	工作步骤	使用资源
制订计划	1		
	2		
	3		
	4		
	5		
	6		
	7		

制订计划说明	（1）每个任务中包含若干个知识点，制订计划时要加以详细说明。 （2）各组工作步骤顺序可不同，任务必须一致，以便于教师准备教学场景。 （3）先由各组制订计划，交流后由教师对计划进行点评。

	班级		第 组		组长签字	
	教师签字				日期	
评语						

Note

三、器械、工具、耗材领取清单

器械、工具、耗材领取清单(此表每组上交一份)

班级：　　　小组：　　　组长签字：

序号	名称	型号及规格	单位	数量	回收	备注

回收签字　学生：　　　教师：

四、工作实施

工作实施单(此表每人上交一份)

项目二	运动系统结构的识别		
学习任务	骨骼的识别	建议学时	2
任务实施过程			

一、实训场景设计

在校内解剖实训室或虚拟仿真实训室进行,要求有计算机及骨骼、关节标本。将全班学生分成8组,每组4～5人,由组长带头,制订任务分配、工作计划,领取器械、工具和耗材,并认真记录。

二、材料与用品

新鲜长骨纵剖面标本,小牛(或羊、猪)的髋关节或膝关节标本,牛、马的整体骨骼标本等。

三、任务实施过程

了解本学习任务需要掌握的内容,组内同学按任务分配,收集相关资料,按下述实施步骤完成各自任务,并分享给组内同学,共同完成学习。

实施步骤:

(1)学生分组,填写分组名单;

(2)制订并填写学习计划,小组讨论计划实施的可行性,由教师进行决策和点评;

(3)观察长骨的构造。

取新鲜长骨纵剖面标本,对照教材上的插图,分别观察骨膜、骨质和骨髓的构造。

牛整体骨骼的观察:观察牛的整体骨骼标本,对照教材上的插图和挂图,按照头骨、躯干骨、前肢骨和后肢骨的顺序进行观察(图2-1)。

观察关节的构造:取小牛(或羊、猪)的髋关节或膝关节,纵向切除半个关节囊,露出关节腔。再对照教材上的插图,观察关节的基本构造,如关节面、关节囊和关节腔(图2-2)。

引导问题1:绘出牛的四肢骨骼图,并标出各骨名称。

引导问题2:简述全身各骨的名称、形态特点及位置关系。

续表

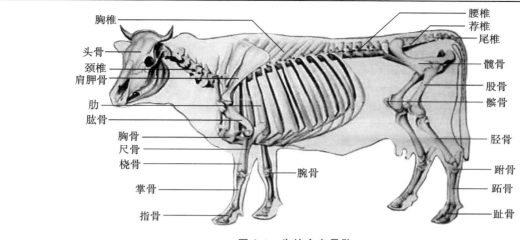

图 2-1　牛的全身骨骼

引导问题 3：简述前、后肢各关节及脊柱、胸廓和骨盆的组成。

引导问题 4：对牛和马的骨骼形态、数目进行比较。

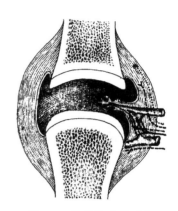

图 2-2　关节构造模式图

五、评价反馈

学生进行自评，评价自己能否完成学习任务、完成引导问题，在完成过程中有无遗漏等。教师对学生进行评价的内容如下：工作实施是否科学、完整，所填内容是否正确、翔实，学习态度是否端正，学习过程中的认识和体会等。

学生自评表

班级：　　姓名：　　学号：

学习任务	骨骼的识别		
评价内容	评价标准	分值	得分
完成引导问题 1	正确绘制牛的四肢骨骼图，并标出各骨名称	10	
完成引导问题 2	正确描述全身各骨的名称、形态特点及位置关系	20	
完成引导问题 3	正确描述前、后肢各关节及脊柱、胸廓和骨盆的组成	10	
完成引导问题 4	正确对牛和马的骨骼形态、数目进行比较	10	
任务分工	本次任务分工合理	5	
工作态度	态度端正，无缺勤、迟到、早退等现象	5	
工作质量	能按计划完成工作任务	10	
协调能力	与小组成员间能合作交流、协调工作	10	

Note

续表

职业素质	能做到安全操作,文明交流,保护环境,爱护动物,爱护实训器材和公共设施	10	
创新意识	通过学习,建立空间概念,举一反三	5	
思政收获和体会	完成任务有收获	5	

学生互评表

班级:　　姓名:　　学号:

学习任务	骨骼的识别			
序号	评价内容	组内互评	组间评价	总评
1	任务是否按时完成			
2	器械、工具等是否放回原位			
3	任务完成度			
4	语言表达能力			
5	小组成员合作情况			
6	创新内容			
7	思政目标达成度			

教师评价表

班级:　　姓名:　　学号:

学习任务	骨骼的识别		
序号	评价内容	教师评价	综合评价
1	学习准备情况		
2	计划制订情况		
3	引导问题的回答情况		
4	操作规范情况		
5	环保意识		
6	完成质量		
7	参与互动讨论情况		
8	协调合作情况		
9	展示汇报		
10	思政收获		
	总分		

任务二　肌肉的识别

▶ 任务导入

　　养牛、养羊、养猪等畜牧各论课程中的重要内容"胴体品质"涉及胴体斜长、胴体直长、膘厚、皮厚、眼肌面积等多项指标,这些指标的测量基础是畜体骨骼、肌肉的名称、位置。

→ 学习目标

熟记骨骼肌是运动系统的动力部分,前肢肌按部位分为肩带肌、肩部肌、臂部肌、前臂部肌和前脚部肌,躯干肌包括脊柱肌、颈腹侧肌、胸廓肌和腹壁肌,头部肌分为面部肌和咀嚼肌,后肢肌分为臀部肌、股部肌、小腿和后脚部肌,能根据结构探讨各肌生理功能。能熟练地在虚拟仿真系统、标本上,指出各部肌肉的名称,准确识别其结构特点并描述其功能。在学习过程中,根据不同部位肌肉的结构特点、功能和协同作用,强调团队合作的重要性,培养学生的团队协作意识。

→ 工作准备

本任务的学习需准备计算机、肌肉标本、实验动物猪、解剖虚拟仿真系统等。

→ 任务资讯

任务二　肌肉的识别	学时	2

一、肌学总论

肌肉是运动的动力,肌肉按其功能、结构、位置可分为三种:骨骼肌、平滑肌和心肌。本节所叙述的肌肉主要是骨骼肌。平滑肌和心肌在以后章节叙述。骨骼肌的起点、止点附着于骨骼上,所以称骨骼肌,因其肌纤维都有横纹,故又称横纹肌,因其运动受主观意识支配,故又称随意肌。

(一)肌肉的构造

每一块肌肉都是一个复杂的器官,构成肌肉的主要成分是骨骼肌纤维,一条骨骼肌纤维就是一个肌细胞,因其呈长纤维状,所以称肌纤维。此外还有结缔组织、血管、淋巴和神经,骨骼肌纤维按一定方向排列构成肌腹,整块肌肉外表面的结缔组织形成肌外膜,肌外膜向内伸入,将肌纤维分成大小不同的肌束,称肌束膜,肌束膜向内伸入,包在每一条肌纤维上,称肌内膜。肌膜(包括肌外膜、肌束膜和肌内膜)是肌肉的支持组织,使肌肉具有一定的形状,营养好的家畜肌膜内含有脂肪,在肌肉断面上有大理石状花纹,血管、神经、淋巴管随肌膜进入肌组织。肌肉的两端一般由致密结缔组织构成肌腱,肌腱不能收缩但具有很强的韧性和抗张力。肌腱将肌肉牢固地附着于骨骼上。

(二)肌肉的形态和内部结构

肌肉由于其形态和结构不同,一般可分为以下几种:①板状肌,呈薄板状,主要位于腹部和肩带部。有的呈扇形,如背阔肌;有的呈锯齿状,如锯肌;有的呈带状,如臂头肌。②多裂肌,分布于脊柱的椎骨之间,由许多短肌束组成,具有分节的特点,如背最长肌、髂肋肌等。③纺锤形肌,多分布于四肢,中间膨大,由肌纤维构成,称肌腹,两端为腱质。④环形肌,分布于自然孔周围,如口轮匝肌、肛门括约肌,收缩时可关闭自然孔。

(三)肌肉的起点、止点

肌肉一般以两端附着于软骨的膜或韧带上,中间越过一个或多个关节,肌肉收缩时,肌纤维变短,以关节为运动轴,牵引骨发生位移而产生运动。当肌肉收缩时,固定不动的一端为起点,活动的一端为止点。但随着运动状态的改变,同一块肌肉的起点、止点也可发生改变,如臂头肌,当站立时,头端是止点,肌肉收缩时可举头颈,但当向前运动时,头颈伸直不动,头端又为起点,可向前提举前肢。四肢的肌肉,通常近端为起点,远端为止点。

(四)肌肉的作用

肌肉的活动是在神经系统的支配下实现的,家畜的任何一个动作都是有关肌肉共同活动的结

Note

果,对一个动作来说,参加活动的数块肌肉,有起主要作用的主动肌和起次要作用的辅助肌。作用相反的是拮抗肌。根据肌肉所产生的效果分为伸肌和屈肌,内收肌和外展肌,提肌、张肌、开肌和括约肌。

(五)肌肉的分布和关节的运动

大多数肌肉分布在关节的周围,分布方式与关节的运动轴有关,四肢肌肉表现得更明显,关节的每一运动轴都有作用相反的两组肌肉,如:单轴关节只有屈肌和伸肌两组肌肉,屈肌组位于关节角内,伸肌组位于关节角顶;多轴关节有内侧的内收肌和外侧面的外展肌,以及旋前肌和旋后肌。

(六)肌肉的命名

肌肉一般是根据其作用、结构、形状、位置、肌纤维方向及起止点等特征而命名的。如按作用分为伸肌、屈肌、内收肌、咬肌等,按结构分为二头肌、三头肌,按形状分为三角肌、圆肌、锯肌、方肌,按位置分为胸肌、胫骨前肌,按起止点分为胸头肌、臂头肌,按肌纤维方向分为腹外斜肌和腹内斜肌。有的是根据几个特征来命名的,如腕桡侧伸肌。

(七)肌肉的辅助器官

肌肉的辅助器官包括筋膜、黏液囊、腱鞘、滑车和籽骨。

1. 筋膜 筋膜是包在一块肌肉和肌群外的结缔组织膜,较坚固。

①浅筋膜位于皮下,由疏松结缔组织构成,被覆在肌肉的表面,营养好的家畜浅筋膜内有脂肪,具有保护作用,可调节体温。

②深筋膜位于浅筋膜的深层,为致密结缔组织膜,坚韧,包围在肌群的表面,并伸入肌肉之间形成肌肉间隔,深筋膜在某些部位(如前臂、小腿)形成总筋膜鞘,在关节附近形成环韧带,以固定腱的位置。

2. 黏液囊和腱鞘

①黏液囊是密闭的结缔组织囊,囊壁薄,内面衬以滑膜,囊内有少量滑液,多位于肌肉、腱、韧带、皮肤与骨的突起之间以减少摩擦,有些黏液囊是关节囊的突出部分,称为滑膜囊。

②腱鞘是黏液囊卷曲于腱的周围形成的,呈筒状包在腱的周围。表面为纤维层,滑膜分内、外两层,外层为壁层,附着于纤维膜内面,内层为腱层,紧贴于腱的表面,两层滑膜在腱系膜处相连续。壁层和腱层之间有少量滑液,可减少腱活动时的摩擦。

3. 滑车和籽骨 滑车被有软骨和滑车状骨沟,供腱通过,腱与滑车之间常垫有黏液囊,可减小腱与骨之间的摩擦,滑车可防止肌腱转位。籽骨多位于关节部,由肌腱在骨的突出部位骨化形成,可改变肌肉作用力的方向,并减小摩擦。

二、皮肌

皮肌是分布于浅筋膜中的薄层肌,皮肌并不覆盖全身,根据所在部位分为面皮肌、颈皮肌、肩臂皮肌及躯干皮肌。

1. 面皮肌 薄而不完整,覆盖于下颌间隙、腮腺及咬肌的表面。

2. 颈皮肌 牛无此肌。马的颈皮肌起自胸骨柄和颈正中缝,向颈腹侧延伸,起始部较厚,向前逐渐变薄,与面皮肌相连。

3. 肩臂皮肌 覆盖于肩臂部,肌纤维由鬐甲向下延伸至肩端。

4. 躯干皮肌 躯干皮肌也称胸腹皮肌,是身体中最大的皮肌,覆盖胸腹两侧的大部分。

皮肌的主要作用是颤动皮肤,以驱除蝇蚊和抖落皮肤上的灰尘和水滴等。

三、头部肌

头部肌分为面部肌和咀嚼肌两个部分。

（一）面部肌

面部肌分布于口腔及鼻孔周围，分为打开自然孔的开肌和关闭自然孔的括约肌。

1. 开肌

（1）鼻唇提肌：起自额骨和鼻骨的交界处，肌腹分浅、深两个部分，分别止于鼻孔外侧和上唇，可上提上唇，打开鼻孔。

（2）鼻孔外侧开肌：起自面嵴，穿行于鼻唇提肌的浅、深两个部分之间，止于外侧鼻翼，可打开鼻孔。

（3）上唇固有提肌：起自泪骨，走行于鼻唇提肌的下面，左、右两腱合并止于上唇。主要功能是上提上唇。

（4）下唇降肌：位于颏的后方，止于下唇。

2. 括约肌

（1）口轮匝肌：呈环状，是构成上、下唇的基础。

（2）颊肌：构成口腔的侧壁。

（二）咀嚼肌

咀嚼肌分为闭口肌和开口肌。

1. 闭口肌

（1）咬肌：位于下颌支的外面，起自颧弓和面嵴，止于下颌支外面。

（2）翼肌：位于下颌骨内侧面，起自蝶骨突和翼骨，止于下颌骨内面（翼内肌）、下颌骨冠状突下部及下颌髁的前缘（翼外肌）。

（3）颞肌：位于颞窝内，起自颞窝，止于下颌骨冠状突。

2. 开口肌

（1）枕下颌肌：起自枕骨茎突，止于下颌骨后缘。

（2）二腹肌：起自茎突，止于下颌骨下缘的内侧面。

开口肌的作用是向下牵引下颌骨而实现开口。

四、躯干肌

（一）脊柱肌

脊柱肌是支配脊柱的肌肉，分为背侧肌组和腹侧肌组。

1. 背侧肌组

（1）背最长肌：位于胸椎、腰椎的棘突与横突和肋骨、椎骨所形成的三棱形凹面内。背最长肌是体内最大的肌肉，表面覆盖着一层腱膜，由许多肌束平行排列而成，起自髂骨嵴、荐骨、腰椎和后位胸椎棘突，在第12胸椎附近分为上、下两个部分，上部主要有前4个腰椎棘突起始的一整肌束，逐渐变大，向前在头半棘肌内方通过，止于后4个颈椎棘突，下部向前下方走行，沿腹侧锯肌内侧止于肋骨与后4个颈椎横突。作用：两侧同时收缩伸背腰，一侧收缩则侧屈脊柱。

（2）髂肋肌：位于背最长肌腹外侧，狭长而分节，由一系列斜向前下方的肌束组成，起自腰椎横突末端和后位肋骨的前缘，向前止于所有肋骨的后缘。作用：向后牵引肋骨协助呼气。

（3）夹肌：位于颈部背侧，呈三角形板状，其后部被斜方肌所覆盖，起自棘横筋膜、项韧带索状部，止于枕骨、颞骨及前4～5个颈椎。作用：两侧同时收缩举头颈，一侧收缩偏头颈。

（4）头半棘肌：位于夹肌与项韧带板状部之间，为强大的三角形肌，有4～5条腱划，起自棘横筋膜及第8、9胸椎横突及颈椎关节突，以强腱止于枕骨后面，作用同夹肌。

2. 腹侧肌组

（1）颈长肌：位于颈椎及第5、6胸椎的腹侧面，由一些短的肌束构成，主要作用是屈颈。

（2）腰小肌：狭长肌，位于腰椎腹侧面和椎体两旁。起自腰椎及最后3个胸椎椎体腹侧，止于髂骨中部；主要作用是屈腰。

（二）颈腹侧肌组

1. 胸头肌　胸头肌位于颈部外侧，构成颈静脉沟的下缘，起自胸骨柄两侧，止于颞骨。

2. 胸骨甲状舌骨肌　胸骨甲状舌骨肌位于气管腹侧，为一扁平的带状肌，起自胸骨柄，起始部向前分为两个部分，外侧部止于喉的甲状软骨，称胸骨甲状肌，内侧部止于舌骨体，称胸骨舌骨肌；主要作用是向后牵引喉舌骨，帮助吞咽。

（三）胸壁肌

1. 肋间外肌　肋间外肌位于肋间隙的表层，起自肋骨后缘，肌纤维向后下方止于后一肋骨的前缘；主要作用是向前外方牵引肋骨，使胸廓扩大，帮助吸气。

2. 肋间内肌　肋间内肌位于肋间外肌的深面，起自肋骨前缘，肌纤维斜向前下，止于前一个肋骨的后缘；主要作用是向后方牵引肋骨，使胸廓变小，帮助呼气。

3. 膈　膈为一圆形板状肌，构成胸腹腔的间隔，又称横膈膜，周围由肌纤维构成，称肉质部，中央由强韧的腱膜构成，称中心腱。膈的肉质缘分腰部、肋骨部和胸骨部：腰部形成肌质的左、右膈脚，附着在前4个腰椎的腹侧，伸至膈的中心；肋骨部附着于肋骨内面，从第8对肋骨向上沿肋骨和肋软骨的结合处，行至最末肋骨内面，胸骨部附着于剑状软骨的背侧面。膈上有3个孔：①主动脉孔，位于左、右膈脚之间；②食管裂孔，位于右膈脚肌束间，接近中心腱；③腔静脉孔，位于中心腱，稍偏中线右侧。膈收缩可使其突向胸腔的凸度变小，扩大胸腔的纵径引起吸气。膈舒张时，由于腹壁肌肉回缩，腹腔内脏向前压迫膈，使凹度增大，胸腔纵径变小而引起呼气。

（四）腹壁肌

腹壁肌构成腹腔的侧壁和底壁，由4层纤维方向不同的板状肌构成，其表面覆盖有腹壁深筋膜。牛、马的腹壁深筋膜由弹性纤维构成，呈黄色，又称腹黄膜。

1. 腹外斜肌　最外层，在腹黄膜深面，以锯齿起自第5肋骨至最末肋骨的外面，起始部为肉质，肌纤维向后下方，在肋弓下变为腱膜止于腹白线。腹外斜肌腱在髋结节至耻骨前缘处加厚形成腹腔沟韧带。

2. 腹内斜肌　位于腹外斜肌深面，起自髋结节（牛的腹内斜肌还起自腰椎横突），呈扇形，向前下方扩展，逐渐变为腱膜，止于腹白线（牛的还止于最末肋骨）。其腱膜与腹外斜肌腱膜交织在一起形成腹直肌外鞘。在腹内斜肌与腹股沟韧带之间有一裂隙，称腹股沟腹环。

3. 腹直肌　腹直肌呈宽带状，位于腹白线两侧、腹下壁的腹直肌鞘内，起自胸骨两侧和肋软骨，肌纤维纵行，最后以强厚的耻前腱止于耻骨前缘，腹直肌上有5～6条（牛）或9～11条（马）腱划。

4. 腹横肌　腹横肌是腹壁肌的最内层，较薄，起自腰椎横突和肋弓下端的内面，肌纤维垂直向下以腱止于腹白线。其腱膜构成腹直肌的内鞘。

5. 腹股沟管　腹股沟管位于腹股沟部，是斜行穿过腹外斜肌和腹内斜肌之间的楔形缝隙，有内、外两个口，外口通皮下，称腹股沟管皮下环，内口通腹腔，称腹股沟管腹环，是胎儿时期睾丸从腹腔下降到阴囊的通道，长约10 cm。

五、前肢肌

（一）肩带肌

肩带肌是躯干与前肢连接的肌肉，大多为板状肌，一般起自躯干，止于前肢的肩胛骨和肱骨。背侧组起自头骨和脊柱，从背侧连接前肢；腹侧组起自颈椎、肋骨和胸骨，从腹侧连接前肢。

1. 背侧组

（1）斜方肌：三角形的扁肌，位于肩颈上部的浅层，分为颈斜方肌和胸斜方肌。颈斜方肌起自项韧带索状部，肌纤维向后下方走行；胸斜方肌起自前 10 个胸椎棘突，肌纤维向前下方走行。颈斜方肌和胸斜方肌均止于肩胛冈。主要作用：提举、摆动和固定肩胛骨。

（2）菱形肌：在斜方肌和肩胛软骨的内面，也分颈、胸二部，起点同颈、胸斜方肌。止于肩胛骨内面。作用：向上提举肩胛骨。

（3）背阔肌：位于胸侧壁的上半部，为扇形的大板状肌。肌纤维由后上斜向前下，马起自腰背筋膜，牛的还起自第 9～11 肋骨及肋间外肌和腹外斜肌的筋膜。主要止于大圆肌腱。主要作用：向后上方牵引肱骨，屈肩关节。当前肢着地时可牵引躯干向前。牛的背阔肌还可协助吸气。

（4）臂头肌：带状肌，位于颈侧部的浅层，由头延伸到臂，形成颈静脉沟的上界。牛的臂头肌前部宽、后部窄，起自枕骨、颞骨和下颌骨，止于肱骨嵴，马的全长宽度一样，起自枕骨、颞骨、寰椎翼和第 2～4 颈椎横突，止于肱骨外侧的三角肌结节和肱骨嵴。主要作用：牵引前肢向前，伸肩关节和提举、侧偏头颈。

（5）肩胛横突肌：马无此肌，是薄带状肌，位于颈侧部，前部紧贴于肌的深面，后部在颈斜方肌和臂头肌之间，起自寰椎翼，止于肩峰部的筋膜。主要作用：牵引前肢向前，侧偏头颈。

2. 腹侧组 腹侧组肩带肌包括胸肌和腹侧锯肌。

（1）胸肌：①胸浅肌：分为前部的胸降肌（胸浅前肌）和后部的胸横肌（胸浅后肌），两部分界不明显。胸降肌起自胸骨柄，止于肱骨嵴。胸横肌薄而宽，起自胸骨嵴（腹侧），止于臂骨内侧筋膜。作用：内收前肢。②胸深肌：分为前部狭小的锁骨下肌（胸深前肌）和后部发达的胸升肌（胸深后肌）。胸深肌前厚而窄，后薄而宽，起自胸骨腹侧面、腹黄膜、剑状软骨，止于肱骨内侧结节。

（2）腹侧锯肌：宽大的扁形肌，下缘呈锯齿状，位于颈胸部的外侧面，分为颈、胸二部，颈腹侧锯肌全为肉质，胸腹侧锯肌较薄，表面和内部混有厚而强的腱层。牛的颈腹侧锯肌发达，起自后 5～6 个颈椎横突和前 4～9 肋骨的外面，止于锯肌面和肩胛软骨的内面。马的颈腹侧锯肌起自后 4 个颈椎横突，胸腹侧锯肌起自前 8～9 个肋骨外面，均止于肩胛骨内面的锯肌面和肩胛软骨的内面。作用：两侧同时收缩可提举躯干，颈腹侧锯肌收缩可举颈，胸腹侧锯肌收缩可协助吸气。

（二）肩部肌

肩部肌分布于肩胛骨的外侧面和内侧面，起自肩胛骨，止于肱骨，跨越肩关节，可屈伸肩关节，分为外侧组和内侧组。

1. 外侧组

（1）冈上肌：位于冈上窝内，一部分被三角肌覆盖，起自冈上窝和肩胛软骨，止腱分为两支，分别止于肱骨内、外侧结节。作用：伸肩关节，固定肩关节。

（2）冈下肌：位于冈下窝，起自冈下窝和肩胛软骨，止于肱骨外侧结节。作用：外展及固定肩关节。

（3）三角肌：位于冈下肌的浅层，起自肩胛冈和肩胛骨的后角，止于肱骨外面的三角肌结节。主要作用：屈肩关节。

2. 内侧组

（1）肩胛下肌：位于肩胛骨的内侧面，起自肩胛下窝，止于肱骨的内侧结节。主要作用：内收和固定肩关节。

（2）大圆肌：位于肩胛下肌后方，呈带状，起自肩胛骨后角，止于肱骨内面。主要作用：屈肩关节。

（三）臂部肌

臂部肌分布于肱骨的周围，起自肩胛骨和肱骨，跨越肘关节，止于前臂骨，主要对肘关节起作用。分为伸肌和屈肌两组。伸肌组位于肘关节后,屈肌组位于肘关节前。

1. 伸肌组

(1)臂三头肌:位于肩胛骨后缘与肱骨形成的夹角内,是前肢最大的一块肌肉。臂三头肌分三个头:长头大,起自肩胛骨的后缘;外侧头起自肱骨外侧面;内侧头小,起自肱骨的内面。三个头共同止于尺骨的鹰嘴突。作用:伸肘关节。

(2)前臂筋膜张肌:位于臂三头肌的后缘和内面,起自肩胛骨的后角,以一扁腱止于尺骨鹰嘴突内侧面。主要作用:伸肘关节。

2. 屈肌组

(1)臂二头肌:位于肱骨的前面,为多腱质的纺锤形肌,经强腱起自肩胛结节,通过臂二头肌沟,止于桡骨结节。主要作用:屈肘关节,也有伸肩关节的作用。

(2)臂肌:位于肱骨的臂肌沟内,起自肱骨后面的上部,止于桡骨近端内侧缘。主要作用:屈肘关节。

(四)前臂及前脚部肌

前臂及前脚部肌作用于腕关节和指关节,肌腹大部分布于前臂的背外侧面和掌侧面,大部分为多腱质的纺锤形肌,起自肱骨远端和前臂骨近端,在腕关节附近形成腱,一般包有腱鞘。作用于腕关节的止腱较短,止于腕骨及掌骨。作用于指关节的肌肉则以长腱跨越腕关节和指关节,止于指骨,分为背外侧肌组和掌侧肌组。

1. 背外侧肌组

(1)腕桡侧伸肌:位于桡骨的背侧面,起自肱骨远端外侧,肌腹于前臂下部延续为一扁腱,经腕关节背侧向下止于第3掌骨近端的掌骨结节。主要作用:伸腕关节。

(2)指总伸肌:位于腕桡侧伸肌后方,起自肱骨远端的前面、桡骨和尺骨的外侧面,在前臂,下半部转为两条腱,细而短的腱于掌骨近端并入指外侧伸肌,大而粗的主腱经腕关节掌骨和指骨的背侧下方,止于蹄骨的伸肌突。主要作用:伸指、伸腕、屈肘。

(3)指外侧伸肌:位于指总伸肌的后方。起自肘关节外侧,侧副韧带和桡骨、尺骨的外侧,以腱止于近指骨近端,牛的止于第4指的冠骨。作用:伸腕、伸指关节。

(4)腕斜伸肌:三角形的厚小肌,起自桡骨背侧面的外侧缘,在指伸肌的覆盖下,斜过腕桡侧伸肌腱,斜向内侧止于第2掌骨。作用:可伸腕关节和使腕关节旋外。

(5)指内侧伸肌:又称第三指固有肌,位于腕桡侧伸肌和指总伸肌之间,起自肱骨远端外面和尺骨外面,同指总伸肌,其肌腹与腱紧贴于指总伸肌及其腱的内侧缘,止于第3指的冠骨近端背侧。主要作用:伸展第3指。

2. 掌侧肌组

(1)腕外侧屈肌:位于臂外侧的后部、指外侧伸肌的后方,起自肱骨远端外侧后部,有两条止腱,前腱较细,止于第3掌骨,后腱止于副腕骨。作用:屈腕、伸肘。

(2)腕尺侧屈肌:位于臂内侧后部,起自肱骨远端内侧后部和肘突的内侧面,以强腱止于副腕骨。作用:屈腕、伸肘。

(3)腕桡侧屈肌:位于腕尺侧屈肌的前方,起自肱骨远端内侧,马止于第2掌骨近端内侧。作用:屈腕、伸肘。

(4)指浅屈肌:牛的指浅屈肌被腕屈肌包围。起自肱骨远端内侧。肌腹分成深、浅二部,各有一腱,向下分别通过腕掌侧韧带,又合成一总腱并立即分为两支,分别止于内、外侧指的冠骨后面。每支在系骨掌侧与来自悬韧带的腱板形成腱环,供指深屈肌通过。

(5)指深屈肌:位于前臂骨的后面,被其他屈肌包围。共有三个头,分别起自肱骨远端内面、鹰嘴突及桡骨后,三个头合成一腱。经腕管向下伸,止于蹄骨。牛的在系关节上方分为两支,分别通过指浅屈肌腱形成的腱环,止于内、外侧指的蹄骨掌侧后缘。主要作用同指浅屈肌,屈指屈腕,维持指关节,支持体重。

六、后肢肌

后肢肌较前肢肌发达,是推动身体的主要动力,包括髋部肌、股部肌、小腿和后脚肌。

(一)髋部肌

1. 臀中肌 臀中肌大而厚,是臀部的主要肌肉,决定臀部的轮廓,起自髂骨翼和荐结节阔韧带前部,还起自腰背最长肌的腱膜,止于股骨的大转子。作用:伸髋,使后肢旋外,参与跳跃和推进躯干。

2. 臀深肌 臀深肌被臀中肌覆盖,起自坐骨棘,止于大转子。作用:外展髋关节和使后肢旋外。

3. 髂腰肌 髂腰肌位于髂骨内侧面,由髂肌和腰大肌组成,髂肌起自髂骨翼的腹侧面,腰大肌起自腰椎横突的腹侧面,二者均止于股骨的内面(小转子)。作用:屈髋关节,使后肢旋外。

(二)股部肌

股部肌分布于股骨周围,根据部位可分为股后肌群、股前肌群和股内侧肌群。

1. 股后肌群

(1)股二头肌:位于股后外侧,长而宽大,有两个头。椎骨头起自荐骨,牛的椎骨头还起自荐结节阔韧带;坐骨头起自坐骨结节。两个头合并后下行,逐渐变宽,在股后部分为前、后两部(牛),以宽腱膜止于膝盖骨(髌骨)膝外侧韧带、胫骨嵴和跟结节。作用:伸髋,亦可伸膝、跗关节,推动躯干,起伸展后肢的作用,在提举后肢时可屈膝关节。

(2)半腱肌:较大,长形,位于股二头肌的后方,上端转向内侧。牛的半腱肌起自坐骨结节腹侧面,以腱止于胫骨嵴和跟结节。马有两个头,椎骨头起自荐结节阔韧带和前2个尾椎,坐骨头起自坐骨结节。作用:同股二头肌。

(3)半膜肌:位于股后内侧,牛的半膜肌起自坐骨结节,马的有两个头,椎骨头起自荐结节阔韧带后缘,形成臀部的后缘。止于股骨远端内侧,牛还止于胫骨近端内侧。主要作用:伸髋,内收后肢。

2. 股前肌群

(1)股阔筋膜张肌:位于股前外侧浅层,起自髋结节,起始部为肉质,较厚,向下以扁形扩展延续为阔筋膜,以筋膜止于膝盖骨和胫骨近端。主要作用:屈髋,伸膝,紧张阔筋膜。

(2)股四头肌:大而厚,富有肉质,位于股骨前面及两侧,被股阔筋膜张肌覆盖。有四个头:直头、内侧头、外侧头、中头。直头起自髂骨体,其余三个头分别起自股骨内侧、外侧和前面。共同止于膝盖骨(髌骨)。主要作用:伸膝关节。

3. 股内侧肌群

(1)缝匠肌:长带状肌,位于股部内侧皮下,由髂骨前缘行至膝关节内侧,其深部有股神经和血管通过,比较重要。

(2)股薄肌:薄而宽,位于股部内侧皮下,起自骨盆联合及耻前腱,以腱膜止于膝关节及胫骨近端内侧。主要作用:内收后肢。

(3)内收肌:位于股薄肌深层,起自坐骨和耻骨的腹侧,止于股骨的后面和远端内侧。主要作用:内收后肢,也可伸髋关节。

(三)小退和后脚肌

小腿和后脚肌的肌腹都位于小腿骨的周围,在跗关节处均变为腱,可分为背外侧肌群和跖侧肌群,由于跗关节角顶向后,故背外侧肌群有屈跗伸趾的作用,跖侧趾群有伸跗屈趾的作用。

1. 背外侧肌群

(1)第三腓骨肌:牛的第三腓骨肌为发达的纺锤形肌,位于小腿背侧的浅层,与趾长伸肌和趾内侧伸肌以短腱起自股骨远端外侧,至小腿远端为一扁腱,经跗关节背侧止于跖骨近端及跗骨。主要作用:屈跗关节。

(2)趾内侧伸肌:牛的趾内侧伸肌又名第三趾固有伸肌,位于第三腓骨肌深面及趾长伸肌的前面,起自股骨远端外侧,止于第3趾的冠骨,主要作用是伸第3趾。

(3)趾长伸肌:牛的趾长伸肌位于趾内侧伸肌的后方,肌腹上部被第三腓骨肌所覆盖,起自股骨远端,在小腿远端成为一细长腱,走行于跗背侧,在跖骨远端分为两支,分别止于第3、4趾蹄骨的伸腱突。马的趾长伸肌位于小腿背侧浅层,覆盖第三腓骨和胫骨前肌,以强腱起自股骨远端前部。主要作用:伸趾、屈跗。

(4)趾外侧伸肌:又名第四趾固有伸肌,位于小腿外侧,起自小腿外端外侧,肌腹圆,于小腿远端延续为一长腱,经跗关节及跖骨背侧止于第4趾的冠骨。主要作用:伸第4趾。

(5)腓骨长肌:牛有腓骨长肌,位于小腿外侧面、趾长伸肌后方,肌腹短而细,起自小腿近端外侧,其腱自后下方延伸至跗关节外侧面,穿过趾外侧伸肌腱,止于第1跗骨和跖骨近端。主要作用:屈跗关节。

(6)胫骨前肌:位于第三腓骨肌内侧,紧贴胫骨,起自小腿骨近端外侧,止腱分为两支,分别止于跗骨前和第2、3跗骨。主要作用:屈跗关节。

2.跖侧肌群

(1)腓肠肌:位于小腿后面,腓肠肌位于股二头肌和半腱肌之间,有内、外两个头,分别起自股骨髁间窝的两侧,肌腹于小腿中部汇成一强腱,与趾浅屈肌腱紧紧扭在一起,形成跟腱,止于跟结节。主要作用:伸跗关节。

(2)趾浅屈肌:位于腓肠肌两个头之间,起自股骨的髁上窝,肌腹较小,其腱在小腿中部由腓肠肌的前方经内侧转到后方,在跟结节处变宽,以帽状固着于跟结节近端两侧,以强腱越过跟结节向下至趾部,止于系骨和冠骨。主要作用:伸跗屈趾,止端类似于前肢指浅屈肌。

(3)趾深屈肌:发达,位于胫骨后面,有三个头,均起自胫骨后面和外侧的上部,较大的外侧浅头(胫骨后肌)及较小的外侧深头(趾长屈肌)的腱汇成主腱经跟结节内侧,向下沿趾浅屈肌腱深面下行,止端类似于前肢指深屈肌。内侧头(拇长屈肌)的细腱经跗关节内侧下行,在跖骨上部并入主腱。主要作用:屈趾、伸跗。

→ 在线学习

1.动物解剖生理在线课

视频:全身肌群的识别

2.多媒体课件

PPT:2.2

3.能力检测

习题:2.2

→ 任务实施

一、任务分配

学生任务分配表(此表每组上交一份)

班级		组号		指导教师	
组长		学号			

续表

组员		姓名	学号	姓名	学号

任务分工	

二、工作计划单

工作计划单（此表每人交一份）

项目二		运动系统结构的识别		学时	4
学习任务		肌肉的识别		学时	2
计划方式		分组计划（统一实施）			
制订计划	序号	工作步骤		使用资源	
	1				
	2				
	3				
	4				
	5				
	6				
	7				
制订计划说明	（1）每个任务中包含若干个知识点，制订计划时要加以详细说明。 （2）各组工作步骤顺序可不同，任务必须一致，以便于教师准备教学场景。 （3）先由各组制订计划，交流后由教师对计划进行点评。				
	班级		第　组	组长签字	
	教师签字			日期	
评语					

三、器械、工具、耗材领取清单

器械、工具、耗材领取清单(此表每组上交一份)

班级：　　　小组：　　　组长签字：

序号	名称	型号及规格	单位	数量	备注

回收签字　学生：　　　　　教师：

四、工作实施

工作实施单(此表每人上交一份)

项目二	运动系统结构的识别		
学习任务	肌肉的识别	建议学时	2
任务实施过程			

一、实训场景设计

在校内解剖实训室或虚拟仿真实训室进行,要求有计算机、实验动物猪等。将全班学生分成8组,每组4～5人,由组长带头,制订任务分配、工作计划,领取器械、工具和耗材,并认真记录。

二、材料与用品

各种动物肌肉标本、实验动物猪等。

三、任务实施过程

了解本学习任务需要掌握的内容,组内同学按任务分配,收集相关资料,完成各自任务,并分享给组内同学,共同完成学习任务。

实施步骤:

(1)学生分组,填写分组名单。

(2)制订并填写工作(学习)计划,小组讨论计划实施的可行性,由教师进行决策和点评。

(3)按组领取肌肉标本、实验动物猪、彩色铅笔、肌组织切片等,在设备回收时,除耗材外,按领取数量核实后,签字确认。

(4)观察肌肉标本,识别膈肌、心肌、里脊等。

(5)把看到的内容与同学分享,描述所看到的内容。

(6)对猪进行解剖。

(7)观察猪全身主要肌肉,如呼吸肌、臂二头肌、臂三头肌等,小组成员互相讨论,最后确定肌肉名称。

(8)在观察过程中,如有问题,随时与教师沟通,轮流观察所解剖的肌肉,并完成下列引导问题。

观察结果记录:1号肌肉为(　　　),2号肌肉为(　　　),3号肌肉为(　　　),4号肌肉为(　　　),5号肌肉为(　　　),6号肌肉为(　　　)。

引导问题1:肌肉共分为哪三大类?

引导问题2:简述心肌的特点。

引导问题3:简述呼吸肌的构成。

引导问题4:简述腹壁肌肉的构成。

引导问题5:简述头部肌的构成。

五、评价反馈

学生进行自评,评价自己能否完成学习任务、完成引导问题,在完成过程中有无遗漏等。教师对学生进行评价的内容如下:工作实施是否科学、完整,所填内容是否正确、翔实,学习态度是否端正,学习过程中的认识和体会等。

学生自评表

班级:　　　姓名:　　　学号:

学习任务	肌肉的识别		
评价内容	评价标准	分值	得分
完成引导问题1	能正确说出肌肉共分为哪三大类	10	
完成引导问题2	正确说出心肌的特点	10	
完成引导问题3	正确说出呼吸肌的构成	10	
完成引导问题4	正确回答腹壁肌肉的构成	10	
完成引导问题5	能通过查找资料,正确回答问题	10	
任务分工	本次任务分工合理	5	
工作态度	态度端正,无缺勤、迟到、早退等现象	5	
工作质量	能按计划完成学习任务	10	
协调能力	与小组成员间能合作交流、协调工作	10	
职业素质	能做到安全操作,文明交流,保护环境,爱护动物,爱护实训器材和公共设施	10	
创新意识	通过学习,建立空间概念,举一反三	5	
思政收获和体会	完成任务有收获	5	

Note

学生互评表

班级: 姓名: 学号:				
学习任务	肌肉的识别			
序号	评价内容	组内互评	组间评价	总评
1	任务是否按时完成			
2	器械、工具等是否放回原位			
3	任务完成度			
4	语言表达能力			
5	小组成员合作情况			
6	创新内容			
7	思政目标达成度			

教师评价表

班级: 姓名: 学号:			
学习任务	肌肉的识别		
序号	评价内容	教师评价	综合评价
1	学习准备情况		
2	计划制订情况		
3	引导问题的回答情况		
4	操作规范情况		
5	环保意识		
6	完成质量		
7	参与互动讨论情况		
8	协调合作情况		
9	展示汇报		
10	思政收获		
总分			

Note

项目三　被皮系统结构的识别

项目概述

　　动物的被皮系统包括皮肤和皮肤衍生物。皮肤衍生物是在动物机体的某些部位,由皮肤演变而成的形态特殊的器官,包括动物的毛、蹄、枕、角、乳腺、皮脂腺及汗腺等。被皮系统具有感觉、分泌、防御、排泄、调节体温和储存营养物质的作用,以保证动物对外界环境的适应。

项目目标

　　知识目标:掌握动物皮肤的构造、毛的构造、蹄的构造、角的结构、皮肤腺的分类、乳腺的结构,熟知皮肤及皮肤衍生物的生理功能。

　　能力目标:能在显微镜下分辨出表皮、真皮和皮下组织的一般构造,能在标本上识别皮肤、蹄的构造,掌握临床上动物皮下注射和皮内注射的部位。

　　思政目标:通过对比动物不同部位皮肤状态的差别以及不同皮肤衍生物的巨大差异,教育学生认识事物不能只看表面,也不能局限地看待事物,帮助学生从多角度、全方位认识事物;根据皮肤的功能,扩展皮肤在防御方面的作用,培养学生自尊自爱的美德,养成良好生活习惯。

任务一　皮肤结构的探究

→ 任务导入

　　皮肤覆盖于动物体表,在自然孔(口裂、鼻孔、肛门和尿生殖道外口等)处与管状器官内的黏膜相延续,直接与外界环境接触,具有保护内部器官、防止异物侵害和机械损伤的作用。皮肤内还含有毛、皮脂腺、汗腺以及感受各种刺激的感受器等。通过本任务的学习,掌握动物皮肤的构成、动物皮下注射和皮内注射的部位、动物皮肤的主要功能。

→ 学习目标

　　掌握家畜皮肤的构成、家畜真皮的结构及家畜各个部位真皮的差异,为后续诊疗课程中皮下注射和皮内注射的学习打下基础。皮肤作为机体首要的保护屏障,有重要的生理功能。教学中引导学生明白"皮之不存,毛将焉附"的道理,培养学生勇担历史使命的爱国主义情怀。通过讲解畜体皮肤功能,让学生明白皮肤的重要性,扩展皮肤在防御方面的作用,培养学生健康生活的理念。

Note

工作准备

（1）根据任务要求，了解不同家畜皮肤的特点。
（2）收集家畜皮肤功能知识的相关资料。
（3）本任务的学习需要计算机、动物皮肤模型标本等。

任务资讯

任务一　皮肤结构的探究	学时	1

一、皮肤的结构

皮肤由表皮、真皮和皮下组织构成，借皮下组织与深层组织相连（图3-1）。

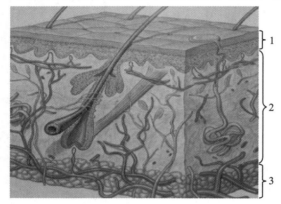

图3-1　皮肤的结构模式图
1.表皮　2.真皮　3.皮下组织

（一）表皮

表皮为皮肤最表层的结构，由角化的复层扁平上皮构成。表皮内含有丰富的游离神经末梢，能感受外界的各种刺激，但表皮内没有血管和淋巴管，营养物质的供应和代谢产物的排出靠细胞间隙的组织液与真皮毛细血管内的血液进行物质交换来实现。表皮的厚薄因部位不同而有差异，凡是长期受到摩擦的部位，一般表皮较厚，角化也较显著。毛皮动物中被毛稀疏部位的表皮较厚，被毛发达部位的表皮较薄，无毛的部位表皮最发达。完整的表皮由浅至深依次可分为角质层、透明层、颗粒层和生发层。

1. 角质层　角质层是表皮的最上层，由几层到几十层扁平无核角质细胞组成，细胞质内充满嗜酸性的角蛋白，对酸、碱、摩擦等因素有较强的抵抗力，构成了最重要的保护屏障层。角质层的表面细胞常呈小片状脱落，形成皮屑，以清除皮肤上的污垢和寄生的异物。在那些经常受到摩擦的部位（手掌、脚掌），角质层还会加厚而形成茧。

2. 透明层　透明层位于角质层和颗粒层之间，由2～3层无核的扁平细胞组成，胞质中含有嗜酸性的透明角质，它由颗粒层细胞的透明角质颗粒变性而成。透明层在鼻孔和乳头等无毛的皮肤处最显著，其他部位则薄或不存在。

3. 颗粒层　颗粒层位于生发层的浅部，由2～3层梭形细胞组成，细胞界限不清，胞质内充满大小不等的透明角质颗粒，普通染色呈强嗜碱性，胞核较小，染色较淡。表皮薄的地方此层薄或不连续。

4. 生发层　生发层是表皮的最深层，由数层细胞组成，可分为基层和棘层，借基膜与深层的真皮相连。基层细胞皆附在基膜上，是一层矮柱状上皮细胞，细胞较小，排列整齐，核呈卵圆形，可以直接吸收真皮内的营养。基层细胞之间有黑色素细胞，黑色素细胞略呈圆形，有树枝状突起，胞核较小，能产生黑色素颗粒，黑色素颗粒的多少与皮肤颜色的深浅有关。黑色素颗粒能够吸收紫外线，使深层组织免受紫外线的损害。基层细胞分裂比较活跃，不断产生新细胞并向浅层推移，以补充衰老、脱落的角质细胞。棘层在基层的浅部，由数层大的多边形细胞组成。表皮受损伤后，经生发层细胞增殖得以修复。

（二）真皮

真皮位于表皮下面,是皮肤最厚的一层,由不规则的致密结缔组织构成,含有大量的胶原纤维和弹性纤维,使皮肤具有一定的弹性和韧性。真皮内含有丰富的血管、淋巴管和神经,能营养皮肤并感受外界刺激。此外,真皮内还分布有毛囊、汗腺和皮脂腺等结构。真皮坚韧而富有弹性,皮革就是由真皮鞣制而成的。真皮由浅到深通常可分为乳头层和网状层,两层相互移行,无明显界限。

1. 乳头层 乳头层又称真皮上部,为紧靠表皮的薄层结缔组织,由纤细的胶原纤维和弹性纤维交织而成,伸入表皮形成许多圆锥状的乳头。乳头的高低与皮肤的厚薄有关,一般皮较厚、无毛或少毛的皮肤,乳头高而细,多毛的皮肤乳头很小,甚至没有。乳头层内含丰富的毛细血管、毛细淋巴管和感觉神经末梢,以供应表皮的营养和感受外界刺激。

2. 网状层 网状层位于乳头层下方,较厚,由比较粗大的胶原纤维和弹性纤维交织而成,是真皮的主要组成部分。网状层内含有较大的血管、淋巴管和神经,并有汗腺、毛囊、皮脂腺等结构。

真皮的厚薄因动物种类不同而异。在家畜中,牛的真皮最厚,羊的真皮最薄。同种动物的真皮厚度因年龄、性别及部位而异。老龄者厚,幼龄者薄;公畜的真皮较母畜的厚;四肢外侧的真皮较厚,腹部及四肢内侧的真皮较薄;动物的尾部及牛、猪颈部的真皮特别厚。兽医临床上进行皮内注射时,就是将药物注入真皮内。

（三）皮下组织

皮下组织又称浅筋膜,位于皮肤的深层,由疏松结缔组织构成,内有丰富的血管、淋巴管和神经。皮下组织将皮肤与深部肌肉或骨膜连接在一起。在皮肤与骨突起接触的地方(如肘突、鬐甲等处),皮下组织有时出现空隙,形成黏液囊,内有少量黏液,可减小该部分皮肤活动时的摩擦。营养良好的动物皮下组织常储存有大量的脂肪,对家畜越冬保温和缓冲外界压力有很大的作用。在养殖生产中,皮下脂肪的多少是判断动物营养状况的显著标志,猪的皮下脂肪特别发达,俗称肥膘。兽医临床上进行皮下注射时,就是将药物注入皮下组织内。

二、皮肤的功能

皮肤包被身体,既能保护深层的软组织,防止体内水分的蒸发,又能防止有害物质(如有害的理化因素、病原微生物)侵入体内,是动物体的第一道保护屏障。因此,皮肤是动物重要的保护器官。

皮肤中分布着各种感受器,能感受压力、冷、热、疼痛等不同刺激,是动物体重要的感受器官。

皮肤是动物体水、盐的储存仓库,并能参与体内水、盐的代谢。皮肤还能通过排汗排出体内的废物,并具有调节体温、分泌皮脂、合成维生素 D 和储存脂肪的作用。

皮肤还能吸收一些脂类、挥发性液体(如醚、酒精等)和溶解在这些液体中的物质,但不能吸收水和水溶性物质。只有在皮肤破损或有病变时,水和水溶性物质才会渗入皮肤内。因此,应用外用药物治疗皮肤病时,应当注意药物浓度和擦药面积的大小,以防止皮肤吸收过多而引起中毒。

▶ **在线学习**

1. 动物解剖生理在线课　　　2. 多媒体课件　　　3. 能力检测

视频:皮肤结构的探究　　　PPT:3.1　　　习题:3.1

→ 任务实施

一、任务分配

学生任务分配表(此表每组上交一份)

班级		组号		指导教师	
组长		学号			
组员	姓名	学号		姓名	学号
任务分工					

二、工作计划单

工作计划单(此表每人上交一份)

项目三		被皮系统结构的识别		学时	4
学习任务		皮肤结构的探究		学时	1
计划方式		分组计划(统一实施)			
制订计划	序号	工作步骤		使用资源	
	1				
	2				
	3				
	4				
	5				
	6				
	7				
制订计划说明	(1)每个任务中包含若干个知识点,制订计划时要加以详细说明。 (2)各组工作步骤顺序可不同,任务必须一致,以便于教师准备教学场景。 (3)先由各组制订计划,交流后由教师对计划进行点评。				
评语	班级		第 组	组长签字	
	教师签字			日期	

三、器械、工具、耗材领取清单

器械、工具、耗材领取清单（此表每组上交一份）

班级：　　　小组：　　　组长签字：

序号	名称	型号及规格	单位	数量	回收	备注

回收签字　学生：　　　　教师：

四、工作实施

工作实施单（此表每人上交一份）

项目三	被皮系统结构的识别		
学习任务	皮肤结构的探究	建议学时	1
任务实施过程			

一、实训场景设计

在校内标本实训室或虚拟仿真实训室进行，要求有计算机、动物皮肤石膏标本和模型、猪的新鲜皮肤。将全班学生分成 5 组，每组 8～10 人，由组长带头，制订任务分配、工作计划，领取器械、工具和耗材，并认真记录。

二、材料与用品

动物皮肤石膏标本和模型、猪的新鲜皮肤等。

三、任务实施过程

了解本学习任务需要掌握的内容，组内同学按任务分配，收集相关资料，按下述实施步骤完成各自任务，并分享给组内同学，共同完成学习。

实施步骤：

（1）学生分组，填写分组名单。

（2）制订并填写学习计划，小组讨论计划实施的可行性，由教师进行决策和点评。

（3）观察皮肤的构造。

取动物皮肤石膏标本和模型，对照教材上的插图，分别观察皮肤表皮、真皮及皮下组织的构造（图 3-2）。

动物新鲜皮肤实物的观察：结合教材中动物皮内注射和皮下注射位置的描述，比较两种注射方法位置上的差异（图 3-3），完成下列引导问题。

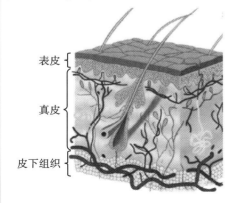

图 3-2　皮肤的构造图

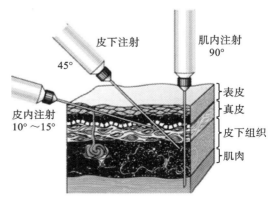

图 3-3　动物注射位置

扫码看彩图
3-2

扫码看彩图
3-3

Note

续表

引导问题1:绘出皮肤的结构示意图,并标出各部分的名称。

引导问题2:动物皮内注射和皮下注射各在皮肤的哪一层?

引导问题3:动物真皮利用价值高的原因是什么?

引导问题4:正确说出对"皮肤是动物体的第一道保护屏障"的认识?

五、评价反馈

学生进行自评,评价自己能否完成学习任务、完成引导问题,在完成过程中有无遗漏等。教师对学生进行评价的内容如下:工作实施是否科学、完整,所填内容是否正确、翔实,学习态度是否端正,学习过程中的认识和体会等。

学生自评表

班级:	姓名: 学号:		
学习任务	皮肤结构的探究		
评价内容	评价标准	分值	得分
完成引导问题1	正确绘出皮肤的结构示意图,并标出各部分名称	20	
完成引导问题2	准确说出皮内注射和皮下注射的部位	10	
完成引导问题3	准确说出动物真皮利用价值高的原因	10	
完成引导问题4	正确描述对"皮肤是动物体的第一道保护屏障"的认识	10	
任务分工	本次任务分工合理	5	
工作态度	态度端正,无缺勤、迟到、早退等现象	5	
工作质量	能按计划完成工作任务	10	
协调能力	与小组成员间能合作交流、协调工作	10	
职业素质	能做到文明交流,保护环境,爱护模型和标本	10	
创新意识	通过学习,树立独立思考及安全保护意识	5	
思政收获和体会	完成任务有收获	5	

学生互评表

班级:	姓名: 学号:			
学习任务	皮肤结构的探究			
序号	评价内容	组内互评	组间评价	总评
1	任务是否按时完成			

续表

2	模型和标本等是否放回原位			
3	任务完成度			
4	语言表达能力			
5	小组成员合作情况			
6	创新内容			
7	思政目标达成度			

教师评价表

班级：	姓名：	学号：	
学习任务	皮肤结构的探究		
序号	评价内容	教师评价	综合评价
1	学习准备情况		
2	计划制订情况		
3	引导问题的回答情况		
4	操作规范情况		
5	环保意识		
6	完成质量		
7	参与互动讨论情况		
8	协调合作情况		
9	展示汇报		
10	思政收获		
总分			

任务二　皮肤衍生物的识别

任务导入

　　皮肤衍生物是指由皮肤演变而成的用于适应外界生存环境的特殊结构。家畜的皮肤衍生物主要有毛、皮肤腺(包括汗腺、皮脂腺及乳腺)、蹄、角等。很多皮肤衍生物在畜牧业生产中具有重要的经济价值，如毛、乳等是牛、羊生产中重要的经济产品。学好皮肤衍生物的结构及生理功能知识，将为养羊、养牛课程中相关专业知识的学习打下重要基础。

学习目标

　　熟知毛的种类、结构及家畜换毛的特点，汗腺的结构、分布及汗液的组成，皮脂腺的分布及功能特点，乳腺的结构和各种动物乳房的特点，蹄的构造和各种动物蹄的特点，角的构造、角轮形成的原因以及生产上去角的意义。通过讨论学习，能熟练地在皮毛标本上说出各种皮肤衍生物的名称，准确识别其结构特点并描述其功能。在学习过程中，根据动物脱毛、换毛等生理现象，培养学生的新旧更替意识、环保意识及顺应时代潮流、转变观念、适应外界环境的能力。

Note

工作准备

本任务的学习需准备计算机，猪、牛、羊的乳房、蹄、角的模型标本，动物皮毛标本以及解剖虚拟仿真系统等。

任务资讯

任务二　皮肤衍生物的识别	学时	3

一、毛

毛是一种角化的表皮组织，覆盖于皮肤的表面，坚韧而有弹性，是温度的不良导体，具有保温、感觉和保护作用。除少数部位（如鼻腔、蹄和皮肤与黏膜相接处）外，毛遍布动物全身体表。

（一）毛的种类及分布

家畜的毛按粗细不同有粗毛和细毛之分。马、牛、猪的毛多为粗毛，单根均匀分布；绵羊的毛多为细毛，成簇分布。动物体的某些部位还有一些特殊的长毛，如马颈部的鬃毛，尾部的尾毛和系关节后部的距毛，公山羊颏部的髯，猪颈背部的鬃毛。有些长毛的毛根具有丰富的神经末梢，称触毛，如牛、马、羊唇部的触毛，对触碰刺激很敏感。毛在动物体表按一定方向排列，称毛流。在动物体的不同部位，毛流的排列形状不同，如有集合性毛流、点状分散性毛流、线状集合性毛流、线状分散性毛流、旋毛等排列方式。

（二）毛的结构

毛是表皮的衍生物，由表皮的上皮细胞群向真皮凹陷，在生长过程中又向表面突出而形成。各

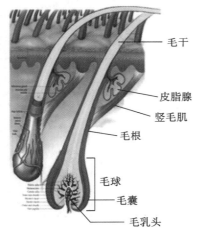

毛干
皮脂腺
竖毛肌
毛根
毛球
毛囊
毛乳头

图 3-4　毛的结构

种毛都斜插在皮肤里，毛可分为毛干和毛根两个部分。露在皮肤外面的称毛干，埋在真皮和皮下组织内的称毛根，毛根外面包有上皮组织和结缔组织，构成毛囊。毛根的末端与毛囊紧密相连，并膨大形成毛球，此处的上皮细胞具有分裂增殖能力，是毛的生长点。毛球底部凹陷，并有结缔组织伸入，称毛乳头，内含丰富的血管和神经，毛可通过毛乳头获得营养物质。在毛囊的一侧有束状的平滑肌，称竖毛肌，竖毛肌收缩时，可使毛竖立，还可压迫皮脂腺，以协助分泌物排出（图 3-4）。

（三）换毛

毛有一定的寿命，生长到一定时期就会衰老、脱落，为新毛所代替，这个过程称为换毛。换毛的方式有两种，一种为持续性换毛，另一种为季节性换毛。持续性换毛不受季节和时间的限制，随时脱换一些长毛，如马的鬃毛和尾毛、猪的鬃毛、绵羊的细毛。季节性换毛发生在每年的春、秋两季，全身的粗毛多以此种方式脱换。大部分家畜既有持续性换毛，又有季节性换毛。

不论什么类型的换毛，其换毛的过程都一样。当毛生长到一定时期，真皮毛乳头的血管萎缩，血流停止，毛球细胞停止生长，并逐渐角化和萎缩，最后与毛乳头分离，毛根逐渐脱离毛囊，向皮肤表面移动，同时紧靠毛乳头周围的上皮细胞增殖形成新毛，最后旧毛被新毛推出而脱落。家畜换毛受气候条件、饲养管理状况、品种、生理状态等因素的影响，但光照时间长短和气候变化是影响换毛的主要因素。

二、皮肤腺

家畜的皮肤腺主要有汗腺、皮脂腺和乳腺等。

（一）汗腺

汗腺位于真皮和皮下组织内，为盘曲的单管状腺。腺上皮由单层柱状细胞构成，细胞核呈椭圆形，在上皮细胞和基膜之间有肌上皮细胞，其收缩时有助于汗液排出。排泄管一般开口于毛囊或皮肤表面。家畜中绵羊和马的汗腺较发达，均匀地分布于全身；猪颈部、面部和趾间的汗腺较发达；水牛和山羊的汗腺很少，几乎不分泌汗液；犬的汗腺不发达，只在鼻和趾枕垫上有较大的汗腺。

汗腺经常连续不断地分泌汗液，并经排泄管从皮肤排出。在气温较低或动物活动量不大时，汗一经排出立即蒸发，所以看不见出汗。在气温升高或运动加强时，汗的分泌量大，可在皮肤表面聚集成滴。

汗液由水（占98%）、氯化钠、磷酸盐、硫酸盐及蛋白质的代谢产物（如尿素、尿酸、氨）等物质组成。汗液的有机成分和尿比较接近，这说明排汗和排尿一样，都是机体排出代谢产物的重要途径。当肾功能障碍时，汗液中的有机成分就会增加。汗液中氯化钠的量很不稳定，在大量出汗时，汗液中的水分增加，盐分减少，可见排汗与体内的水、盐代谢有密切的关系。马的汗液中有少量白蛋白，大量出汗时，马的被毛可出现胶黏现象。

（二）皮脂腺

皮脂腺位于真皮内，在毛囊与竖毛肌之间，为分支泡状腺。在有毛的皮肤上，皮脂腺末端开口于毛囊；在无毛的皮肤上，皮脂腺直接开口于皮肤表面。家畜的皮脂腺分布广泛，除枕、蹄、角、爪、乳头和鼻唇镜等处皮肤无皮脂腺外，其他部分几乎都有皮脂腺分布。皮脂腺的发达程度因动物种类及身体部位不同而有所差异。马和绵羊的皮脂腺较发达，猪的皮脂腺不发达。动物在某些部位还有一些特殊的皮脂腺，如外耳道的耵聍腺、牛的鼻唇腺、犬的肛门腺、包皮腺、阴唇腺及睑板腺等。

皮脂腺能分泌皮脂，皮脂有润滑皮肤和被毛的作用，使皮肤和被毛保持柔韧和光亮，并能防止皮肤干燥和水分渗入皮肤。绵羊的皮脂腺和汗腺可混合形成脂汗，影响羊毛的弹性和坚韧性，对羊毛的质量影响很大。

（三）乳腺

乳腺是哺乳动物特有的皮肤腺，为复管泡状腺。雌、雄性动物都有乳腺，但只有雌性动物的乳腺在相关激素的作用下能充分发育成乳房，并具有泌乳功能。雄性动物的乳腺只有少数导管埋于脂肪中，没有泌乳功能。

1. 乳房的结构　乳房由皮肤、筋膜和乳腺实质构成（图3-5）。

乳房的最外面是薄而柔软的皮肤，除乳头外，乳房均分布有一些稀疏的细毛，皮肤内有汗腺和皮脂腺。在乳房后部与阴门裂之间有明显呈线状毛流的皮肤褶，称乳镜。奶牛的乳镜在鉴定产乳能力时是很重要的参考指标。奶牛乳镜越大，乳房舒展性越大，能容纳的乳汁越多，生产性能越好。

乳房皮肤的深面为筋膜，分浅筋膜和深筋膜。浅筋膜为腹部浅筋膜的延续，由疏松结缔组织构成，使乳房皮肤具有一定的移动性。深筋膜由致密结缔组织构成，富含弹性纤维、平滑肌纤维和脂肪。在两侧乳房之间形成乳房中隔，并向腹壁延伸，与来自腹横筋膜的结缔组织形成悬吊乳房的悬韧带。深筋膜包被乳腺的实质，被膜向内伸出小梁，与神经、血管一起深入乳腺中，将乳腺分为许多腺叶和腺小叶。

乳腺实质由分泌部和导管部组成。分泌部包括腺泡和分泌小管，其周围有丰富的毛细血管网，腺泡和分泌小管所分泌的乳汁内的营养物质均由血管供给。导管部由许多小的输乳管汇合成

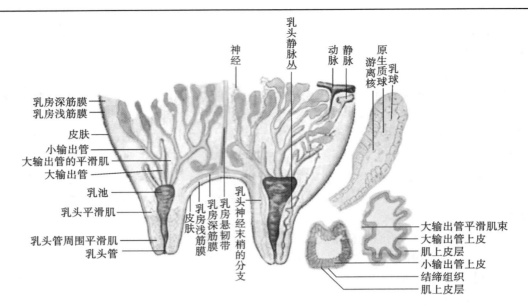

图 3-5　牛乳房结构模式图

较大的输乳管，较大的输乳管再汇合成乳道，开口于乳头上方的乳池。乳房的乳池为不规则的腔体，经乳头管向外开口。

2. 各种动物乳房的特点

（1）牛的乳房：母牛的乳房有各种不同的形态，有圆形、圆锥形、扁形等，但均由 4 个乳腺结合成一整体，位于两股之间的耻骨区。牛的乳房有一较明显的纵沟和不明显的横沟，分为 4 个乳丘，每个乳丘都具有一个树状的实质系统，互不相通。牛的每个乳丘上都有 1 个乳头，乳头一般呈圆柱形或圆锥形，前 2 个一般比后 2 个长。乳头游离端有一个乳头孔，为乳头管的开口。母牛乳头的大小和形态决定其是否适合用机器挤奶，在养殖生产上具有实际意义。

（2）羊的乳房：呈圆锥形，具有 2 个乳丘，有 1 对圆锥形较大的乳头，乳头基部有较大的乳池，每个乳头上有 1 个乳头管的开口。

（3）猪的乳房：位于胸部和腹正中线的两侧，乳房的数目因品种而异，一般为 5～8 对，有的品种可达 10 对。猪乳房的乳池小，每个乳头上有 2～3 个乳头管。

（4）犬、猫的乳房：犬有 4～5 对乳房，对称排列于胸、腹部正中线两侧。乳头短，每个乳头有 2～4 个乳头管的开口，每个乳头管口有 6～12 个小排泄孔。猫有 5 对乳房，前 2 对位于胸部，后 3 对位于腹部。

（5）兔的乳房：位于胸、腹正中线两侧，一般为 3～6 对，每个乳头约有 5 个乳腺管的开口。

（6）马的乳房：呈扁圆形，位于两股之间，乳房被纵沟分为左、右两个部分，有 1 对扁平的乳头。乳房的乳池小，并被隔成前、后两个部分，每个乳头上有 2 个乳头管的开口。

（7）骆驼的乳房：位于耻骨区，有 4 个乳头，每个乳头基部有 2 个乳池，每个乳头上有 2 个乳头管的开口。前 2 个乳头间距较宽，后 2 个乳头间距较窄。

3. 乳腺的生长发育　雌性动物的乳腺随着机体的生长而逐渐发育。性成熟前，主要是结缔组织和脂肪组织增生；性成熟后，在雌激素的作用下，导管系统开始发育；妊娠后，乳腺组织生长迅速，不仅导管系统增生，而且每个导管的末端开始形成没有分泌腔的腺泡；妊娠中期，导管末端发育成为有分泌腔的腺泡，此时，乳腺的脂肪组织和结缔组织逐渐被乳腺组织代替；妊娠后期，腺泡的分泌上皮开始分泌初乳；分娩后，乳腺开始正常的泌乳活动。经过一定时期的泌乳活动，腺泡的体积又逐渐缩小，分泌腔逐渐消失，与腺泡直接联系的细小导管萎缩。于是，乳腺组织又被脂肪组织和结缔组织所替代，乳房体积缩小，最后乳汁分泌停止。待下次妊娠时，乳腺组织又重新形成，腺泡腔重新增大，并开始再次泌乳活动。如此反复进行，直到失去生殖能力。

4. 泌乳 乳腺组织的分泌细胞从血液中摄取营养物质生成乳汁后，分泌入腺泡腔内，这一过程称为泌乳。乳的生成过程是在乳腺腺泡和细小输乳管的分泌上皮细胞内进行的。

生成乳汁的各种原料都来自血液，乳汁中的球蛋白、酶、激素、维生素和无机盐等均直接来自血液，是乳腺分泌上皮对血浆选择性吸收和浓缩的结果；而乳中的酪蛋白、白蛋白、乳脂和乳糖等则是上皮细胞利用血液中的原料，经过复杂的生物合成而来。乳汁中含有幼仔生长发育所必需的营养物质，也是幼仔生长发育最理想的营养物质。黄牛和水牛的泌乳期为 90～120 天，而人工选育的乳用牛，泌乳期长达 300 天左右。

乳可分为初乳和常乳两种。

（1）初乳：分娩后 72 h 内产生的乳称初乳。初乳较黏稠、浅黄，为花生油样，稍有咸味和臭味，煮沸时凝固。初乳内含有丰富的蛋白质、无机盐（主要是镁盐）和免疫物质。初乳中的蛋白质可被消化道迅速吸收入血液，以补充幼仔血浆蛋白质的不足；镁盐具有轻泄作用，可促进胎粪的排出；免疫物质被吸收后，使新生幼龄动物产生被动免疫，以增加抵抗疾病的能力。因此，初乳是初生仔畜不可替代的食物，对保证初生仔畜的健康生长具有重要的意义。

（2）常乳：初乳期过后，乳腺所分泌的乳汁称为常乳。各种动物的常乳均含有水、蛋白质、脂肪、糖、无机盐、酶和维生素等。蛋白质主要是酪蛋白，其次是白蛋白和球蛋白。当乳变酸（pH 4.7）时，酪蛋白与钙离子结合而沉淀，致使乳汁凝固。乳中还含有来自饲料的各种维生素和植物性饲料中的色素（如胡萝卜素、叶黄素等），以及血液中的某些物质（抗毒素、药物等）。

5. 排乳 在挤乳或幼龄动物吮乳之前，乳腺腺泡的上皮细胞生成的乳汁，连续分泌到腺泡腔内。当腺泡腔和细小输乳管充满乳汁时，腺泡周围的肌上皮细胞和导管系统的平滑肌反射性收缩，将乳汁转移入乳导管和乳池内。乳腺的全部腺泡腔、导管、乳池构成蓄积乳的容纳系统。当哺乳或挤乳时，乳房容纳系统紧张度发生改变，使储存在腺泡和乳导管系统内的乳汁迅速流向乳池，这一过程称为排乳。

排乳是一个复杂的反射过程。哺乳或挤乳刺激了雌性动物乳头的感受器，反射性地引起腺泡和细小输乳管周围的肌上皮收缩，于是腺泡内的乳流入导管系统，接着乳道或乳池的平滑肌强烈收缩，乳池内压力迅速升高，乳头括约肌松弛，乳汁就排出体外。在挤乳期间，乳池内压力保持较高水平，并在一定范围内波动，方可保证乳汁不断流出。最先排出的乳是乳池内的乳，之后排出的是乳腺腺泡及乳导管所获得的乳，称为反射乳。哺乳或挤乳刺激乳房不到 1 min，就可引起牛的排乳反射。

排乳反射能建立条件反射。挤乳的地点、时间，各种挤乳设备，挤乳操作，挤乳人员的出现等，都能作为条件刺激物使动物形成条件反射。在固定的时间、地点、挤乳设备和熟悉的挤乳人员以及按操作规程进行挤乳，可提高产乳量；不正规挤乳、不断地更换挤乳人员、嘈杂的环境均可抑制排乳，降低产乳量。因此，在畜牧业生产中必须根据生理学原理，进行合理的挤乳，才能获取高产效益。

三、蹄

蹄是马、牛、猪、羊等有蹄类动物指（趾）端着地的部分，由高度角化的皮肤演变而成。蹄直接接触地面，并支撑动物体重。动物根据蹄的数量不同可分为奇蹄动物和偶蹄动物两类。牛、羊和猪是偶蹄动物，前肢和后肢都有双数着地的蹄。马为奇蹄动物，每肢只有一个蹄着地。

（一）蹄的构造

蹄由蹄匣、肉蹄和少量皮下组织构成（图 3-6）。

1. 蹄匣 蹄匣是蹄的表皮层，高度角化，可分为角质缘、角质冠、角质壁、角质底和角质球。角质缘为牛蹄最上部接近有毛皮肤的窄带区域，柔软而略有弹性。角质冠为角质缘下方颜色较浅

动画：乳的生成

动画：乳的排出

Note

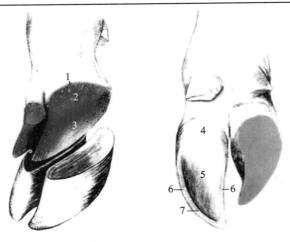

图 3-6　牛蹄的构造
1.蹄缘真皮　2.冠状真皮　3.小叶状真皮　4.蹄踵　5.蹄底　6.蹄壁　7.蹄白线

的宽带状区域,高度角化,其内表面凹陷为沟,沟内有大量角质小管。角质壁构成蹄匣的背侧壁和两侧壁,前部为蹄尖壁,两侧为蹄侧壁,后部为蹄踵壁。角质壁下缘直接与地面接触的部分称蹄底缘。角质底是蹄与地面相对而平坦的部分,角质底内有许多小孔,可容纳肉蹄的乳头。角质球呈半球形隆起,位于蹄底的后方,质地柔软,富有弹性,具有缓冲作用。

在蹄底缘,可以看到角质化小叶与冠状层交接处呈现一条浅色的环状线,称蹄白线。马在装蹄时蹄钉不得钉在蹄白线以内,否则会损伤肉蹄造成钉伤。

2. 肉蹄　肉蹄位于蹄匣内,由真皮及皮下组织构成,有丰富的血管和神经,呈鲜红色。肉蹄的形态与蹄匣相似,可分为肉缘、肉冠、肉壁、肉底和肉球五个部分。肉壁由真皮构成,直接与蹄骨骨膜紧密结合,表面有许多纵行的肉小叶,与蹄壁的角质小叶相嵌合。肉壁的近侧缘有肉缘和肉冠,两者深面有皮下组织。肉底由真皮构成,位于蹄骨底面,与骨膜紧密结合。肉蹄主要为蹄匣供应营养,并有感觉作用。

(二)不同动物蹄的特点

1. 牛、羊蹄的特征　牛、羊为偶蹄动物,每肢有 4 个蹄,其中前面 2 蹄较大,与地面接触,称主蹄;后面 2 蹄位于主蹄后上方,较小,不与地面接触,称悬蹄。主蹄位于第 3、4 指(趾)的远端,外面隆凸,内面凹,每肢的 2 个主蹄间有一明显的空隙,称蹄间隙,2 蹄仅在前端稍接触。在蹄壁和蹄底部,肉蹄直接覆盖在骨膜上,在蹄缘和蹄冠部分,肉蹄的深面还有皮下结缔组织。主蹄的蹄匣呈三面棱形,可分为蹄壁、蹄底和蹄球三个部分,蹄壁内有很多较窄的角质小叶,蹄壁的近侧缘与皮肤交界处为蹄缘,蹄缘的腹侧为蹄冠。蹄底稍凹,其前端尖,后端宽,蹄底后方有一圆形的薄角质隆起,称蹄球。主蹄的肉蹄可分为肉壁、肉底和肉球,肉球深面的皮下组织很发达,富含弹性组织和脂肪,可缓和来自地面的冲击。牛、羊的悬蹄呈短的锥状角质囊,构造和主蹄相似,角质蹄匣内也有肉蹄。

2. 马蹄的特征　马是奇蹄动物,每肢只有 1 个蹄。蹄也由蹄匣和肉蹄两个部分构成。蹄匣可分为蹄壁、蹄底和蹄叉三个部分。肉蹄形态与蹄匣相似,也可分为肉壁、肉底和肉叉三个部分。

3. 猪蹄的特征　猪属偶蹄动物,每肢有 2 个主蹄和 2 个悬蹄。主蹄的构造与牛、羊的蹄基本相同,不同之处是猪蹄的蹄球较大,蹄球与蹄底之间界限清楚,悬蹄较发达,蹄内均有完整的指(趾)节骨。猪蹄中含有丰富的蛋白质、多种矿物质和维生素,具有很高的食用价值。

四、角

角是皮肤衍生而成的鞘状结构,通常呈锥形,略弯曲,为动物的防卫武器。牛、羊等反刍动物额骨两侧各有一个长角突。角由表皮和真皮组成,缺乏皮下组织,角的真皮直接与角突的骨膜相连。角可分为角根、角体和角尖三个部分。公牛的角粗而长,母牛的角细而短。角根与额部皮肤相连,角质薄而柔软。角体为角的中间部分,由角根生长延续而来,角质逐渐变厚。角尖为角的头端部分,角质最厚,甚至成为实体。公梅花鹿的角还有很高的药用价值。

角的表面常有螺旋状的隆起,称为角轮。角轮从角的基部开始逐渐向角尖方向形成,牛的角轮仅限于角根部。母牛角轮的出现与妊娠有关,每一次产犊之后出现新的角轮。羊的角轮较明显,几乎遍布全角。角的形状和大小因动物品种、年龄、性别及个体生长情况而异,因此,可根据角轮来估测牛的年龄。在现代集约化畜牧业生产中,常采用外科手术去除牛犊头部的角,以阻止额骨角突和角的发育。去角后,牛性格变得温顺,减少了有角时牛与牛之间因争斗而造成的伤害。

在线学习

1.动物解剖生理在线课

视频:皮肤衍生物的识别

2.多媒体课件

PPT:3.2

3.能力检测

习题:3.2

任务实施

一、任务分配

学生任务分配表(此表每组上交一份)

班级		组号		指导教师		
组长		学号				
组员		姓名	学号	姓名	学号	
任务分工						

二、工作计划单

工作计划单(此表每人上交一份)

项目三	被皮系统结构的识别	学时	4
学习任务	皮肤衍生物的识别	学时	3
计划方式	分组计划(统一实施)		

Note

	序号	工作步骤	使用资源
制订计划	1		
	2		
	3		
	4		
	5		
	6		
	7		

制订计划说明	(1) 每个任务中包含若干个知识点,制订计划时要加以详细说明。 (2) 各组工作步骤顺序可不同,任务必须一致,以便于教师准备教学场景。 (3) 先由各组制订计划,交流后由教师对计划进行点评。

评语	班级		第　组	组长签字	
	教师签字			日期	

三、器械、工具、耗材领取清单

器械、工具、耗材领取清单(此表每组上交一份)

班级：　　　小组：　　　组长签字：

序号	名称	型号及规格	单位	数量	回收	备注

回收签字　学生：　　　教师：

四、工作实施

工作实施单(此表每人上交一份)

项目三	被皮系统结构的识别		
学习任务	皮肤衍生物的识别	建议学时	3
任务实施过程			

一、实训场景设计

在校内标本实训室或虚拟仿真实训室进行,要求有计算机、各种动物皮毛标本或模型。将全班学生分成4组,每组8~10人,由组长带头,制订任务分配、工作计划,领取器械、工具和耗材,并认真记录。

续表

二、材料与用品

动物皮毛标本或模型等。

三、任务实施过程

了解本学习任务需要掌握的内容,组内同学按任务分配收集相关资料,按下述实施步骤完成各自任务,并分享给组内同学,共同完成本任务的学习。

实施步骤:

(1)学生分组,填写分组名单。

(2)制订并填写学习计划,小组讨论计划实施的可行性,由教师进行决策和点评。

(3)观察动物各种皮肤衍生物的构造,并完成引导问题。

观察动物皮毛标本,对照教材上的插图,分别观察动物毛、蹄、角的构造(图3-7、图3-8)。

动物乳腺的观察:结合教材中各种动物乳腺的特点,比较猪、牛、羊、犬乳腺的差异(图3-9)。

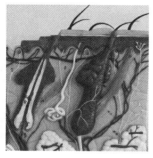 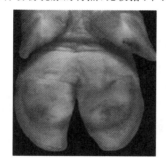 

图 3-7 毛的构造　　　　　图 3-8 蹄的构造　　　　　图 3-9 牛的乳腺

引导问题1:说出毛的主要功能和哺乳动物换毛的特点。

引导问题2:动物的皮肤腺主要有哪些? 绵羊的皮脂腺和汗腺对绵羊毛质有何影响?

引导问题3:猪、牛、羊的乳腺有何特点? 简述奶牛乳镜的位置及生产上的意义。

引导问题4:简述反刍动物角的结构和角轮的意义。

引导问题5:简述蹄的结构、蹄白线的位置及意义、偶蹄动物和单蹄动物的区别。

五、评价反馈

学生进行自评,评价自己能否完成学习任务、完成引导问题,在完成过程中有无遗漏等。教师对

动物解剖生理（课程思政版）

学生进行评价的内容如下：工作实施是否科学、完整，所填内容是否正确、翔实，学习态度是否端正，学习过程中的认识和体会等。

学生自评表

班级：　　姓名：　　学号：

学习任务	皮肤衍生物的识别		
评价内容	评价标准	分值	得分
完成引导问题1	能说出毛的主要功能及哺乳动物换毛的特点	10	
完成引导问题2	能说出动物的主要皮肤腺、绵羊皮脂腺和汗腺对绵羊毛质的影响	10	
完成引导问题3	能说出奶牛乳镜的位置及生产上的意义，各种动物乳腺的特点	10	
完成引导问题4	能正确认识反刍动物角的结构，说出角轮的意义	10	
完成引导问题5	能区分单蹄动物和偶蹄动物，识别肉蹄、蹄匣、蹄白线，正确说出蹄白线的意义	10	
任务分工	本次任务分工合理	5	
工作态度	态度端正，无缺勤、迟到、早退等现象	5	
工作质量	能按计划完成工作任务	10	
协调能力	与小组成员间能合作交流、协调工作	10	
职业素质	能做到安全操作，文明交流，保护环境，爱护标本和公共设施	10	
创新意识	通过学习，能正确认识和理解学习的价值	5	
思政收获和体会	完成任务有收获	5	

学生互评表

班级：　　姓名：　　学号：

学习任务	皮肤衍生物的识别		
序号	评价内容	组内互评	组间评价	总评
1	任务是否按时完成			
2	皮毛标本等是否放回原位			
3	任务完成度			
4	语言表达能力			
5	小组成员合作情况			
6	创新内容			
7	思政目标达成度			

教师评价表

班级：　　姓名：　　学号：

学习任务	皮肤衍生物的识别		
序号	评价内容	教师评价	综合评价
1	学习准备情况		
2	计划制订情况		
3	引导问题的回答情况		
4	操作规范情况		

续表

5	环保意识		
6	完成质量		
7	参与互动讨论情况		
8	协调合作情况		
9	展示汇报		
10	思政收获		
总分			

续表

项目四　消化系统结构的识别

项目概述

消化系统是动物重要的系统之一，兽医临床上很多疾病与消化系统有关。消化系统各器官的位置、形态、结构和功能在临床上具有重要意义。本项目内容主要包括动物消化系统的组成，消化、吸收的概念，消化器官的形态、结构、位置及功能。此外，本项目还阐述了三大营养物质消化吸收的机理和过程。

项目目标

知识目标：掌握消化系统的组成、消化管各部的构造、腹腔的划分方法、消化器官的形态与组织结构、消化的方式、消化管各部的消化特点等，熟悉并理解消化、吸收、肠绒毛、胰岛、嗳气、反刍、消化酶等的概念，掌握肝的组织构造及生理作用，掌握胰的组织构造和生理功能。了解壁内腺、壁外腺、恒齿等的概念。

能力目标：能够准确识别猪、牛、羊、兔、家禽等动物的消化系统新鲜标本各部位名称，能够在活牛、羊等动物体上识别胃、肠的体表投影位置，能够在显微镜下识别胃、肠、肝的组织结构。

思政目标：培养学生的动手能力、细致观察能力、团队协作能力；培养学生正确的人生观、价值观，树立良好的职业道德；培养学生良好的生活习惯、饮食习惯。拥有健康的身体才能更好地为社会做贡献。

任务一　消化系统概述

任务导入

本任务主要掌握动物消化系统的组成和一般构造，掌握腹腔划分方法及腹膜的概念。

学习目标

理解消化系统由消化管和消化腺两个部分构成，了解壁内腺、壁外腺的概念，掌握消化管各部的构造和腹腔的划分方法。

工作准备

（1）根据任务要求，了解不同家畜消化系统的特点。

（2）查阅家畜消化系统知识的相关资料。

（3）本任务的学习需要计算机、动物消化系统模型和标本等。

→ **任务资讯**

任务一　消化系统概述	学时	1

一、消化系统的组成

消化系统由消化管和消化腺两大部分组成。消化管为食物通过的管道，从前向后依次为口腔、咽、食管、胃、小肠（十二指肠、空肠、回肠）和大肠（盲肠、结肠、直肠）、肛门等。消化腺是动物体分泌消化液的腺体，有壁内腺和壁外腺两种。壁内腺又称小消化腺，是指散在分布于消化管各部管壁内的腺体，如胃腺、肠腺等；壁外腺又称大消化腺，是指在消化管外形成的独立腺体，如唾液腺（腮腺、下颌下腺、舌下腺）、肝和胰等。

二、消化系统的一般构造

消化管的各个器官虽然在结构与功能上各有特点，但它们也具有一些共同特征，除口腔外，消化管壁结构一般可分为四层。由腔面向外依次为黏膜层、黏膜下层、肌层和外膜（图4-1）。

（一）黏膜层

黏膜层是消化管壁的最内层，与消化管各段的功能相适应，各段的黏膜层结构差异很大。黏膜层由上皮、固有层和黏膜肌层组成。

1. 上皮　上皮衬于消化管腔内面，是消化管执行功能活动的主要部分。口腔、食管与肛门的上皮为复层扁平上皮，耐摩擦，具有保护作用；胃和肠的上皮为单层扁平上皮，参与食物的消化、吸收。

2. 固有层　固有层由疏松结缔组织构成，其内含有丰富的血管及淋巴管、淋巴组织，有些部位的固有层内含有上皮下陷分化形成的小腺体，如胃腺和肠腺等；此外固有层内散在有平滑肌纤维，平滑肌收缩有助于将消化腺的分泌物排入消化管。小肠的上皮和固有层向肠腔面隆起，形成很多指状突起，称肠绒毛。

3. 黏膜肌层　黏膜肌层由薄层平滑肌束组成，在食管多为纵行束，在胃和肠为内环形束与外纵行束两层。黏膜肌层的运动可改变黏膜形态，有助于营养物质的吸收和腺体的分泌。

（二）黏膜下层

黏膜下层为疏松结缔组织，其中含有动脉、静脉、淋巴管、神经纤维和黏膜下神经丛。黏膜下神经丛参与调节黏膜肌层的收缩和腺体的分泌。食管和十二指肠的黏膜下层内分别含有食管腺和十二指肠腺。消化管某些部位的黏膜层和黏膜下层共同向管腔内突出，形成皱襞。

（三）肌层

除口腔、咽、食管上段的肌组织和肛门外括约肌为骨骼肌外，其他部位的肌组织均是平滑肌。平滑肌的排列一般为两层，内层是环形肌，外层是纵行肌。肌层运动使消化液与食物充分混合，以利于消化，并使之逐渐向下推移。环形肌在贲门、幽门和肛门处明显增厚形成括约肌。肌层间有肌间神经丛，参与调节肌层的收缩。

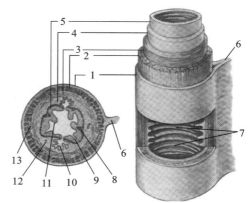

图4-1　消化管的组织结构示意图

1. 外膜　2. 黏膜肌层（纵行肌）　3. 黏膜肌层（环形肌）
4. 黏膜下层　5. 黏膜层　6. 系膜　7. 环皱褶
8. 黏膜肌层　9. 黏膜腺　10. 黏膜下腺
11. 上皮　12. 黏膜下神经丛　13. 肌间神经丛

扫码看彩图
4-1

（四）外膜

外膜覆盖在肌层的外面。由薄层结缔组织构成者称纤维膜，见于咽、食管和大肠末段，纤维膜与周围的组织相连，使器官得以固定。由薄层结缔组织及表面的间皮构成者称浆膜，其表面光滑、湿润，可以减小摩擦，有利于胃肠活动。

三、腹腔与骨盆腔

（一）腹腔

腹腔位于胸腔之后，其前壁为膈，后与骨盆腔相通，顶壁主要为腰椎、腰肌和膈脚，两侧壁和底壁为腹肌。腹腔内有大部分消化器官和脾，及部分泌尿生殖器官。为了描述各脏器在腹腔内的位置和体表投影，通常我们通过假想的几个平面，将腹腔划分为十个部，其划分方法如下。

通过两侧最末肋骨后缘突出点和髋结节前缘作两个横切面，把腹腔分为三大部分，即腹前部、腹中部和腹后部(图 4-2)。

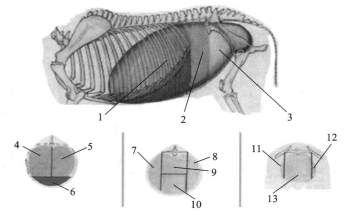

图 4-2　动物腹部的划分

1.腹前部　2.腹中部　3.腹后部　4.左季肋部　5.右季肋部　6.剑状软骨部　7.左髂部
8.右髂部　9.腰部　10.脐部　11.左腹股沟部　12.右腹股沟部　13.耻骨部

腹前部：又分为三部。以肋弓为界，肋弓以下为剑状软骨部，肋弓以上又以正中矢状面为界分为左季肋部和右季肋部。

腹中部：又分为四部。通过腰椎横突两侧作两个侧矢状面，把腹中部分为左髂部、右髂部和中间部，中间部的上半部为腰部，下半部为脐部。

腹后部：又分为三部。腹中部的两个侧矢状面向后延续把腹后部分为左腹股沟部、右腹股沟部和中间的耻骨部。

（二）骨盆腔

骨盆腔可视为腹腔向后的延续部分，其顶壁为荐骨和前 3 个尾椎，两侧壁为髂骨和荐结节阔韧带，底壁为耻骨和坐骨。骨盆腔的前口宽、后口窄，呈圆锥形。骨盆腔内有直肠和大部分泌尿生殖器官。

（三）腹膜

腹膜是贴于腹腔、骨盆腔和覆盖于腹腔、骨盆腔内脏器一面的一层浆膜，可分为脏层和壁层。壁层紧贴于腹腔壁的内面，向后可延续到骨盆腔的前半部。脏层覆盖于腹腔、骨盆腔内脏器的表面。腹膜脏层和壁层互相移行，两层之间的间隙称腹膜腔。在正常情况下，腹膜腔内仅有少量浆液，有润滑作用，可减小脏间的摩擦。腹膜从腹腔和骨盆腔移行到脏器或从某一脏器移行到另一脏器,这些移行部的腹膜形成各种不同的腹膜褶。多数由双层腹膜构成,其中夹有结缔组织、脂肪、淋巴结及血管、神经等。系膜为连于腹腔顶壁与肠管之间宽而长的腹腔褶,如小肠系膜。网膜是连于胃与其他脏器之间的腹膜褶,如胃的大网膜和小网膜。韧带和皱褶为连于腹腔、骨盆腔与脏器或脏器与脏器之间的一些短而窄的腹膜褶,如回盲韧带、尿生殖褶。

➡ 在线学习

1.动物解剖生理在线课　　　2.多媒体课件　　　3.能力检测

视频:消化系统的识别　　　　PPT:4.1　　　　习题:4.1

➡ 任务实施

一、任务分配

学生任务分配表(此表每组上交一份)

班级		组号		指导教师	
组长		学号			

组员	姓名	学号	姓名	学号

任务分工

二、工作计划单

工作计划单(此表每人上交一份)

项目四		消化系统结构的识别	学时	10
学习任务		消化系统概述	学时	1
计划方式		分组计划(统一实施)		
制订 计划	序号	工作步骤	使用资源	
	1			
	2			
	3			

续表

制订计划	4		
	5		
	6		
	7		
制订计划说明	(1) 每个任务中包含若干个知识点,制订计划时要加以详细说明。 (2) 各组工作步骤顺序可不同,任务必须一致,以便于教师准备教学场景。 (3) 先由各组制订计划,交流后由教师对计划进行点评。		
评语	班级		第 组	组长签字	
	教师签字			日期	

三、器械、工具、耗材领取清单

器械、工具、耗材领取清单(此表每组上交一份)

班级:　　　小组:　　　组长签字:

序号	名称	型号及规格	单位	数量	回收	备注

回收签字　学生:　　　　　教师:

四、工作实施

工作实施单(此表每人上交一份)

项目四	消化系统结构的识别		
学习任务	消化系统概述	建议学时	1
任务实施过程			

一、实训场景设计

在校内解剖实训室或虚拟仿真实训室进行,要求有计算机、畜禽新鲜标本或浸制标本、畜禽模型和畜禽消化系统彩色图片。将全班学生分成8组,每组4～5人,由组长带头,制订任务分配、工作计划,领取器械、工具和耗材,并认真记录。

续表

二、材料与用品

猪、牛、羊、鸡、兔等动物消化系统的彩色图片等。

三、任务实施过程

了解本学习任务需要掌握的内容,组内同学按任务分配,收集相关资料,按下述实施步骤完成各自任务,并分享给组内同学,共同完成本任务的学习。

实施步骤:

(1)学生分组,填写分组名单。

(2)制订并填写学习计划,小组讨论计划实施的可行性,由教师进行决策和点评。

(3)观察消化系统的构造并完成下列引导问题。

观察:对照彩图或教材上的插图,分别观察猪、牛、羊、鸡、兔消化系统的构造。

比较反刍动物、单胃动物和家禽消化系统在形态、结构上的异同。

引导问题1:说出动物消化系统各段器官的名称、形态特点。

引导问题2:消化管由哪几层构成?胃、肠腺主要位于哪一层?

引导问题3:小肠黏膜由什么上皮组成?这种结构与小肠的功能有何关系?

引导问题4:动物腹腔是如何划分的?

五、评价反馈

学生进行自评,评价自己能否完成学习任务、完成引导问题,在完成过程中有无遗漏等。教师对学生进行评价的内容如下:工作实施是否科学、完整,所填内容是否正确、翔实,学习态度是否端正,学习过程中的认识和体会等。

学生自评表

班级: 姓名: 学号:

学习任务	消化系统概述		
评价内容	评价标准	分值	得分
完成引导问题1	回答准确、熟练	10	
完成引导问题2	回答准确、熟练	10	
完成引导问题3	回答准确、熟练	20	
完成引导问题4	回答准确、熟练	10	
任务分工	本次任务分工合理	5	
工作态度	态度端正,无缺勤、迟到、早退等现象	5	
工作质量	能按计划完成工作任务	10	

续表

协调能力	与小组成员间能合作交流、协调工作	10	
职业素质	能做到安全操作，文明交流，保护环境，爱护动物，爱护实训器材和公共设施	10	
创新意识	通过学习，建立空间概念，举一反三	5	
思政收获和体会	完成任务有收获	5	

学生互评表

班级：　　　姓名：　　　学号：

学习任务	消化系统概述			
序号	评价内容	组内互评	组间评价	总评
1	任务是否按时完成			
2	器械、工具等是否放回原位			
3	任务完成度			
4	语言表达能力			
5	小组成员合作情况			
6	创新内容			
7	思政目标达成度			

教师评价表

班级：　　　姓名：　　　学号：

学习任务	消化系统概述		
序号	评价内容	教师评价	综合评价
1	学习准备情况		
2	计划制订情况		
3	引导问题的回答情况		
4	操作规范情况		
5	环保意识		
6	完成质量		
7	参与互动讨论情况		
8	协调合作情况		
9	展示汇报		
10	思政收获		
总分			

任务二　消化管的识别

　任务导入

　　消化系统包括消化管和消化腺。本任务主要掌握畜禽消化管的组成、位置、形态、结构和功能，为进一步理解消化系统的生理功能奠定基础。消化管包括口腔、咽、食管、胃、肠(小肠和大肠)、肛门。

学习目标

掌握消化系统的组成,口腔、咽、食管、胃、小肠(十二指肠、空肠、回肠)、大肠(盲肠、结肠、直肠)、肛门的基本结构和功能。熟记消化管的一般结构和特殊结构,熟记家禽的口腔、咽、食管和嗉囊的结构。能根据消化管的基本结构,识别口腔、咽、食管,并描述其功能。能根据牛、马等动物牙齿的形态,判断动物年龄。能识别家禽的口腔、咽、食管和嗉囊的结构。培养耐心、细致、准确观察动物标本的习惯。

工作准备

(1)根据任务要求,了解不同家畜消化系统的特点。
(2)查阅家畜消化系统知识的相关资料。
(3)本任务的学习需要计算机、动物消化系统模型和标本等。

任务资讯

任务二　消化管的识别	学时	4

一、口腔和咽

(一)口腔

口腔是消化管的起始部,具有采食、吸吮、泌涎、尝味、咀嚼和吞咽的功能。口腔的前壁和侧壁为唇和颊,顶壁为硬腭,底为下颌骨和舌。前端以口裂与外界相通,后端与咽相通。口腔可分为口腔前庭(颊和齿弓之间的空隙)和固有口腔(齿弓以内的部分)。口腔内表面衬以黏膜,在唇缘处与皮肤相接,向后与咽的黏膜相连。

1. 唇　唇分为上唇与下唇,上唇与下唇的游离缘共同围成口裂,口裂两端汇合成口角,牛的唇短而厚,不灵活,上唇中部与两鼻孔之间无毛区为鼻唇镜。羊的唇薄而灵活,上唇中间有明显的纵沟,上唇中部与两鼻孔之间无毛区为鼻镜。猪的口裂大,唇活动性小,上唇与鼻连在一起构成吻突,有掘地觅食的作用,下唇尖小,随下颌运动而活动。

2. 颊　颊位于口腔两侧,主要由肌肉构成,外覆皮肤,内衬黏膜,成年羊的颊黏膜上有许多尖端向后的锥状乳头,颊肌的上下缘有颊腺,腺管直接开口于颊黏膜的表面。

3. 硬腭　硬腭构成固有口腔的顶壁,向后与软腭相延续,切齿骨的腭突、上颌骨的腭突和腭骨的水平部共同构成硬腭的骨质基础。硬腭的黏膜厚而坚实,被覆扁平上皮,高度角质化。牛、羊的硬腭前端无切齿,由该处黏膜形成厚而坚实致密的角质层,称齿垫。硬腭的正中有一条缝,称腭缝。腭缝的两侧有许多条横行腭褶。猪腭褶的游离缘光滑,牛的呈锯齿状,在腭缝的前端有一突起,称切齿乳头。

4. 口腔底和舌　口腔底大部分被舌所占据,前部由下颌骨切齿部占据,表面覆有黏膜,此部有一对乳头,称舌下肉阜。舌下肉阜为颌下腺管(马)和长管舌下腺的开口处,猪无舌下肉阜。舌位于固有口腔,为一肌性器官,表面覆以黏膜,运动灵活,在咀嚼、吞咽动作中起搅拌和推进食物的作用。舌又是味觉器官,可辨别食物的味道,舌可分为舌尖、舌体、舌根三个部分。舌背的黏膜较厚,角质化程度高,形成许多大小不等的小突起,称舌乳头,有些舌乳头上分布有味蕾。牛舌的舌体和舌根较宽,舌尖灵活,是采食的主要器官,舌背上有圆形隆起,称舌圆枕。舌乳头有以下三种:①锥状乳头,圆锥形的乳头,分布于舌尖和舌体的背面,舌圆枕前方的锥状乳头尖硬,尖端向后;

②菌状乳头,呈大头针帽状,数量较多,散布于舌背和舌尖的边缘。上皮中有味蕾,有辨别食物味道的作用;③轮廓状乳头,每侧有8~17个,排列于舌圆枕后部的两侧。

5. 齿 齿为体内最坚硬的器官,镶嵌于切齿骨、上颌骨和下颌骨的齿槽内,有切断和磨碎食物的作用。

(1)齿的种类和齿式:齿按形态、位置和功能分为切齿、犬齿和臼齿三种。切齿:位于齿弓前部,与唇相对,牛、羊无上切齿,下切齿有四对,由内向外分别称为门齿、内中间齿、外中间齿和隅齿。犬齿:尖而锐,位于齿槽间隙处,约与口角相对,猪和公马有上、下犬齿各1对,牛、羊和母马一般无犬齿。臼齿:位于上、下颌骨的臼齿槽内,与颊相对,故又称颊齿,臼齿分前臼齿和后臼齿。马和牛的上、下颌各有前臼齿3对、后臼齿3对,猪4对前臼齿。齿在家畜出生后逐个长出,除后臼齿和猪第1前臼齿外,在一生中要脱换1次,更换前的称乳齿,更换后称永久齿或恒齿。

扫码看彩图
4-3

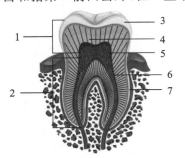

图4-3 齿的构造

1.齿冠 2.齿根 3.齿釉质
4.齿本质 5.齿髓腔
6.齿髓 7.齿骨质

(2)齿的构造:齿在形态上分为齿冠、齿颈和齿根三个部分(图4-3)。齿冠为露在齿龈以外的部分,齿根为镶嵌在齿槽内的部分,齿颈则是被齿龈包盖的部分。齿主要由齿质构成,齿冠的外面包有一层釉质,白色而坚硬,齿根的表面被有一层齿骨质,结构与骨组织相似。齿的内部有腔隙,称齿腔。齿腔开口于齿根末端,内含血管、神经和齿髓(为胚胎性结缔组织),齿髓有营养齿的作用,故其发炎会引起剧烈疼痛。

6. 齿龈 齿龈为包在齿颈周围和邻近骨上的黏膜,与口腔黏膜相连续。

7. 软腭 从硬腭延续向后并略向下垂的肌性褶称为软腭,软腭位于鼻咽部和口咽部之间前缘,附着于腭骨水平部,后缘凹陷为游离缘,称腭弓,包围在会厌之前。软腭两侧与舌根及咽壁相连的黏膜褶分别称为舌腭弓和咽腭弓。

知识链接

牙齿的磨损程度与动物的年龄密切相关。以牛为例:一般将牛还未长出永久齿时称为圆口,水牛3岁(黄牛2岁)左右长出第1对永久门齿,称对牙,以后每年长出1对永久门齿,到6岁(黄牛5岁)左右时,4对门齿全部长齐,称为齐口。牛齐口后,永久齿开始顺次磨损,磨损面逐渐由长方形花纹(称"印")变成黑色椭圆形以至三角形的"星",齿间隙逐渐扩大,直至齿根露出乃至永久齿脱落。牙齿磨损面出现的长方形花纹为"印"。水牛7岁左右(黄牛5.5~6岁)即出现"二印",依此逐年磨损1对,直至"八印"(水牛10岁左右,黄牛8.5~9岁)。水牛11岁左右(黄牛9.5~10岁)时即出现"二珠",依此类推直至"八株"(即"满珠",也称"老口")。水牛"满珠"14岁左右,黄牛"满珠"12.5~13岁。水牛超过14岁(黄牛超过13岁)已达到老年,基本丧失了役用性能,繁殖性能也基本丧失。所以,民间流行的判断牛的年龄方法是2~5岁看换牙,6~9岁看印面,10~13岁看星点。

（二）咽

咽为漏斗形肌性囊,是消化道和呼吸道的共有通道,位于口腔和鼻腔的后方、喉和食管的前方,可分为口咽部、鼻咽部、喉咽部三个部分,如图4-4所示。鼻咽部:顶壁呈拱形,位于软腭背侧,为鼻腔向后的直接延续。鼻咽部的前方有两个鼻后孔与鼻腔相通,两侧壁上各有1个咽鼓管口与中耳相通。马的咽鼓管在颅底和咽后壁之间膨大形成咽鼓管囊(又称喉囊)。口咽部:又称咽峡,位于软腭与舌之间,前方由软腭、舌腭弓(软腭到舌两侧的黏膜褶)和舌根构成咽口,与口腔相通,后方与喉咽部相通。其侧壁的黏膜上有扁桃体窦,容纳腭扁桃体。马无明显的扁桃体窦,牛的大而深。喉咽部：为咽的后部，位于喉口背侧，较狭窄，上有食管口通食管，下有喉口通喉腔。咽是消化道和呼吸道的交叉部，吞咽时，软腭提起会厌，翻转盖住喉口，食物由口腔经咽进入食管，呼吸时软腭下垂，空气进入喉腔或鼻腔。咽壁由黏膜、肌肉和外膜三层结构组成，衬于咽腔内，咽的肌肉为横纹肌，有缩小和开张咽腔的作用。

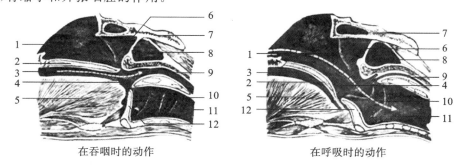

扫码看彩图
4-4

在吞咽时的动作　　　　　　　　在呼吸时的动作

图 4-4　咽
1.咽的鼻部　2.软腭　3.口腔　4.耳的喉部　5.舌　6.耳咽管的入口
7.颅底　8.咽鼓管囊　9.食管　10.喉　11.气管　12.会厌

二、食管

食管连接咽和胃。按部位分颈、胸、腹三段。食管在颈前 1/3 的颈段位于气管的背侧与颈长肌之间，在颈中后 2/3 的颈段行于气管的左背侧。食管的胸部进入胸腔后，立即转到气管的背侧，在第 8 肋间隙穿过膈的食管裂孔而进入腹腔。食管的腹段很短，以贲门开口于瘤胃。牛、羊食管壁的肌膜（层）完全由横纹肌构成。猪的食管软，短而直，颈段沿气管背侧不偏左肌层，基本都是横纹肌，在近贲门处转为平滑肌。

三、胃

（一）单胃

猪、马、犬、猫等属于单胃动物。单胃相对较大，以猪胃为例，在空虚状态下，容积一般为 5～8 L。胃具有很强的收缩舒张性。胃大部分位于左季肋部，小部分位于剑状软骨部，仅幽门端位于右季肋部。胃的大弯与左腹壁相贴，左侧大而圆，近贲门处有一盲突，称胃憩室。在幽门处有自小弯侧壁向内突出的一纵长鞍形隆起，平滑肌增厚，称幽门圆枕。有关闭幽门的作用，黏膜分为有腺部和无腺部，无腺部很小，仅位于贲门周围，贲门腺区最大，几乎占整个腹腔左半部分，胃底腺区次之，幽门腺区在幽门部。

（二）复胃

牛、羊、骆驼等的胃为复胃（多室胃），分瘤胃、网胃、瓣胃和皱胃（真胃）。牛胃的容积因个体和品种不同而差异很大，一般有 110～235 L，以瘤胃最大，网胃最小。牛、羊复胃的容积和形态在出生后随年龄不同而有变化，初生牛犊的皱胃较大，因为乳汁主要是在真胃消化的。

1. 瘤胃　瘤胃容积最大，约占 4 个胃总容积的 80%。为前后稍长、左右略扁的椭圆形囊，几乎占据腹腔的整个左半部分。瘤胃的前方与网胃相通（大约与第 7、8 肋间隙相对），后端达骨盆前口，左侧面与脾及左侧腹腔相接触，右侧面与瓣胃、皱胃、肠、肝、胰等接触。瘤胃的前、后端有较深的前沟和后沟，左、右两侧有较浅的左、右纵沟。在瘤胃壁的内面，有与上述各沟对应的肉柱，沟和肉柱共同围成环状，把瘤胃分为瘤胃背囊和瘤胃腹囊（左、右侧纵沟），由于瘤胃的前、后沟较深，在瘤胃背囊和瘤胃腹囊的前、后两端分别形成前背盲囊、后背盲囊、前腹盲囊和后腹盲囊。瘤胃的前端有通网胃的瘤网口，瘤胃的入口为贲门，在贲门附近，瘤胃与网胃无明显分界，形成一个弯隆，称瘤胃前庭。瘤胃的黏膜一般呈棕黑色或棕黄色，表面有无数密集的乳头，乳头大小不等。肉柱和前庭的黏膜无乳头。

2. 网胃 网胃为4个胃中最小的胃,约占4个胃总容积的5%,呈梨形,位于瘤胃背囊的前下方,约与第6~8肋相对。网胃的壁面(前面)与膈、肝相接触,脏面(后面)与瘤胃背囊相接,底面与膈的胸骨部接触,网胃上部有瘤网口,与瘤胃相通,瘤网口以右下方的网瓣口与瓣胃相通。网胃的黏膜形成许多多边形的网格状皱褶,形似蜂房,大的蜂房底部还有许多小的次级皱褶,再分为小网格,皱褶和房底密布着细小的角质乳头。羊的网胃比瓣胃大,网格也较大。

网胃右壁上有食管沟。食管沟起自贲门,沿瘤胃前庭和网胃右侧壁向下延伸到网瓣口,食管沟两侧隆起的黏膜褶称为食管沟唇,食管沟呈螺旋扭转状,未断奶的牛犊的食管沟功能完善,吮乳时可闭合成管,乳汁可直接经食管沟和瓣胃达皱胃,成年牛的食管沟闭合不全。

3. 瓣胃 瓣胃占4个胃总容积的7%~8%,呈两侧稍扁的球形,位于右季肋部,在瘤胃与网胃交界处的右侧,约与第7~11肋骨相对。右侧与肝、膈接触,左侧与网胃、瘤胃及皱胃接触,在网瓣口和瓣皱口分别通网胃和瓣胃,两口之间有瓣胃沟(管),液体和细粒饲料由网胃经此直接进入皱胃。瓣胃黏膜形成百余片瓣叶,瓣叶呈新月形,附着于瓣胃的大弯,游离缘向着小弯,瓣叶按宽窄可分大、中、小和最小四级,呈有规律的相间排列状,瓣叶上密布粗糙的角质乳头,瓣皱口两侧的黏膜各形成一个皱褶,称为瓣胃帆,有防止皱胃内容物逆流入瓣胃的作用。

4. 皱胃 皱胃占4个胃总容积的7%~8%,呈一端粗一端细的弯曲长囊,位于右季肋部和剑状软骨部。在网胃和瘤胃腹囊的右侧,与瓣胃的腹侧和后方,大部分与膜腔底壁紧贴,与第8~12肋骨相对,皱胃的前部较小,与瓣胃相连,后部较细,以幽门与十二指肠相接。皱胃的黏膜光滑柔软,在底部形成12~14片螺旋大褶,黏膜内含有腺体。皱胃可分为三个区:①贲门腺区,环绕瓣皱口的一个小区,内有贲门腺;②幽门腺区,近十二指肠的一个小区,内有幽门腺;③胃底腺区,在贲门腺区和幽门腺区之间,内有胃底腺。

牛犊因出生时吃奶,皱胃特别发达,瘤胃和网胃体积相加等于皱胃体积的一半,8周时相等,12周时超过皱胃体积的一半,4个月后由于消化纤维性饲料,前3个胃体积迅速增大,瘤胃体积超过皱胃体积的4倍。

四、小肠

小肠位于腹腔右侧,相当于体长的20倍(羊为25倍)。小肠分十二指肠、空肠、回肠三段。牛的小肠长27~49 m,羊的小肠长17~34 m,猪的小肠长15~20 m。牛的内脏如图4-5所示。

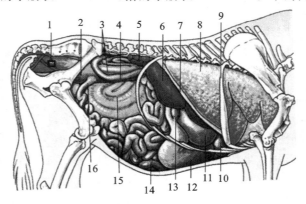

图4-5 牛的内脏(右侧)
1.直肠 2.盲肠 3.结肠初袢 4.十二指肠 5.肾 6.肝 7.膈 8.肺 9.第7肋骨
10.网胃 11.瓣胃 12.皱胃 13.胆囊 14.空肠 15.结肠髓袢 16.回肠

(一)小肠的形态和位置

1. 十二指肠 十二指肠长约1 m,位于右季肋部和腰部,起自胃的幽门,向前上方延伸,在肝脏面形成"乙"状弯曲,由此向上向后延伸到髋结节前方折向左并向前形成一后曲(髂曲),在十二指肠的后曲上,有胆管和胰管的开口。后曲由此向前伸,于右肾腹侧与空肠相接(延续为空肠)。

2. 空肠 空肠大部分位于腹腔右侧,形成无数肠圈,形似花环。空肠为小肠最长的一段。牛、羊的空肠外侧和腹侧隔着大网膜与右侧腹壁相邻,背侧为大肠,前方为瓣胃和皱胃。

3. 回肠 回肠较短而直,长约 50 cm,自空肠的最后肠圈起,直线向前上方延伸至盲肠腹侧,开口于回盲口。

(二)小肠的组织结构

小肠的构造与消化管的一般构造相似,其管壁也分为黏膜层、黏膜下层、肌层和外膜。

1. 黏膜层 黏膜层为小肠的最里层。有许多半环状皱襞和绒毛。皱襞以空肠中段和回肠近端最多。环状皱襞表面有许多细小突起,称绒毛。环状皱襞与绒毛的存在,扩大了小肠腔的表面积,有利于小肠的消化与吸收。黏膜层包括上皮、固有膜及黏膜肌层。上皮为单层柱状上皮,有大量柱状细胞与少量杯状细胞。固有膜由类似网状结构的组织组成,内有丰富的毛细血管网、毛细淋巴管、弥散的淋巴组织和淋巴小结、神经、分散的平滑肌及吞噬细胞、淋巴细胞、浆细胞等,这些细胞往往穿入上皮。绒毛由固有膜与上皮形成。肠腺是由小肠凹陷在固有膜中形成的单管腺,亦称李氏腺,几乎占固有膜全部,开口于相邻绒毛之间,腺上皮与绒毛上皮相连续,由柱状细胞、杯状细胞和内分泌细胞组成。小肠腺分泌物中有多种消化酶。黏膜肌层由内环形和外纵行两层平滑肌组成。

2. 黏膜下层 黏膜下层为疏松结缔组织,有较大的血管、淋巴管及神经,内含十二指肠腺,有分支管泡状腺,可分泌碱性黏液,有保护十二指肠黏膜免受胰液、胃液侵蚀的作用。回肠黏膜下层中常见多个淋巴小结聚集形成淋巴集结。

3. 肌层 肌层由内环形和外纵行两层平滑肌组成。

4. 外膜 除十二指肠外,外膜均为浆膜。表面光滑、湿润,有减小摩擦的作用。

五、大肠

大肠分盲肠、结肠和直肠三段。

1. 盲肠 盲肠呈圆筒状,位于右髂骨部,其前端与结肠相连,两者以回盲结口为界,盲肠游离,向后伸至骨盆前口。

2. 结肠

(1)牛、羊的结肠:与盲肠直接相连,两者之间除回盲口外无明显分界,向后逐渐变细,顺次分为升结肠、横结肠和降结肠。升结肠最长,又分为初袢、旋袢和终袢三段。初袢为升结肠的前段,在腰下形成"乙"状弯曲,从回盲口起向前至右肾腹侧相当于第 12 肋骨处,然后向后折转,再折转向前,延续为旋袢。旋袢很长,粗细和小肠相似,卷曲成椭圆形的结肠盘,又分为向心回和离心回两段。向心回从初袢开始以顺时针方向旋转 2 圈至中心曲,然后离心回从中心曲向相反的方向旋转 2 圈,至外围变为终袢。终袢为结肠后段,离开旋袢后先向后延伸至骨盆前口附近,然后转向前并向左,延续为横结肠。横结肠为从右侧通过肠系膜前方至左侧的一段。横结肠折转向后成为降结肠。

(2)猪的结肠:开始与盲肠相似,以后逐渐变细,在肠系膜中盘曲形成结肠圆锥,结肠圆锥偏左侧。锥底宽,介于两肾之间,锥顶向下与腹腔底壁相接触,向心回位于圆锥外围,具有两条纵肌带和两列肠袋,离心回从锥顶起,直径较细,无肠袋和纵肌带。

3. 直肠 降结肠入骨盆腔后成为直肠,周围有较多的脂肪。直肠向后伸达第 1 尾椎腹侧。

六、肛门

肛门是消化管的末端,外为皮肤,内为黏膜。黏膜衬以复层扁平上皮。皮肤与黏膜之间有平滑肌形成的内括约肌和横纹肌形成的外括约肌,它们控制肛门的开闭。

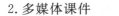在线学习

<table>
<tr><td>1.动物解剖生理在线课</td><td></td><td></td><td>2.多媒体课件</td><td>3.能力检测</td></tr>
</table>

视频：口腔、咽和食管识别	视频：小肠的结构及功能	视频：大肠的结构及功能	PPT：4.2	习题：4.2

任务实施

一、任务分配

学生任务分配表（此表每组上交一份）

班级		组号		指导教师	
组长		学号			
组员	姓名	学号	姓名	学号	
任务分工					

二、工作计划单

工作计划单（此表每人上交一份）

项目四		消化系统结构的识别		学时	10
学习任务		消化管的识别		学时	4
计划方式		分组计划（统一实施）			
制订计划	序号	工作步骤		使用资源	
	1				
	2				
	3				
	4				

续表

制订计划	5		
	6		
	7		
制订计划说明	(1) 每个任务中包含若干个知识点,制订计划时要加以详细说明。 (2) 各组工作步骤顺序可不同,任务必须一致,以便于教师准备教学场景。 (3) 先由各组制订计划,交流后由教师对计划进行点评。		
评语	班级		第 组	组长签字	
	教师签字			日期	

三、器械、工具、耗材领取清单

器械、工具、耗材领取清单(此表每组上交一份)

班级: 小组: 组长签字:

序号	名称	型号及规格	单位	数量	回收	备注

回收签字 学生: 教师:

四、工作实施

工作实施单(此表每人上交一份)

项目四	消化系统结构的识别		
学习任务	消化管的识别	建议学时	4

任务实施过程

一、实训场景设计

在校内解剖实训室或虚拟仿真实训室进行,要求有计算机、畜禽新鲜标本或浸制标本、畜禽消化系统模型和畜禽消化系统彩图。将全班学生分成 8 组,每组 4～5 人,由组长带头,制订任务分配、工作计划,领取器械、工具和耗材,并认真记录。

二、材料与用品

猪、羊、鸡、兔等动物消化系统的新鲜标本或浸制标本。牛、羊、猪、鸡、兔等动物消化系统模型、畜禽消化系统彩图等。

三、任务实施过程

了解本学习任务需要掌握的内容,组内同学按任务分工,收集相关资料,按下述实施步骤完成各自任务,并分享给组内同学,共同完成学习。

实施步骤:

(1) 学生分组,填写分组名单。

(2) 制订并填写学习计划,小组讨论计划实施的可行性,由教师进行决策和点评。

(3) 观察消化系统的构造并回答引导问题。

观察:取家畜消化系统的新鲜标本或浸制标本,对照彩图或教材上的插图,分别观察羊、猪、鸡等动物消化系统的构造。

比较反刍动物、单胃动物和家禽消化系统在形态、结构、功能上的异同。

引导问题 1:如何根据牛的牙齿判断牛的年龄?

引导问题 2:为什么牛容易得创伤性网胃炎和创伤性网胃心包炎?

引导问题 3:指出牛、羊的瘤胃、网胃、瓣胃、皱胃、肝、胰在体表的投影位置。

引导问题 4:反刍动物 4 个胃的黏膜有何特点?

引导问题 5:为什么说小肠是消化的主要部位?

五、评价反馈

学生进行自评,评价自己能否完成学习任务、完成引导问题,在完成过程中有无遗漏等。教师对学生进行评价的内容如下:工作实施是否科学、完整,所填内容是否正确、翔实,学习态度是否端正,学习过程中的认识和体会等。

学生自评表

班级： 姓名： 学号：			
学习任务	消化管的识别		
评价内容	评价标准	分值	得分
完成引导问题1	回答准确、熟练	10	
完成引导问题2	回答准确、熟练	10	
完成引导问题3	回答准确、熟练	10	
完成引导问题4	回答准确、熟练	10	
完成引导问题5	回答准确、熟练	10	
任务分工	本次任务分工合理	5	
工作态度	态度端正，无缺勤、迟到、早退等现象	5	
工作质量	能按计划完成工作任务	10	
协调能力	与小组成员间能合作交流、协调工作	10	
职业素质	能做到安全操作，文明交流，保护环境，爱护动物，爱护实训器材和公共设施	10	
创新意识	通过学习，建立空间概念，举一反三	5	
思政收获和体会	完成任务有收获	5	

学生互评表

班级： 姓名： 学号：			
学习任务	消化管的识别		
序号	评价内容	组内互评	组间评价	总评
1	任务是否按时完成			
2	器械、工具等是否放回原位			
3	任务完成度			
4	语言表达能力			
5	小组成员合作情况			
6	创新内容			
7	思政目标达成度			

教师评价表

班级： 姓名： 学号：		
学习任务	消化管的识别	
序号	评价内容	教师评价	综合评价
1	学习准备情况		
2	计划制订情况		
3	引导问题的回答情况		
4	操作规范情况		
5	环保意识		
6	完成质量		
7	参与互动讨论情况		

续表

8	协调合作情况		
9	展示汇报		
10	思政收获		
总分			

任务三　消化腺的识别

→ **任务导入**

消化腺是分泌消化液的腺体，可分为壁内腺和壁外腺。壁内腺分布于消化管壁的黏膜或黏膜下层，分泌物可直接排入消化管腔内，如唇腺、舌腺、食管腺、胃腺和肠腺等。壁外腺较大，位于消化管壁外，并有导管开口于消化管腔内。壁外腺外有结缔组织被膜，并深入腺实质内，将腺体分为若干叶和小叶。腺体由分泌部和排泄部组成。如大唾液腺和胰、肝等，都是独立的器官。各种消化腺的分泌物和酶都不同，经协同作用，可将食物分解为各种小分子物质，以便于机体吸收和利用。

→ **学习目标**

熟知消化腺的种类、位置、形态结构和功能。

→ **工作准备**

（1）根据任务要求，了解不同家畜消化系统的特点。
（2）查阅家畜消化系统知识的相关资料。
（3）本任务的学习需要计算机、动物消化系统模型和标本等。

→ **任务资讯**

任务三　消化腺的识别	学时	1

消化腺包括唾液腺、肝、胰、胃腺和肠腺，均可分泌消化液。除胆汁外，消化液中都含有消化酶。

一、唾液腺

唾液腺是指能分泌唾液的腺体，除一些小的壁内腺（如颊腺、唇腺、舌腺）外，还有腮腺、颌下腺、舌下腺三对大唾液腺，它们均有导管将所分泌的唾液输入口腔，如图4-6所示。猪的唾液中含有少量的唾液淀粉酶，能将淀粉分解成麦芽糖。犬的唾液中无唾液淀粉酶。另外，唾液中还含有溶菌酶，其有杀菌作用。

（一）腮腺

腮腺位于下颌骨后方，略呈三角形。上部宽大，下部窄，呈柠檬色，腮腺管起自腺体的腹侧深面，沿咬肌的腹侧缘及前缘延伸，开口于与第5上臼齿相对的颊黏膜上。

（二）颌下腺

颌下腺比腮腺大，形状也基本相似，颌下腺管开口于舌下肉阜。

（三）舌下腺

舌下腺位于舌体与下颌骨之间的黏膜下，可分为上、下两部。上部为短腺（多管舌下腺），有许多小管开口于口腔底；下部为长管舌下腺（单管舌下腺），短而厚，位于多管舌下腺前端的腹侧，有一条总导管与颌下腺管伴行或合并开口于舌下肉阜。

扫码看彩图
4-6

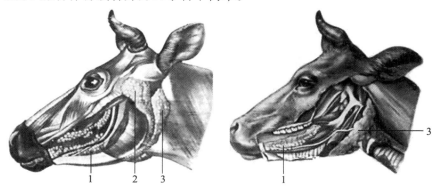

图 4-6 唾液腺
1.舌下腺 2.腮腺 3.颌下腺

二、肝

肝呈红褐色，是动物体内最大的腺体。

（一）肝的位置和形态

肝位于腹前部、膈肌的后方，大部分位于右侧或全部位于右侧；呈扁平状，颜色为红褐色；背侧缘一般较厚，腹侧缘薄锐。腹侧缘上有深浅不同的切迹，将肝分成大小不等的肝叶。肝膈面隆突，脏面凹，中部有肝门。门静脉和肝动脉经肝门入肝，胆汁的输出管和淋巴管经肝门出肝。肝各叶的输出管合并在一起形成肝管。有胆囊的动物（如猪、牛、羊等），胆囊的胆囊管与肝管合并，称为胆管，开口于十二指肠；没有胆囊的动物（如马），肝管和胰管一起开口于十二指肠。

肝的表面被覆浆膜，并形成左、右冠状韧带，镰状韧带，圆韧带，三角韧带，与周围器官相连。

1. 牛（羊）肝 牛（羊）肝略呈长方形，被胃挤到右季肋部，被胆囊和圆韧带分为左、中、右三叶。左叶在第 6～7 肋骨相对处，右叶在第 2～3 腰椎下方。分叶不明显，中叶被肝门分为上方的尾叶和下方的方叶。尾叶有两个突起，一个称乳头突，另一个称尾状突，突出于右叶之外。胆管在十二指肠的开口距幽门 50～70 cm。

2. 猪肝 猪肝较发达，中央部厚，边缘薄，大部分位于腹前部的右侧，左缘与第 9 或第 10 肋间隙相对；右缘与最后肋间隙的上方相对；腹缘位于剑状软骨后方，距离剑状软骨 3～5 cm。肝被三条深的切迹分为左外叶、左内叶、右内叶和右外叶。猪肝的小叶间结缔组织发达，所以肝小叶很明显，在肝的表面，用肉眼就能看得很清楚。胆囊位于右内叶的胆囊窝内。胆管开口于距幽门 2～5 cm 处的十二指肠憩室。

3. 马肝 马肝的特点是分叶明显，没有胆囊。大部分位于右季肋部，小部分位于左季肋部，其右上部达第 16 肋骨中上部，左下部与第 8 肋骨的下部相对。肝的背缘钝，腹侧缘薄锐。肝的腹侧缘上有两个切迹，将肝分为左、中、右三叶。肝脏的输出管为肝总管，由肝左管和肝右管汇合而成，开口于十二指肠憩室。

（二）肝的组织构造

肝的表面大部分被覆一层浆膜，其深面有富含弹性纤维的结缔组织构成的纤维囊，纤维囊结缔组织随血管、神经、淋巴管和肝管等出入肝实质内，构成肝的支架，并将肝分隔成许多肝小叶。

Note

1.肝小叶 肝小叶为肝的基本单位,呈不规则的多面棱柱状。每个肝小叶的中央沿长轴贯穿着一条中央静脉,它是肝静脉的属支。肝细胞以中央静脉为轴心呈放射状排列,切片上则呈索状,称为肝细胞索,而实际上这些肝细胞单行排列构成板状结构,又称肝板。肝板互相吻合连接成网,网眼内为窦状隙。窦状隙极不规则,并通过肝板上的孔彼此沟通(图4-7)。

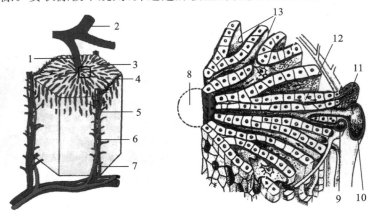

图4-7 肝小叶结构

1、8.中央静脉 2.肝静脉 3.肝板 4、13.肝血窦 5、9.小叶间动脉 6、10.小叶间静脉 7、11.小叶间胆管 12.胆小管

(1)肝细胞呈多面体形,胞体较大,界限清楚。细胞核圆而大,位于细胞中央,常有双核,核膜清楚。

(2)窦状隙是肝小叶内血液通过的管道(即扩大的毛细血管或血窦),位于肝板之间。窦壁由扁平的内皮细胞构成,核呈扁圆形,突入窦腔内。此外,窦腔内还有许多体积较大、形状不规则的星形细胞,以突起与窦壁相连,称为肝巨噬细胞。这种细胞是体内单核巨噬细胞系统的组成部分。

(3)胆小管直径为 $0.5\sim1.0\ \mu m$,由相邻肝细胞的细胞膜围成。胆小管位于肝板内,并互相连通成网,从肝小叶中央向周边部走行,胆小管在肝小叶边缘与小叶内胆管连接。

2.门管区 多个肝小叶相交接处有由结缔组织包裹的区域,称为门管区。门管区内有三个主要管道,它们在肝内分支,并在小叶间结缔组织内相伴而行,分别称为小叶间动脉、小叶间静脉和小叶间胆管。小叶间动脉是肝固有动脉的分支,小叶间静脉是肝门静脉的分支,小叶间胆管是肝总管的分支。门管区内还有淋巴管与神经伴行。

3.肝的血液循环 进入肝的血管有门静脉和肝动脉。

(1)肝动脉也称肝固有动脉,它来自腹主动脉。经肝门入肝后,在肝小叶间分支形成小叶间动脉,并伴随小叶间静脉分支后,进入窦状隙与门静脉血混合,部分分支还可到达被膜和小叶间结缔组织等处。这支血管由于来自动脉,含有丰富的氧和营养物质,可供肝细胞物质代谢使用,所以是肝脏的营养血管。

(2)门静脉:肝门静脉收集来自胃、脾、肠、胰的血液,汇合成门静脉,经肝门入肝,在肝小叶间分支形成小叶间静脉,再分支成终末分支,开口于窦状隙,然后血液流向小叶中心的中央静脉。门静脉血由于主要来自胃、肠,所以血液内既含有经消化吸收来的营养物质,又含消化吸收过程中产生的毒素、代谢产物及细菌等有害物质。其中,营养物质在窦状隙处可被吸收、储存或经加工、改造后排入血液中,运到机体各处,供机体利用;而代谢产物和有毒、有害物质则可被肝细胞结合或转化为无毒、无害物质,细菌等异物可被肝巨噬细胞吞噬。因此,肝门静脉属于肝脏的功能血管。

(3)肝静脉:由肝小叶中央静脉汇合而成。肝静脉将进入肝脏的静脉血汇合到后腔静脉,然后进入右心房。将肝固有动脉、肝门静脉入肝的部位称为第一肝门,将肝脏发出肝静脉的部位称为第二肝门。

4. 胆汁排出途径　肝细胞持续不断地分泌胆汁。胆汁分泌后排入胆小管内，在肝小叶边缘，胆小管汇合成短小的小叶内胆管。小叶内胆管穿出肝小叶，汇入小叶间胆管。小叶间胆管向肝门汇集，最后形成肝管出肝并直接开口于十二指肠(马)，或与胆囊管汇合成胆管后，再通入十二指肠内(牛、羊和猪等)。

胆汁中含有胆盐、胆固醇及卵磷脂等，有利于脂肪乳化，减小脂肪的表面张力，使之成为微滴分散于水溶液中，从而增加胰脂肪酶的作用面积。胆汁酸可以与脂肪酸结合形成水溶性复合物，以促进脂肪酸的吸收。此外，胆汁对促进脂溶性维生素(维生素 A、D、E、K)的吸收也具有重要意义。胆汁在十二指肠中可中和一部分胃酸，它还是促进胆汁自身分泌的一种体液因素。

三、胰

（一）胰的形态和位置

胰呈淡红黄色，形状很不规则，近似三角形；位于腹腔背侧，靠近十二指肠。胰可分为三个叶，靠近十二指肠的部分称中叶(或胰头)，左侧的部分称左叶，右侧的部分称右叶。胰的输出管有的动物(牛、猪)有一条，有的动物(马、犬)有两条，其中一条称胰管，另一条称副胰管。

1. 牛(羊)胰　牛(羊)胰呈不正的四边形，分叶不明显，位于右季肋部和腰部。胰头靠近肝门附近；左叶背侧附着于膈肌脚，腹侧与瘤胃背囊相连；右叶较长，向后延伸到肝尾状叶附近，背侧与右肾邻接，腹侧与十二指肠和结肠为邻。

2. 猪胰　猪胰由于脂肪含量较多，故呈灰黄色，略呈三角形。胰头稍偏右侧，位于门静脉和后腔静脉腹侧，右叶沿十二指肠向后方延伸到右肾的内侧缘；左叶位于左肾的下方和脾的后方，整个胰位于最后 2 个胸椎和前 2 个腰椎的腹侧。胰管由右叶末端发出，开口于距幽门 10～12 cm 处的十二指肠内。

3. 马胰　马胰为扁三角形，呈淡红色，横卧于腹腔顶壁的下面，大部分位于右季肋部。

4. 禽的胰　禽的胰位于十二指肠袢内，呈浅黄色或淡红色，长条状或分叶状。鸡有 2～3 条胰管，鸭、鹅有 2 条，与胆管一起开口于十二指肠终部。

（二）胰的组织构造

胰表面结缔组织被膜比较薄。结缔组织伸入腺内，将腺实质分隔成许多小叶。胰具有外分泌和内分泌两种功能，所以胰的实质分外分泌部和内分泌部，胰能分泌胰液，胰液中含有多种消化酶，胰是含消化酶最多的消化腺。

1. 外分泌部　外分泌部属于消化腺，分为腺泡和导管两个部分，占腺体的绝大部分。腺泡分泌液称胰液，一昼夜可分泌 6～7 L(牛、马)或 7～10 L(猪)，经导管注入十二指肠。

2. 内分泌部　内分泌部位于外分泌部的腺泡之间，由大小不等的细胞群组成，形似小岛，故名胰岛。胰岛细胞分泌胰岛素和胰高血糖素，经毛细血管进入血液，有调节血糖的作用。

→ 在线学习

1.动物解剖生理在线课

视频:肝的结构及功能　　视频:胰的结构及功能

2.多媒体课件

PPT:4.3

3.能力检测

习题:4.3

任务实施

一、任务分配

学生任务分配表（此表每组上交一份）

班级		组号		指导教师	
组长		学号			
组员	姓名	学号		姓名	学号
任务分工					

二、工作计划单

工作计划单（此表每人上交一份）

项目四		消化系统结构的识别		学时	10
学习任务		消化腺的识别		学时	1
计划方式		分组计划（统一实施）			
制订计划	序号	工作步骤		使用资源	
	1				
	2				
	3				
	4				
	5				
	6				
	7				
制订计划说明	（1）每个任务中包含若干个知识点，制订计划时要加以详细说明。 （2）各组工作步骤顺序可不同，任务必须一致，以便于教师准备教学场景。 （3）先由各组制订计划，交流后由教师对计划进行点评。				
评语	班级		第　　组	组长签字	
	教师签字			日期	

90

三、器械、工具、耗材领取清单

器械、工具、耗材领取清单(此表每组上交一份)

班级: 　　小组: 　　组长签字:

序号	名称	型号及规格	单位	数量	回收	备注

回收签字　学生: 　　　　教师:

四、工作实施

工作实施单(此表每人上交一份)

项目四	消化系统结构的识别		
学习任务	消化腺的识别	建议学时	1
任务实施过程			

一、实训场景设计

在校内解剖实训室或虚拟仿真实训室进行,要求有计算机、畜禽新鲜或浸制标本、畜禽消化系统模型和畜禽消化系统彩图。将全班学生分成8组,每组4～5人,由组长带头,制订任务分配、工作计划,领取器械、工具和耗材,并认真记录。

二、材料与用品

猪、羊、鸡、兔等动物消化系统的新鲜或浸制标本,牛、羊、猪、鸡、兔等动物消化系统模型,畜禽消化系统彩图等。

三、任务实施过程

了解本学习任务需要掌握的内容,组内同学按任务分配,收集相关资料,按下述实施步骤完成各自任务,并分享给组内同学,共同完成学习。

实施步骤:

(1)学生分组,填写分组名单。

(2)制订并填写学习计划,小组讨论计划实施的可行性,由教师进行决策和点评。

(3)观察消化系统的构造并完成引导问题。

观察:取畜禽新鲜或浸制标本,对照彩图或教材上的插图,分别观察羊、猪等动物的唾液腺、肝、胆、胰、胃壁腺体等,鸡的嗉囊、腺胃、肌胃等,及肝总管、胆总管、胰管的形态和位置。

比较:禽类的胰和猪、羊的胰在形态上的差异。

引导问题1:动物唾液腺包括哪些腺体?

引导问题2:猪胃壁的腺体包括哪些?

引导问题3:动物胆汁和胰液产生后的流向是怎样的?

引导问题4:禽类的胰和猪、羊的胰在形态上有何差异?

五、评价反馈

学生进行自评,评价自己能否完成学习任务、完成引导问题,在完成过程中有无遗漏等。教师对学生进行评价的内容如下:工作实施是否科学、完整,所填内容是否正确、翔实,学习态度是否端正,学习过程中的认识和体会等。

学生自评表

班级: 姓名: 学号:			
学习任务	消化腺的识别		
评价内容	评价标准	分值	得分
完成引导问题1	回答准确、熟练	15	
完成引导问题2	回答准确、熟练	15	
完成引导问题3	回答准确、熟练	10	
完成引导问题4	回答准确、熟练	10	
任务分工	本次任务分工合理	5	
工作态度	态度端正,无缺勤、迟到、早退等现象	5	
工作质量	能按计划完成工作任务	10	
协调能力	与小组成员间能合作交流、协调工作	10	
职业素质	能做到安全操作,文明交流,保护环境,爱护动物,爱护实训器材和公共设施	10	
创新意识	通过学习,建立空间概念,举一反三	5	
思政收获和体会	完成任务有收获	5	

学生互评表

班级: 姓名: 学号:			
学习任务	消化腺的识别		
序号	评价内容	组内互评	组间评价	总评
1	任务是否按时完成			

续表

2	器械、工具等是否放回原位			
3	任务完成度			
4	语言表达能力			
5	小组成员合作情况			
6	创新内容			
7	思政目标达成度			

教师评价表

班级：　　　姓名：　　　学号：

学习任务	消化腺的识别		
序号	评价内容	教师评价	综合评价
1	学习准备情况		
2	计划制订情况		
3	引导问题的回答情况		
4	操作规范情况		
5	环保意识		
6	完成质量		
7	参与互动讨论情况		
8	协调合作情况		
9	展示汇报		
10	思政收获		
	总分		

任务四　消化生理

任务导入

本任务要初步了解动物消化系统的功能；动物所摄取的食物中，除水、无机盐和维生素外，大多需要经过消化，大分子有机物水解为简单的小分子物质才能被吸收，如常见的淀粉、脂肪和蛋白质的消化。同学们需要了解摄取、转运、食物消化和吸收、废物排泄这些生理活动是怎么完成的。

学习目标

掌握消化的方式、消化管各部的消化特点等，熟悉并理解消化、吸收等的概念，了解三大营养物质消化吸收的机理和过程。

工作准备

（1）根据任务要求，了解不同家畜消化系统的特点。
（2）查阅家畜消化系统知识的相关资料。

（3）本任务的学习需要计算机、动物消化系统模型和标本等。

→ 任务资讯

任务四　消化生理	学时	4

一、概述

消化器官的主要生理功能是对食物进行消化和吸收，从而为机体新陈代谢提供必不可少的物质和能量。营养物质存在于动物饲料中，如蛋白质、脂肪、糖类等，必须先在消化管内经过物理的、化学的和微生物的作用，分解成结构简单的小分子物质才能够被机体吸收利用。饲料在消化管内被分解为可吸收的小分子物质的过程称为消化。饲料经过消化后，其产物透过消化管上皮进入血液和淋巴的过程称为吸收。

（一）消化的方式

1.机械消化　机械消化又称物理性消化，是指饲料在消化道内经消化道运动被研磨、粉碎，并与消化液混合，形成食糜的过程。

2.化学消化　各种消化酶将营养物质分解为可以被吸收的小分子物质的过程。

3.微生物消化　由于微生物的作用，饲料中的营养物质被分解的过程。

（二）消化管平滑肌的特性

消化管平滑肌具有肌组织的共同特性，如兴奋性、自律性、传导性和紧张性，但这些特性的表现均有其自身的特点。

（1）消化管平滑肌的兴奋性较骨骼肌低。收缩的潜伏期、收缩期和舒张期所占的时间比骨骼肌的长得多，而且变异很大。

（2）消化管平滑肌在离体后，置于适宜的环境中，仍能进行良好的自律性运动，但其收缩很缓慢，自律性远不如心肌规则。

（3）消化管平滑肌经常保持在一种微弱的持续收缩状态，即具有一定的紧张性。消化管各部分，如胃、肠等之所以能保持一定的形状和位置，与平滑肌的紧张性有重要的关系；紧张性还使消化管的管腔内经常保持着一定的基础压力；平滑肌的各种收缩活动也就是在紧张性的基础上发生的。

（4）消化管平滑肌能适应实际的需要而做很大的伸展。对于中空的容纳器官，这一特性具有重要的生理意义。这一特性使消化管有可能容纳好几倍于自己初体积的食物。

（5）消化管平滑肌对电刺激较不敏感，但对牵张、温度和化学刺激则特别敏感，轻微的刺激常可引起强烈的收缩。消化管平滑肌的这一特性与它所处的生理环境是分不开的，消化管内容物对平滑肌的牵张、温度和化学刺激是引起内容物推进或排空的自然刺激因素。

（三）胃肠的神经支配

1.内在神经系统　内在神经系统又称肠神经系统，主要是存在于黏膜下及肌间的神经丛，其细胞突起交织成网，从而形成一个特殊的内在神经体系，能对胃肠道的功能起到局部调节作用。

2.内脏神经　内脏神经又称植物性神经。内脏神经包括交感神经和副交感神经。胃肠道受交感神经和副交感神经的双重支配。交感神经的节后纤维属于肾上腺素能纤维，分泌肾上腺素，其兴奋时抑制胃肠运动和腺体分泌。副交感神经主要是迷走神经，多数是胆碱能纤维，其兴奋时引起胃肠道运动加强、腺体分泌增加。少数为非胆碱能、非肾上腺素能纤维，其作用视具体器官而异，引起胃容受性舒张即是这类神经的抑制作用。

Note

二、消化管各部的消化

（一）口腔内的消化

口腔内的消化主要包括采食、饮水、咀嚼和吞咽过程,以机械消化为主,化学消化为辅。

1. 采食　各种动物食性不同,采食方式也不同,但主要的采食器官都是唇、舌、齿,且都有颌部和头部的肌肉运动参与。牛主要依靠既长又灵活的舌伸到口外,将饲草卷入口内;猪喜欢用吻突掘取萝卜、草根等,舍饲时靠齿、舌和头部的特殊运动采食;犬、猫等肉食动物,则常以门齿和犬齿咬扯食物,且借助头、颈运动,甚至靠前肢协助采食;绵羊和山羊主要靠舌和切齿采食,绵羊上唇有裂隙,能啃咬短的牧草;鸭、鹅由于喙缘有许多横褶,在水中采食时能将水漏出。

2. 饮水　饮水时,犬和猫把舌头浸入水中,卷成匙状,送水入口;其他动物一般先把上、下唇合拢,中间留一小缝,伸入水中,然后下颌下降,舌向咽部后撤,使口内空气稀薄,形成负压,将水吸入口中。幼小动物吮乳也是靠下颌和舌的节律性运动来完成的。

3. 咀嚼　咀嚼是消化过程的第一步,是在颌部、颊部咀嚼肌和舌肌的配合运动下,用上、下齿列将食物压碎或磨碎,并混合唾液的过程。咀嚼的作用如下。

（1）磨碎食物:机械地将饲料磨碎,增加其与消化液接触的面积。尤其是对于植物性饲料的消化具有特别重要的意义。因为咀嚼可以破坏植物细胞的纤维外壁,只有这样才能暴露细胞的内容物,被消化液消化。

（2）混合唾液:使磨碎后的饲料与唾液充分混合,起到润滑食物的作用,形成食团以利于吞咽。

（3）促进消化腺分泌和胃肠运动:反射性地引起唾液腺、胃腺、胰等消化腺的分泌活动和胃肠道的运动,为以后的消化过程创造有利条件。

各种家畜的咀嚼方式和程度是不同的。肉食动物用下颌猛烈地上下运动压碎齿列间的食物,咀嚼很不充分,一般随采随咽。马和反刍动物的上颌比下颌宽,能够用一侧咀嚼并交换进行。马在饲料咽下前有充分、精细的咀嚼。反刍动物采食时咀嚼不充分,待反刍时再仔细咀嚼。由于饲养管理不当,反刍动物常将混在饲料中的异物(铁丝、铁钉等)吞进胃内,易继发创伤性网胃炎。家禽口腔内无牙齿,采食不经过咀嚼,食物进入口腔后依靠舌的运动迅速吞下。

4. 唾液的作用　唾液是三对大消化腺(腮腺、颌下腺、舌下腺)和口腔黏膜中许多小腺体(唇腺、颊腺)的混合分泌物。腮腺属浆液腺,由浆液细胞组成,分泌不含黏蛋白的稀薄水样唾液,某些动物的唾液中含淀粉酶。舌下腺和颌下腺属于混合腺(由浆液细胞和黏液细胞组成),分泌含黏蛋白的稀薄唾液。口腔中的小腺体由黏液细胞组成,分泌含有黏蛋白的黏稠唾液。

（1）唾液的性质和组成:唾液为无色透明的黏稠碱性液体,由水、无机盐和有机物组成。水分约占 98.92%。无机盐有钾、钠、钙、镁的氯化物,磷酸盐和碳酸盐等。然而,不同属的动物,唾液中无机盐含量差别很大。反刍动物中 Na^+、HCO_3^-、PO_4^{3-} 的含量约比狗唾液中的含量高几十倍。唾液中的有机物主要是黏蛋白或其他蛋白质,其中含消化酶。猪为 α-淀粉酶,狗、猫等肉食动物唾液中含有微量溶菌酶,某些以乳为食的幼畜(如牛犊)唾液中含有消化脂肪的舌脂酶。

各种动物唾液比重为 1.001～1.009,平均 pH 值,猪为 7.32,狗和马为 7.56,反刍动物为 8.2。唾液分泌量很大,在一昼夜内猪为 15～16 L,牛为 100～200 L。

（2）唾液的生理功能:唾液的生理功能主要有如下几个方面。

①湿润口腔和饲料:有利于动物嘶鸣、咀嚼和吞咽,能溶解食物中的某些成分而产生味觉,并引起胃、肠消化液分泌及运动加强的某些反射活动。

②参与化学消化:猪等动物唾液中所含的淀粉酶能催化淀粉水解为麦芽糖。尽管在口腔中停留时间很短,但食团进入胃后在胃液 pH 值尚未降至 4.5 之前,唾液淀粉酶仍能发挥作用。以乳为食的某些幼畜唾液中的舌脂酶可水解脂肪和游离脂肪酸。

③溶解作用:溶解饲料中的某些可溶性物质,刺激舌的味觉感受器,引起食欲。

④清洁口腔:唾液经常冲洗口腔中的异物和饲料残渣,洁净口腔,其中的溶菌酶有杀菌作用。

⑤中和胃酸:维持口腔中的弱碱性环境,使饲料中的碱性酶免遭破坏,在进入胃的初期仍可发挥消化作用。反刍动物唾液中含有大量碳酸氢钠和磷酸钠,这种大量、碱性较强的唾液进入瘤胃后,能中和瘤胃发酵所产生的酸,有利于瘤胃中微生物的生存和消化。

⑥散热:某些汗腺不发达的动物,如水牛、狗,可借助唾液中水分蒸发来调节体温。

(3)唾液分泌的调节:唾液的分泌完全由神经反射进行调节,包括条件反射和非条件反射。

①非条件反射性唾液分泌:动物采食时,食物进入口腔,刺激了舌和口腔黏膜的感受器(机械、温度、化学刺激),冲动经传入神经纤维传到延髓的唾液分泌中枢,再经副交感神经和交感神经纤维传到唾液腺,调节唾液分泌。

②条件反射性唾液分泌:动物采食时,食物的形状、颜色、味道或进食的环境因素等引起唾液分泌,称为条件反射性唾液分泌。兴奋的传入神经为嗅、听、视神经,唾液分泌的低级中枢在延髓,高级中枢在下丘脑和大脑皮层等处。传出神经为交感神经和副交感神经。

支配唾液腺的副交感神经有两支,一支经面神经的鼓索到达舌下腺和颌下腺,另一支经舌咽神经的耳颞支到达腮腺,副交感神经节后纤维神经末梢释放的递质是乙酰胆碱,与唾液腺细胞 M 受体结合后产生如下效应:唾液腺血管舒张、血流量增加,唾液生成增加;刺激腺细胞分泌水分和无机盐;腺细胞内黏蛋白的合成和分泌增加;对腺细胞有营养作用。支配唾液腺的交感神经来自胸部脊髓,在颈前神经节更换神经元后,其节后神经纤维分布到腺体的血管和腺细胞。这些节后神经纤维末梢释放去甲肾上腺素。交感神经兴奋时,机体分泌富含蛋白质的黏稠唾液。

唾液的分泌也受多种因素的影响。例如,瘤胃或消化道其他部位受到压力和化学物质刺激时,可反射性地引起腮腺不断地分泌唾液。

5. 吞咽　吞咽是使食物从口腔进入胃内的一系列反射动作。吞咽时,首先出现舌尖上举等动作,使食团进入咽部,这是随意动作。此时,食团对软腭的机械刺激,引起一系列的不随意动作,包括:软腭上升,咽后壁向前突出,使鼻咽通路关闭;声带内收,喉头升高并向前紧贴会厌,使咽与气管的通路关闭,呼吸暂停;由于喉头前移,食管上口张开,食团从咽部挤入食管。此后,食团对咽和食管等处的机械性刺激,反射性地引起食管蠕动,将食团送到胃内。

(二)咽和食管的消化

咽和食管均为食物通过的管道,食物在此不停留,不进行消化,只是借肌肉的运动向后推移。

(三)胃内的消化

1. 单胃的消化

(1)**胃的化学性消化**:胃腺可分为贲门腺区、胃底腺区和幽门腺区。贲门腺区的腺细胞分泌黏液,保护近食管处的黏膜免受胃酸的损伤。胃底腺区占据整个胃底部,是胃的主要消化区,由主细胞、壁细胞和黏液细胞组成。分别分泌胃蛋白酶原、盐酸和黏液。此外,壁细胞还分泌内因子。幽门腺区的腺细胞分泌碱性黏液,还有散在的"G"细胞是内分泌细胞,分泌促胃液素。

①胃液的性质、成分和作用:纯净胃液为无色、透明、澄清的强酸性液体,pH 值为 0.9～1.5。胃液的组成除水分外,无机物有盐酸、钠和钾的氯化物等,有机物有黏蛋白、胃蛋白酶、幼畜的凝乳酶等。胃液的主要成分及作用如下。

盐酸就是通常所说的胃酸。在胃液中以两种形式存在:一部分以游离形式存在,称游离酸;另一部分与蛋白质结合形成盐酸蛋白盐,称结合酸。二者合称总酸。

盐酸的主要作用:有利于蛋白质消化,能抑制和杀灭进入胃内的细菌;进入小肠后,能促进胰液、胆汁和肠液分泌,并刺激小肠运动;它能使食物中的 Fe^{3+} 还原为 Fe^{2+},它所形成的酸性环境,有助于铁和钙的吸收。初生幼畜胃液特别缺乏盐酸。胃液过多时可侵蚀胃和十二指肠黏膜,是动物发生消化性溃疡的诱因之一。

胃蛋白酶：胃液中主要的消化酶。由胃腺主细胞分泌到胃腔的是无活性的蛋白酶原，它在盐酸或已激活的胃蛋白酶作用下转变为有活性的胃蛋白酶。胃蛋白酶是一组蛋白水解酶，最适 pH 值为 1.5～2.5，对蛋白质肽键作用的特异性差，主要水解芳香族氨基酸、蛋氨酸或亮氨酸残基组成的肽键。在酸性环境中，胃蛋白酶能分解蛋白质，主要产物是脲和胨，还有少量多肽和氨基酸。此外，胃蛋白酶对乳中的酪蛋白有凝固作用，这对哺乳期的幼畜极为重要，因为乳凝固成块后在胃内总停留时间延长，有利于充分消化。

黏液：胃黏液是由胃黏膜表面上皮细胞、胃腺的组细胞、颈黏液细胞以及贲门腺和幽门腺共同分泌的。胃黏液可分为两种：可溶性黏液和不溶性黏液。可溶性黏液较稀薄，是由胃腺的主细胞和颈黏液细胞以及贲门腺和幽门腺分泌的，是胃液的一种成分。它与胃内容物混合，可润滑及保护黏膜免受损伤。不溶性黏液由胃黏膜表面上皮细胞分泌，呈胶冻状，衬于胃腔表面成为厚约 1 mm 的黏液层，还与胃黏膜分泌的 HCO_3^- 一起构成"黏液-碳酸氢盐屏障"。该屏障的主要作用在于防止胃酸和胃蛋白酶对胃黏膜的侵蚀和消化。前列腺素 F_2 可促进胃黏膜分泌碳酸氢盐，抑制胃酸分泌，防止"黏液-碳酸氢盐屏障"受损。相反，肾上腺皮质激素促进胃液分泌，抑制胃黏液分泌，这可能是应急性胃溃疡发生的机理。

②胃液分泌的调节：胃液的分泌受神经、体液因素调节。食物是促进胃液分泌的主要生理刺激物，依据食物刺激消化道部位的先后和作用效果不同，分促进和抑制两种作用。

促进胃液分泌的因素有很多。从进食开始，胃液就开始分泌，胃液分泌一般分为头期、胃期和肠期。头期：进食动作刺激口腔、咽部的感受器引起唾液分泌，甚至在未进食前，在以往曾吃过该饲料的前提下，当只看到、嗅到食物，或听到与食物有关的声音时就出现胃液分泌。前者称为非条件反射性胃液分泌，后者称为条件反射性胃液分泌。这些反射的传入神经与进食引起唾液分泌的传入神经相同，反射中枢在延髓、下丘脑、边缘叶和大脑皮层。反射的传出神经是迷走神经。除通过迷走神经末梢释放乙酰胆碱，直接引起腺细胞分泌外，还可使幽门部黏膜的"G"细胞兴奋并释放促胃液素，后者通过血液循环刺激壁细胞分泌。头期胃液分泌的特点：持续时间长、分泌量大、酸度高、胃蛋白酶含量高、消化能力强。胃期：食物进入胃后，刺激胃底，胃体部的感受器通过迷走神经和壁内神经丛，引起胃腺分泌。食物机械地刺激幽门部，通过壁内神经丛作用于"G"细胞，或化学刺激作用于幽门部"G"细胞，引起促胃液素释放。胃期胃液分泌的特点：酸度较高，但含酶量较头期少，消化能力比头期弱。肠期：酸性食糜进入十二指肠后，刺激十二指肠的某些细胞分泌促胃液素和胆囊收缩素，二者均有利于刺激胃液分泌。小肠内容物的机械性扩张刺激，也引起胃液分泌增多。这一期胃液分泌量少，约占消化期胃液分泌总量的 10%。但胃液中富含胃蛋白酶。

正常的胃液分泌是兴奋和抑制因素共同作用的结果。在消化期抑制胃液分泌的因素主要是盐酸、脂肪和高渗溶液以及恐吓等恶劣环境。

盐酸是胃腺的分泌物，对消化过程有重要作用。当胃的幽门部和十二指肠内酸度达到一定限度（幽门窦 pH 值达 1.2～1.5，十二指肠 pH 值达 2.5）时，便可对胃液分泌产生抑制作用。脂肪及其消化产物进入十二指肠后，刺激肠黏膜分泌促胰液素和抑胃肽等，它们通过血液循环作用于胃腺，抑制胃腺分泌。十二指肠内的高渗溶液刺激肠渗透压感受器，通过肠-胃反射来抑制胃液分泌。

（2）胃的物理性消化：单胃动物的胃既能暂时储存食物，控制其进入小肠的速度，又能研碎食物，使其颗粒小到适合小肠消化的程度，该功能的实现主要通过胃的运动完成。胃的运动包括如下运动形式。

①容受性舒张：咀嚼和吞咽食物过程中，刺激了咽和食管等处的感受器，反射性地引起胃底和胃体部肌肉舒张，使胃能够接受大量食物的涌入而不致显著升压，使胃更好地完成容受和储存食物的功能。

动画：胃运动形式

②蠕动:胃壁肌肉呈波浪形向前推进的舒缩运动。食物进入胃后,蠕动波从胃体中部开始,有节律地向幽门方向推进并加强。蠕动的意义不仅在于推送胃内消化形成的半流质状食糜通过幽门,向十二指肠移送,更重要的是有助于胃液与食糜混合和研磨。

③紧张性收缩:胃壁平滑肌一般保持着轻度的收缩状态,这种收缩缓慢有力,可使胃内压升高,压迫食糜向幽门部移动,并可使食糜紧贴胃壁,有助于胃液渗进食物。紧张性收缩还有维持胃腔内压和保持胃的正常形态和位置的作用。

胃的排空:胃内食团消化成食糜后,随着胃的运动,食糜分批通过幽门排入十二指肠的过程称为胃排空。胃排空速率与小肠消化和吸收的速率相适应,一般说来,胃排空速率取决于饲料的性质和动物的状态。流体食物比固体食物排空快,粗硬的食物在胃内滞留的时间较长。动物惊恐不安、疲劳时胃排空将受到抑制。固体物质和液体物质胃排空的运动方式不同,固体物质胃排空的速率由胃窦的运动来控制,胃窦运动强,固体物质被磨碎的速度快。液体物质胃排空则取决于胃头侧区的运动。胃头侧区紧张度增加,液体被压迫进入胃窦,靠幽门活动,液体物质很快排入十二指肠。

动画:胃的
排空

2. 复胃的消化　微生物消化在草食动物的整个消化过程中占有极其重要的地位。由于动物的消化液中不含消化纤维素的酶,而微生物可对饲料内 70%～85% 可消化干物质和约 50% 粗纤维进行发酵,产生挥发性脂肪酸(VFA)、二氧化碳、氨以及合成微生物蛋白质和 B 族维生素,可为机体所利用。微生物消化主要在反刍动物瘤胃、网胃和单胃草食动物的大肠中进行。

(1) 瘤胃内的微生物及其生存条件。

反刍动物(以牛为代表)具有庞大的复胃,由瘤胃、网胃、瓣胃和皱胃四个室构成。前 3 个胃的黏膜无腺体,不分泌胃液,合称前胃。只有皱胃衬以腺上皮,是真正的有腺胃。前胃除具有前文已述的反刍、嗳气、食管沟作用外,更重要的是微生物发酵作用,可使饲料内 70%～80% 可消化干物质在此消化。

①瘤胃内微生物生存的条件。瘤胃是瘤胃微生物活动的良好场所,可视为一个供厌氧微生物高效率繁殖的活体发酵罐。瘤胃具有微生物活动的良好条件:一是丰富的营养物质和水分稳定地进入瘤胃,供给微生物繁殖所需的营养物质和充足的水;二是离子强度在最佳范围内,使瘤胃中渗透压维持在接近血浆水平;三是温度适宜,通常为 38～41 ℃;四是瘤胃背囊气体多为二氧化碳、甲烷及少量氮气、氢气等,随饲料进入的一些氧气,也很快被微生物利用,形成了高度缺氧环境;五是饲料发酵产生大量挥发性脂肪酸和氨不断地被吸收入血,或被碱性唾液所缓冲,使 pH 值维持于 6～7 之间;六是瘤胃、网胃周期性的运动可使内容物充分混合,并将未被消化的食糜和微生物排到后段消化道。总之,瘤胃内环境经常保持相对稳定状态,适合厌氧微生物生存和繁殖。

②瘤胃内微生物的种类和作用。在通常的饲养条件下,瘤胃中的微生物主要是厌氧的纤毛虫和细菌,种类繁多,并随饲料性质、饲喂制度和动物年龄的不同而发生变化。据统计,1 g 瘤胃内容物中,含细菌 $1.5×10^{10}$～$2.5×10^{10}$ 个,纤毛虫 $6×10^5$～$18×10^5$ 个。尽管纤毛虫的数量比细菌少得多,但由于个体大,其在瘤胃内所占体积与细菌相当。微生物总体积占瘤胃液的 3.6%。常见的瘤胃纤毛虫和细菌种类如下。

纤毛虫的种类和作用:瘤胃中的纤毛虫分为全毛和贫毛两属。前者全身被覆纤毛,后者的纤毛集中成簇,只分布在一定部位。瘤胃中的纤毛虫含有多种酶,能使可溶性糖、纤维素和半纤维素发酵,产生乙酸、丙酸、乳酸、二氧化碳等,也能降解蛋白质和水解脂类。瘤胃纤毛虫若长期暴露于空气中或处于不良条件下,就不能生存。因此,幼畜瘤胃中的纤毛虫主要与母畜或其他成年反刍动物直接接触而获得。如果幼畜出生后隔离喂养,则易成为无纤毛虫动物,通常牛犊生长到3～4个月,瘤胃中才出现各种纤毛虫系。反刍动物在瘤胃内缺少纤毛虫的情况下,通常也能良好生长,但在饲料营养水平较低时,纤毛虫是十分有益的。因为瘤胃中的纤毛虫捕食饲料中的淀粉和蛋白质颗粒,并储存于体内,避免了细菌的分解。至纤毛虫离开瘤胃进入小肠后,随纤毛虫解体,淀粉和蛋白质颗粒再被消化吸收,从而提高了饲料的消化和利用率。而且纤毛虫蛋白质生物价高,蛋白质内又含有丰富的赖氨酸等必需氨基酸,所以,纤毛虫是宿主所需营养的来源之一,约提供动物性蛋白需要量的20%。

细菌的种类和作用:瘤胃中的细菌不仅种类多,而且极为复杂。从形态看,有杆菌、弧菌、球菌、螺旋菌、单胞菌和巨球型菌。依据发酵物质的不同,又分为分解纤维素、半纤维素、蛋白质、果胶、淀粉、尿素的菌,产生甲烷、氨的菌,利用酸、葡萄糖和脂肪的菌。细菌还能利用瘤胃内的有机物作为碳源和氮源,转化为它们自身的成分;有些细菌还能利用非蛋白含氮物(如酰胺、尿素等)并转化为它们自身的蛋白质,然后在皱胃和小肠中进行消化,供宿主利用。因此,在反刍动物较低蛋白质饲料中适当添加非蛋白含氮物,能增加微生物蛋白质合成。成年牛一昼夜进入皱胃的微生物蛋白质约有100 g,约占牛日粮中蛋白质最低需要量的30%。

(2)瘤胃内微生物消化。

饲料进入瘤胃后,在微生物作用下,经过一系列复杂的消化和代谢过程,产生挥发性脂肪酸,合成微生物蛋白质、糖原和维生素等,供机体利用。现分述如下。

①纤维素、淀粉、葡萄糖的发酵:反刍动物饲料中的纤维素、半纤维素、淀粉、果聚糖、戊聚糖、蔗糖和葡萄糖等,均可被瘤胃微生物发酵而分解。但发酵速度随其可利用性而有所不同,可溶性糖快,淀粉次之,纤维素和半纤维素缓慢。反刍动物所需糖的来源主要是纤维素,在瘤胃中发酵的纤维素占总纤维素的40%~50%。发酵的进行主要靠瘤胃中纤毛虫和细菌的纤维素分解酶。纤维素和半纤维素等在发酵分解过程中,先生成纤维二糖,再分解为葡萄糖。葡萄糖可继续分解,经乳酸和丙酮酸阶段,最终生成挥发性脂肪酸(主要是乙酸、丙酸、丁酸)、甲烷和二氧化碳。在反刍动物和其他草食动物中,挥发性脂肪酸是主要的能源物质。以牛为例,一昼夜挥发性脂肪酸提供$2.5×10^6$~$5.0×10^6$ J能量,占机体所需能量的60%~80%。挥发性脂肪酸在瘤胃内的含量为90~150 nmol/L。乙酸、丙酸、丁酸的生成速度会影响它们在瘤胃液中的浓度,其相应浓度对营养和代谢有重要影响,通常乙酸、丙酸、丁酸的比例是70∶20∶10,但随饲料的质量、种类而变化,如日粮中精料多时,丁酸的比例升高;粗饲料多时,乙酸比例升高。挥发性脂肪酸生成后,即由瘤胃和网胃上皮吸收,经门静脉入肝,经肝内代谢,再转到外周血液,供外周组织利用。瘤胃微生物在发酵糖类的同时,还能够把分解出来的单糖和双糖转化成自身的糖原储存于体内,待随食糜进入皱胃和小肠后,被盐酸杀死,糖原释放出来,经相应酶分解为单糖,被宿主消化利用,成为反刍动物葡萄糖来源之一。乳脂中60%以上的葡萄糖是由微生物糖原分解后产生的。

②蛋白质的消化和代谢:反刍动物蛋白质代谢过程的最大特点是除可利用饲料中的蛋白质外,还可利用非蛋白含氮物,形成微生物蛋白质,成为反刍动物的重要蛋白质来源。

饲料中的蛋白质进入瘤胃后有50%~80%被瘤胃微生物的蛋白水解酶水解成肽类和氨基酸。大部分氨基酸迅速被发酵菌脱氨基,生成氨、二氧化碳、短链脂肪酸和其他酸类;某些肽和少量氨基酸可直接进入微生物细胞内合成微生物蛋白质;也有数目不少的微生物必须利用氨和挥发性脂肪酸合成氨基酸,再生成微生物蛋白质,故氨是合成微生物蛋白质的主要氮源。在可利用糖充足的情况下,许多瘤胃微生物,包括那些能利用肽的微生物,也可以利用氨合成蛋白质。这样,瘤胃中的非蛋白含氮物(如尿素、铵盐和酰胺等)被微生物分解产生氨,也用于合成微生物蛋白质。瘤胃中的氨除被微生物利用合成微生物蛋白质外,其余部分则被瘤胃壁吸收,经门静脉循环进入肝脏,在肝内通过鸟氨酸循环再生成尿素。这些尿素一部分经血液循环到达唾液腺,随唾液重新进入瘤胃,还有一部分被瘤胃上皮吸收,通过瘤胃壁弥散进入瘤胃,剩余部分随尿液排出体外。这种内源性的尿素再循环,保证了瘤胃微生物合成蛋白质所需要的氮,是反刍动物获得蛋白质的重要途径。

③脂肪的消化和代谢:饲料中的脂肪大部分能被瘤胃微生物彻底水解,生成甘油和脂肪酸。其中的甘油大部分被发酵成丙酸,小部分被转化成琥珀酸或乳酸。由脂肪水解生成的脂肪酸和来

Note

自饲料中的脂肪酸,一般不再被细菌分解,而将来源于甘油三酯的不饱和脂肪酸加水氢化,转变成饱和脂肪酸。细菌还能合成磷脂。单胃动物体脂中饱和脂肪酸占 36％,而反刍动物则高达 55％～62％。

④维生素的合成:瘤胃微生物能合成多种 B 族维生素,其中维生素 B_1 多存在于瘤胃液中,40％以上生物素、维生素 B_5 和维生素 B_6 存在于微生物体表。而维生素 B_2、维生素 B_3、维生素 B_9 和维生素 B_{12} 等大多存在于微生物体内。此外,瘤胃微生物还能合成维生素 K。所以,一般情况下,即使日粮中 B 族维生素缺乏,也不会影响成年反刍动物的健康。

(3)复胃的机械性消化。

①前胃的运动:前 3 个胃的运动是紧密联系不间断地进行着的,对食物进行机械性消化。首先是网胃相继发生两次收缩,第一次收缩较弱,网胃容积减少约一半。将浮在网胃上部的粗饲料压送回瘤胃,然后舒张。接着发生第二次强烈的收缩,内腔几乎完全消失,把比较重的、稀薄的和被微生物初步消化的饲料压入瓣胃。由于网胃的位置和结构特征,第二次强烈收缩,往往可造成随饲料进来的铁钉之类穿透胃壁和膈,刺伤心脏而发生创伤性网胃炎或心包炎。因此,在饲料管理上,要采取措施防止尖硬锋利之物被误食。当动物反刍时,网胃第一次收缩之前还增加一次收缩,称为附加收缩。在网胃第二次强烈收缩尚未终止时,瘤胃开始收缩。收缩从瘤胃前庭开始,收缩波沿背囊由前向后迅速传到背盲囊,使瘤胃内容物由前向后移动混合并推送到腹囊。然后腹囊收缩由后向前依次进行,使食物由后向前移动、混合并推送到背囊的上方和前部,部分内容物再进入网胃,这种收缩称作第一次收缩波或 A 波。瘤胃的收缩运动可以在腹壁的左季肋部看到,可用听诊器听到,一般每分钟 2～3 次。瘤胃的运动和瘤胃蠕动音反映瘤胃的消化功能和机体的健康状况。有时在 A 波之后,瘤胃还发生额外第二次收缩,它通常起始于瘤胃后腹部,由后向前扩布到背囊。它与频频嗳气有关,而与网胃收缩没有直接联系,是瘤胃单独产生的波,称第二次收缩波或 B 波。

②反刍、食管沟反射与嗳气。

a. 反刍:反刍动物采食时,饲料未经充分咀嚼就匆匆经食管吞入瘤胃。瘤胃中的饲料经过胃内的水分和咽下唾液的浸泡软化及一定时间的微生物发酵,当休息时再使这些较粗糙饲料逆返回口腔,进行仔细的再咀嚼和再混入唾液,然后再吞咽。这一系列的特殊消化过程称作反刍。反刍是反刍动物极其重要的生理功能,也是反刍动物的健康标志之一。在患某些疾病、过度使役或外界环境异常时,常出现反刍停止或反刍次数减少。反刍动物在个体发育过程中,反刍动作的出现是与摄取粗饲料相联系的。牛犊在出生后的 20～30 天开始出现反刍动作,这时牛犊开始选食草料,瘤胃也开始具备发酵的条件。反刍的次数与饲料的性质有关,吃粗饲料时反刍次数多,而吃精饲料时少。成年牛一昼夜进行 6～8 次,每次反刍持续 40～50 min。幼畜反刍次数多,每天可达 16 次。

动画:反刍

b. 食管沟反射:食管沟起自贲门,止于网瓣口。幼畜吸吮动作可反射性地使食管沟两侧唇部肌肉收缩,食管沟就闭合成管状,成为食管下端延续的管道,食物经网瓣口和瓣胃沟直接流进皱胃。食管沟反射与吞咽动作是同时发生的,感受器分布在唇、舌、口腔和咽部黏膜中。食管沟闭合程度与吸吮方式有关。牛犊从乳头直接吸吮乳汁时,食管沟闭合完全,咽下的乳汁直达皱胃。从桶中饮乳时,由于缺乏吸吮刺激,食管沟反射降低,导致食管沟闭合不完全,部分乳汁漏入瘤胃。如果瘤胃内乳汁因长期存留而腐败,常会引起腹泻。食管沟反射在哺乳期极其重要,断奶后伴随着年龄增长,食管沟反射减弱,然而,在成年动物中仍具有某些生理意义。例如,抗利尿激素刺激食管沟反射,保证动物饮入的水快速到达吸收部位——小肠,及时补充体液。为提高高蛋白饲料的利用率,减少其在瘤胃中的发酵,可通过加强食管沟反射的办法,使高蛋白饲料由口腔直达皱胃,提高饲料利用率。

动画:食管沟的作用

c. 嗳气:瘤胃内微生物进行着强烈发酵,不断产生大量气体。成年牛每分钟可产生 1～2 L 气体,主要是二氧化碳和甲烷。二氧化碳占 50%~70%,甲烷占 20%~45%,还有少量氢气、氧气、氮气和硫化氢等。瘤胃中所有气体刺激瘤胃壁反射性地通过食管向外排出气体的过程,称作嗳气。牛每小时嗳气 17~20 次。动物患病时,嗳气次数减少。嗳气是反射动作,瘤胃内气体增多,刺激瘤胃壁内牵张感受器,经迷走神经传入纤维上传到延髓嗳气中枢,嗳气中枢兴奋再经迷走神经传出纤维传到瘤胃,引起瘤胃运动(B 波)。这种运动由后向前迫使气体进入贲门区,贲门口舒张,气体流入食管,食管则以 1.6 m/s 的速度进行强有力的逆蠕动,迫使食管内的气体进入咽部。其中大部分气体经口腔逸出,也有少量气体通过开放的声门进入气管和肺,这有利于反刍动物保持着对瘤胃微生物的免疫性。

(四) 小肠内消化

1. 小肠的运动 小肠平滑肌通常保持一定的紧张性,这是小肠运动的基础。如果小肠平滑肌紧张性低,肠壁对食糜刺激的对抗力小,混合食糜乏力,食糜转送缓慢;如果小肠平滑肌紧张性高,则混合和推送食糜加快。小肠运动有三种形式。

(1) 分节运动:以环形肌为主的节律性收缩和舒张活动,表现为在食糜所在的某一段肠管上,环形肌在许多点同时收缩,将食糜分割成许多节段。随后,原来收缩处舒张、舒张处收缩,使原来的食糜节段分为两半,相邻的两半则融合为新的节段。如此反复进行,食糜得以不断地分开,又不断地混合。当持续一段时间之后,由蠕动把食糜推到下一段肠管,再重新进行分节运动。分节运动的主要作用有两点:一是使食糜与消化液充分混合,便于进行化学消化;二是使食糜与肠壁紧密接触,为吸收营养物质创造良好条件。分节运动还能挤压肠壁,有助于肠壁血液和淋巴回流。小肠各段分节运动的频率不同,前段频率较高,后段频率较低。

(2) 蠕动:由环形肌和纵行肌共同参与的一种速度缓慢的波浪式的推进运动,于小肠的任何部位,当肠段被食糜充胀后,纵行肌先开始收缩,当收缩完成一半时,环形肌便开始收缩。当环形肌收缩完成时,纵行肌的舒张完成一半。如此连续进行,使食糜缓慢后移。小肠的蠕动速度很慢,每分钟约数厘米。蠕动波推进的距离也较短,一般为 10~30 cm。这种特点保证了小肠内食糜有充分的时间和机会进行消化和吸收。此外,小肠还会出现一种进行速度快(2~25 cm/s)、传播较远的蠕动,称为蠕动冲,它可将食糜从小肠始端推向末端,有时可到大肠。十二指肠和回肠末端有时还出现与蠕动方向相反的蠕动,称逆蠕动,逆蠕动的收缩力较弱,传播的范围较小。蠕动与逆蠕动相配合,使食糜在肠管内来回移动,有利于食糜充分消化和吸收。

(3) 摆动(钟摆运动):草食家畜特有的以纵行肌节律性舒缩活动为主的运动。当食糜进入某段小肠后,该段小肠的纵行肌一侧发生节律性的舒张和收缩,对侧纵行肌则发生相应的收缩和舒张。这样该段肠管时而向这个方向运动,时而向相反方向运动,类似钟摆运动。其作用与分节运动相似。

2. 胆汁的消化作用

(1) 胆汁的性质和成分:胆汁是黏稠具有苦味的黄绿色液体,肝胆汁呈弱碱性,胆囊胆汁呈弱酸性。胆汁中没有消化酶,除水外,还有胆色素、胆盐、胆固醇、脂肪酸、卵磷脂以及其他无机盐等。

(2) 胆汁的作用如下。

①胆盐、胆固醇和卵磷脂可乳化脂肪,增大胰脂肪酶的作用面积。

②胆盐可与脂肪酸结合成水溶性复合物,促进脂肪酸的吸收。

③胆汁促进脂溶性维生素 A、维生素 D、维生素 E、维生素 K 的吸收。

④胆汁可以中和十二指肠中部分胃酸。

⑤胆盐排到小肠后,绝大部分由小肠黏膜吸收入血,再入肝脏重新形成胆汁,即为胆盐的肠肝循环。

(3) 胆汁分泌和排出的调节:胆汁的分泌和排出受神经和体液因素的调节,以体液调节为主。

动画:小肠结构

动画:小肠的运动

①胆汁分泌和排出的神经调节:采食动作或食物在消化道内的自然刺激,可反射性地引起胆汁分泌增加,并使胆囊收缩,胆总管括约肌舒张,从而使肝胆汁或胆囊胆汁排入十二指肠。神经冲动的传出途径是迷走神经兴奋释放的乙酰胆碱直接作用于肝细胞和胆囊平滑肌细胞,增加胆汁分泌和引起胆囊收缩;还可通过兴奋迷走神经,释放促胃液素间接引起胆汁分泌增加,如果切断两侧迷走神经,可阻断上述反射。交感神经兴奋效果与迷走神经兴奋效果相反。

②胆汁分泌和排出的体液调节。

促胰液素:刺激肝细胞使胆汁分泌增加。

缩胆囊素:引起胆囊平滑肌收缩,并使胆总管括约肌舒张,使胆汁大量排至十二指肠。

促胃液素:对肝胆汁分泌有一定的刺激作用。

胆盐或胆汁酸:通过胆盐的肠肝循环刺激肝细胞,促进胆汁分泌。

3. 胰液的消化作用　胰液是胰的外分泌物,是胰的腺泡细胞和小导管细胞所分泌的,胰液是最强的消化液。

胰液是无色透明、无臭稍微黏稠的碱性液体,pH 值为 7.2~8.4。家畜(除肉食动物外)的胰液是连续分泌的,牛、马一昼夜分泌量为 6~7 L,猪为 7~10 L。胰液中含水 90%,无机物主要为碳酸氢钠和少量氯化钠。碳酸氢根离子由胰小导管细胞分泌。其主要作用是中和十二指肠内的胃酸,使肠黏膜免受胃酸侵蚀,同时为小肠内多种消化酶的活动提供适宜的碱性环境(pH 值为 7~8)。胰液中的有机物主要是各种消化酶,它们是由腺泡细胞分泌的。

(1) 胰淀粉酶:一种 α-淀粉酶,能将淀粉水解为麦芽糖及葡萄糖。胰淀粉酶作用的适宜 pH 值为 6.7~7.0。

(2) 胰脂肪酶:能将甘油三酯分解为脂肪酸、甘油、甘油单酯或二酯。

(3) 胰蛋白分解酶:胰液中的蛋白酶主要是胰蛋白酶、糜蛋白酶及少量的弹性蛋白酶,它们最初分泌出来时均以无活性的酶原形式存在。胰蛋白酶原分泌到十二指肠后,迅速被肠致活酶激活,变为有活性的胰蛋白酶。此外,胰蛋白酶本身、酸以及组织液也能使胰蛋白酶原活化。胰蛋白酶能迅速激活糜蛋白酶原和弹性蛋白酶原。胰蛋白酶和糜蛋白酶的作用相似,都能将蛋白质分解为脉和胨,二者共同作用时,可进一步将蛋白质分解为小分子多肽和少量氨基酸。糜蛋白酶还有较强的凝乳作用。胰液中还存在羧基肽酶、核糖核酸酶和脱氧核糖核酸酶等,它们能分别水解多肽为氨基酸,水解核酸为单核苷酸。

4. 小肠液的消化作用　小肠内有十二指肠肠腺和肠腺。肠腺分布于全部小肠的黏膜层内,其分泌液构成小肠液的主要部分。十二指肠肠腺可分泌碱性较高、含黏蛋白的黏稠液体,主要功能是保护十二指肠上皮免受胃酸侵蚀。小肠黏膜上皮中还散在分布有分泌黏液的杯状细胞。

(1) 小肠液的性质、成分和作用:小肠液呈弱碱性,为无臭微浑浊液体,pH 值为 8.2~8.7,小肠液中除含有大量水分外,无机物的含量和种类一般与体液相似,仅碳酸氢钠含量高。有机物主要是黏液、多种消化酶和大量脱落的上皮细胞。小肠液分泌量很大,可稀释消化产物,使其渗透压下降,有利于吸收的进行。大量小肠液又很快被小肠绒毛吸收,小肠液的这种循环流动为小肠内营养物质的吸收提供了媒介。近年的研究认为,除肠致活酶和淀粉酶外,其他酶并非肠腺所分泌,而是来源于黏膜上皮。例如:肠肽酶,可进一步水解多肽为游离氨基酸;脂肪酶补充胰脂肪酶对脂肪水解的不足;二糖酶,主要是麦芽糖酶、乳糖酶、蔗糖酶等,可分解相应的二糖为单糖;核酸酶、二酯酶、核苷酸酶,可将食物中的核酸水解为核苷酸、核苷、磷酸、核糖、碱基。

(2) 小肠液分泌的调节:小肠液的分泌受神经和体液因素的双重调节。迷走神经兴奋可引起十二指肠肠腺分泌,而对其他肠腺作用不明显。然而,最有效的刺激是食糜对肠黏膜局部的机械刺激和化学刺激引起的小肠液分泌,它们是通过壁内神经丛的局部反射来完成的。胃肠激素中的促胃液素、促胰液素、血管活性肠肽、前列腺素等都有刺激小肠腺分泌的作用。

（五）大肠内消化

不同动物大肠内的消化过程不同。

1. 肉食动物大肠内的消化 肉食动物大肠很不发达，因而大肠的消化作用较差。饲料中的营养物质在小肠内已基本被消化吸收，所以大肠消化功能已不占主要地位，大肠的主要功能是吸收水分、无机盐和小肠来不及吸收的物质，其余的残渣形成粪便。大肠内的环境也很适合细菌的繁殖，细菌种类也较多。其中主要是大肠杆菌、葡萄球菌等，总称为肠道正常菌群或共生菌。在正常情况下，肠道正常菌群对没有被小肠消化的糖类（含植物纤维）和脂肪，也能将它们发酵分解为乳酸、挥发性脂肪酸、二氧化碳和甲烷等；也能合成 B 族维生素和维生素 K，供机体利用。但以腐败作用为主，即食糜残渣中的蛋白质等被细菌分解，生成氨、硫化氢、吲哚、粪臭素（甲基吲哚）、酚、甲酚和一些气体等。这些成分如果产生过多，被肠壁吸收后将对机体产生毒性作用。特别是机体抵抗力下降时，肠道正常菌群会离开肠道，侵袭机体其他部位，成为细菌感染致病的原因之一。

2. 草食动物大肠内的消化 草食动物大肠内的消化特别重要，尤其是草食单胃动物，如马属动物和兔子等，其大肠的容积大，具有与反刍动物瘤胃相似的作用，具备微生物繁殖和发酵的生理条件。存在于大肠的微生物可利用糖类、蛋白质或非蛋白含氮物，食糜在大肠内停留时间较长，这样就给微生物以充分的作用时间；在无氧条件下，水分充足，温度、pH 值适宜等条件，使随食糜进入大肠的少数未杀死的微生物得以大量繁殖。因此，大肠和瘤胃内一样存在着大量消化纤维素的微生物，它们的区别只是菌株类型之间的比例不同。实验证明，马属动物的盲肠和结肠可消化食糜中 40%～50% 的纤维素、39% 的蛋白质、24% 的糖。其中消化纤维素的有效率为反刍动物的 60%～70%，这可能与消化物通过的速度较快有关。反刍动物的盲肠和结肠也能消化饲料中 15%～20% 的纤维素。

大肠内微生物也能合成 B 族维生素和维生素 K，并被大肠黏膜吸收，供机体利用。此外，大肠壁还能排泄钙、汞、镁、铅等矿物质。

3. 杂食动物大肠内的消化 杂食动物大肠内的消化介于草食动物和肉食动物之间，当采食植物性食物时，大肠内微生物的作用就占主要地位，其消化方式与草食动物相似；当食物以精饲料为主时，其大肠消化方式与肉食动物相似。

4. 大肠的运动 大肠壁在食糜的机械、化学刺激下，也可发生与小肠相类似的运动，但相对于小肠而言，运动速度缓慢，强度也较弱。大肠运动的特点是频率低、速度慢，对刺激反应较迟钝，收缩力量小，这有利于微生物的活动和粪便的形成。大肠运动的主要形式有以下几种。

（1）蠕动：由环形肌交替收缩和舒张产生的运动形式，其主要作用在于将食糜缓慢向后段肠管推进。此外，大肠也可产生逆蠕动，它配合蠕动，推动食糜在一定肠管内来回移动，使食糜得以充分混合，并使之在大肠内停留较长时间，这样能使细菌充分消化纤维素，并保证挥发性脂肪酸和水分的吸收。平时仅有较强的蠕动。大肠还有另一种进行快、移行远、波及整个结肠、具有强大的向前推进作用的运动，称为集团蠕动，可推动一部分大肠内容物到达小结肠和直肠。

（2）袋状往返运动和多袋推进运动：袋状往返运动是在结肠内容物较少时常见的运动形式，由结肠环形肌无规律的收缩引起，使结肠内容物做双向短距离移动，并无向前推进作用。多袋推进运动是结肠袋或几段结肠袋协同收缩，使内容物逐段向后移动的运动，这种形式的运动并不严格同步，经常表现为一连串结肠内容物由近端推向远端。动物采食后和副交感神经兴奋时，这种运动增强。

如果大肠运动功能减弱，则粪便在大肠停留时间延长，水分吸收过多，粪便干燥从而导致便秘；若大肠或小肠的运动功能增强，水分吸收过少，则粪便稀软，甚至发生腹泻。

随着大肠运动和食糜移动，发生类似雷鸣或远炮的声音，称大肠音。听诊大肠音来判断大肠运动强度和运动频率是兽医临床上检查大肠功能的主要手段。

5. 粪便的形成和排粪 食糜经消化吸收后,其中残余部分进入大肠后段,在这里,水分被大量吸收,其余则经细菌发酵和腐败作用后形成粪便。粪便中除食物残渣外,还有脱落的上皮细胞、细菌、胆色素衍生物以及回肠壁排出的盐。同时靠着大肠后段的运动,粪便被强烈地搅和,并压成团块。

排粪是一种复杂的反射动作,结肠的周期性集团蠕动,使粪便在直肠内不断聚积。直肠粪便不多时,肛门括约肌处于收缩状态,粪便就停留在直肠中。当粪便聚积到一定量时,刺激肠壁压力感受器产生冲动,冲动经传入神经(盆神经)传到荐部脊髓排粪中枢(调节中枢),并由此传至高级中枢(延髓和大脑皮层),再由中枢发出冲动经盆神经到达大肠后段,引起直肠后段肠壁肌肉收缩和肛门内括约肌舒张,并配合腹肌的收缩以加入腹压进行排粪。如腰荐部脊髓受伤,括约肌紧张性收缩丧失,可致排粪失禁。

家畜的排粪中枢很发达,不仅站立时能排粪,还能在运动中排粪。排粪量与饲料的种类、性质有关。

由于排粪反射受大脑皮层控制,因而可以形成条件反射,在生产实践中,可以训练动物养成定点排粪的习惯,从而有利于维持圈舍的卫生和防止疾病的传播。

三、吸收

食物的成分或其消化后的产物通过消化道黏膜的上皮细胞,进入血液和淋巴的过程称为吸收。

(一)吸收的部位

消化管不同部位的吸收能力和速度是不同的,这主要取决于各部位的组织结构以及饲料在各部位被消化的程度和停留的时间。在口腔和食管内,饲料是不被吸收的。

1. 胃 在单胃动物中,胃内营养成分吸收很少,只吸收乙醇、少量的水分和无机盐。反刍动物的前胃能吸收挥发性脂肪酸、二氧化碳、氨、各种无机离子和水分。禽类的嗉囊能吸收很少量的水以及无机盐,而腺胃和肌胃的吸收能力很差。

2. 小肠 小肠是吸收的主要部位。一般认为,糖类、蛋白质和脂肪的消化大部分在十二指肠和空肠完成,回肠能主动吸收胆盐和维生素 B_{12},小肠能吸收各种营养物质是与其结构相关的。小肠黏膜具有环形皱褶,皱褶上又有大量突起的绒毛。每一条绒毛外周被有单层柱状上皮,上皮细胞的肠腔面被覆许多微绒毛,使小肠的吸收面积大大增加。据估计,小肠的吸收面积,马为 $12 \ m^2$,牛为 $17 \ m^2$。小肠除具有巨大的吸收面积外,食糜在小肠内停留时间长,以及食糜在小肠内已被消化成适合吸收的小分子物质,这些都是小肠吸收营养物质的有利条件。小肠绒毛内部有毛细血管、毛细淋巴管(即中央乳糜管,禽类缺乏)、平滑肌纤维和壁内神经丛等结构。进食可引起绒毛产生节律性的收缩和摆动,可加速绒毛内血液和淋巴的流动,有助于营养物质吸收进入血液。家禽由于小肠绒毛中无乳糜管,脂肪及其他各种可吸收物质由黏膜上皮直接进入血液。母禽在产蛋期间,小肠吸收钙的作用增强。

3. 大肠 肉食动物的大肠除结肠的起始部吸收水和部分电解质外,其他部分吸收能力是很有限的。所有草食动物和猪的大肠很适合吸收,尤其是马属动物的大肠,不单吸收盐类和水分,还吸收纤维素发酵所产生的挥发性脂肪酸、二氧化碳和甲烷等气体,禽类大肠同草食动物的大肠一样,也是挥发性脂肪酸、部分高级脂肪酸、水分以及盐类等的重要吸收部位。

(二)各种营养物质的吸收

各种营养物质的吸收主要在小肠内进行。脂肪酸、甘油单酯、部分单糖、部分氨基酸和维生素(维生素 B_{12} 除外)在十二指肠和空肠前段被吸收,大部分氨基酸及部分单糖在小肠中段被吸收,胆盐和维生素 B_{12} 在回肠被吸收。

1. 糖类的吸收 单糖的吸收是消耗能量的主动过程,可逆浓度梯度进行,能量来自钠泵。肠

动画:吸收
机理

Note

黏膜微绒毛膜上存在着一种"钠依赖载体蛋白",它能选择性地将葡萄糖和半乳糖从肠腔面运入细胞内,再转入血液。它们吸收最快,果糖次之,甘露糖最慢。氨基酸、胆汁、B族维生素等也是通过上述机制被吸收的。饲料中的纤维素和其他糖类在反刍动物瘤胃和草食单胃动物的大肠(盲肠、结肠)内,被微生物发酵生成挥发性脂肪酸,并在这些部位吸收入血。各挥发性脂肪酸的吸收速度为丁酸＞丙酸＞乙酸。

动画:糖类的吸收

2. 蛋白质的吸收 蛋白质经过消化生成许多小肽和氨基酸,被肠绒毛上皮细胞吸收进入毛细血管,再经静脉到肝。氨基酸的吸收是主动性的,与单糖的吸收相似,也与钠的吸收相耦联,小肠黏膜上有能分别转运中性、酸性、碱性氨基酸和某些特殊的中性氨基酸,以及二肽和三肽的载体。由于多肽进入上皮后立即被胞内酶水解为氨基酸,这样通过门静脉吸收氨基酸,再进入血液循环。一些实验报道,维生素 B_6 参与氨基酸的主动吸收过程,维生素 B_6 缺乏时,氨基酸吸收不良。在某些情况下,肠黏膜形态发生改变,一些小分子蛋白质可通过胞饮作用被吸收。例如,新生羔羊、仔猪、牛犊、马驹等,可完整地吸收 γ-球蛋白,从而获得被动免疫能力。这种能力在动物出生后逐渐下降,有的甚至在出生后 24～36 h 消失。有些成年动物,因某种原因肠黏膜结构改变后,吸收天然蛋白质会发生过敏反应。

动画:蛋白质的吸收

3. 脂肪的吸收 饲料中的脂肪在小肠中消化产生的游离脂肪酸、甘油单酯、胆固醇等很快与胆汁中的胆盐形成混合微胶粒,由于胆盐也具有亲水性,它能携带着脂肪的消化产物通过覆盖在小肠绒毛表面的静水层而靠近上皮细胞。在这里,甘油单酯、脂肪酸和胆固醇凭借单纯扩散方式进入上皮细胞;胆盐被遗留在消化管内,沿小肠后行,移动到回肠末端,以类似于葡萄糖吸收的方式,经主动转运被吸收。中短链脂肪酸(碳原子数少于 12 个)被吸收后,可以直接透过上皮细胞进入血液循环,甘油单酯和长链脂肪酸(碳原子数大于 12 个)被吸收后,在肠上皮细胞的内质网中大部分重新合成甘油三酯,并与细胞中生成的载脂蛋白合成乳糜颗粒,许多乳糜微粒包裹在一个囊泡内,以出胞的方式离开上皮细胞,进入细胞间液,再扩散入淋巴循环而进入血液。由于饲料中动、植物脂肪中含有 12 个以上碳原子的长链脂肪酸很多,所以脂肪的吸收方式以淋巴途径为主(禽类除外)。

动画:脂肪的吸收

4. 维生素的吸收

(1)水溶性维生素包括 B 族维生素和维生素 C。一般是以简单扩散的方式被吸收的。维生素 B_{12} 的吸收必须与胃腺壁细胞分泌的内因子结合成复合物,才能不被消化管内的消化酶破坏,到达回肠,与黏膜上特异性受体结合后才能被吸收。

(2)脂溶性维生素包括维生素 A、维生素 D、维生素 E 和维生素 K。它们能溶于脂肪,吸收机制与脂类相似,以单纯扩散的方式进入上皮细胞。维生素 D、维生素 K 和胡萝卜素(维生素 A 的前体),需要与胆盐结合进入小肠黏膜表面的静水层方可被吸收。

5. 无机盐的吸收 一般说来,肠管对无机盐的吸收具有选择性。一价碱盐(如钠、钾、铵盐)的吸收很快,多价碱盐则吸收很慢。凡能与钙结合而形成沉淀的盐(如硫酸盐、磷酸盐、草酸盐等)则不能被吸收。

(1)钠的吸收:钠占体液中阳离子总量的 90% 以上,肠内容物中 95%～99% 的钠被吸收。空肠对钠吸收最快,回肠次之,结肠最慢。钠的吸收机制有三种:一是"钠耦联转运系统",如前所述,钠与葡萄糖、氨基酸等耦联发生主动转运;二是顺浓度梯度通过扩散作用进入细胞内;三是通过钠泵逆浓度梯度进行的主动转运,依靠 ATP 分解提供能量。

(2)钙的吸收:钙的吸收较钠慢,绝大部分是在小肠前段通过肠黏膜微绒毛上的钙结合蛋白主动转运来吸收的。此外,钙盐只有是水溶性时才能被吸收。pH 值约为 3 时,钙呈离子状态,最易被吸收。钙、磷比例为 1∶1 或 2∶1 时,钙的吸收最强。如果饲料中磷的比例过高,则易形成不溶性磷酸钙,钙则不能被吸收。

(3)铁的吸收:铁在十二指肠和空肠前段被吸收。饲料中的铁多数是三价铁,须还原为亚铁

动画:氯离
子的吸收

才能被吸收。亚铁吸收的速度比相同高价铁快 2～5 倍。维生素 C 能将高价铁还原为亚铁并促进铁的吸收。亚铁被吸收入肠黏膜上皮后,大部分被氧化为高价铁,并和细胞内存在的脱铁蛋白结合,形成铁蛋白而暂时储存在细胞内,以后再慢慢向血液中释放。

(4) 负离子的吸收:小肠吸收的负离子主要是氯离子(Cl^-)和碳酸氢根(HCO_3^-)。在钠耦联转运葡萄糖、氨基酸等物质时,由于钠主动吸收形成电化学梯度,促进负离子向细胞内移动,但也有离子交换机制促使负离子在小肠和大肠被吸收。

6. 水的吸收 动物每天都有大量的消化液和饮水进入胃肠道,但随粪便排出的水分却很少,大量水分在肠内被吸收。例如,胃肠道内食糜量,牛约为 250 L,猪约为 75 L,其中水分占 93%～94%。而随粪便排出的水分,牛为 25 L,猪为 2 L 左右,可见肠吸收水分的功能是十分强大的。水主要在小肠和大肠被吸收,胃吸收很少。一般认为,水的吸收是被动的。各种溶质特别是氯化钠的主动吸收所产生的渗透压梯度是水分吸收的主要动力。在十二指肠和空肠上部,水分由肠腔吸收入血的量和水分由血液进入肠腔的量都很大,流动得很快,因此,肠腔内液体量减少并不多。在回肠肠腔液体吸收较多,肠内水分含量大大减少。马属动物大量水分在大肠被吸收。吸收的机理与小肠相同,也是由于渗透压梯度而被动吸收的。

 在线学习

1.动物解剖生理在线课　　　　　　　　　　2.多媒体课件　　3.能力检测

视频:单胃的结构及功能　视频:复胃的结构及功能　视频:家禽的消化系统　PPT:4.4　习题:4.4

 任务实施

一、任务分配

学生任务分配表(此表每组上交一份)

班级		组号		指导教师	
组长		学号			
组员	姓名	学号		姓名	学号
任务分工					

106

二、工作计划单

工作计划单(此表每人上交一份)

项目四	消化系统结构的识别		学时	10
学习任务	消化生理		学时	4
计划方式	分组计划(统一实施)			
制订计划	序号	工作步骤	使用资源	
	1			
	2			
	3			
	4			
	5			
	6			
	7			
制订计划说明	(1) 每个任务中包含若干个知识点,制订计划时要加以详细说明。 (2) 各组工作步骤顺序可不同,任务必须一致,以便于教师准备教学场景。 (3) 先由各组制订计划,交流后由教师对计划进行点评。			
评语	班级		第 组	组长签字	
	教师签字		日期		

三、器械、工具、耗材领取清单

器械、工具、耗材领取清单(此表每组上交一份)

班级: 　小组: 　组长签字:

序号	名称	型号及规格	单位	数量	回收	备注

回收签字　学生:　　　　教师:

Note

四、工作实施

工作实施单(此表每人上交一份)

项目四	消化系统结构的识别		
学习任务	消化生理	建议学时	4
任务实施过程			

一、实训场景设计

在校内解剖实训室或虚拟仿真实训室进行,要求有计算机、畜禽新鲜或浸制标本、畜禽消化系统模型和畜禽消化系统彩图。将全班学生分成8组,每组4~5人,由组长带头,制订任务分配、工作计划,领取器械、工具和耗材,并认真记录。

二、材料与用品

猪、羊、鸡、兔等动物消化系统的新鲜或浸制标本,牛、羊、猪、鸡、兔等动物消化系统的教学模型,畜禽消化系统彩图,牛反刍及嗳气视频文件、瘤胃蠕动音频文件等;家兔每组1只;有条件的也可准备成年健康牛1头、听诊器等实验用品,在六柱栏内进行操作。

三、任务实施过程

了解本学习任务需要掌握的内容,组内同学按任务分配,收集相关资料,按下述实施步骤完成各自任务,并分享给组内同学,共同完成学习。

实施步骤:

(1)学生分组,填写分组名单。

(2)制订并填写学习计划,小组讨论计划实施的可行性,由教师进行决策和点评。

(3)观察兔肠管蠕动、牛反刍和嗳气,听诊牛瘤胃、网胃、瓣胃、肠蠕动音。

观察:肠管蠕动情况(处死家兔后迅速打开腹腔,观察家兔肠管蠕动情况)。

播放:牛反刍及嗳气视频文件,瘤胃蠕动音频文件。

听诊:用听诊器在牛体上听诊牛前胃及肠管蠕动的声音。

引导问题1:动物消化管各段以哪些消化方式为主?

引导问题2:胃、肠的蠕动在动物消化活动中起什么作用?

引导问题3:胆汁和胰液在动物消化活动中起什么作用?

引导问题4:为什么说小肠是动物吸收营养物质的主要场所?

五、评价反馈

学生进行自评,评价自己能否完成学习任务、完成引导问题,在完成过程中有无遗漏等。教师对学生进行评价的内容如下:工作实施是否科学、完整,所填内容是否正确、翔实,学习态度是否端正,学习过程中的认识和体会等。

学生自评表

班级: 姓名: 学号:

学习任务	消化生理		
评价内容	评价标准	分值	得分
完成引导问题1	回答准确、熟练	10	
完成引导问题2	回答准确、熟练	20	
完成引导问题3	回答准确、熟练	10	
完成引导问题4	回答准确、熟练	10	
任务分工	本次任务分工合理	5	
工作态度	态度端正,无缺勤、迟到、早退等现象	5	
工作质量	能按计划完成工作任务	10	
协调能力	与小组成员间能合作交流、协调工作	10	
职业素质	能做到安全操作,文明交流,保护环境,爱护动物,爱护实训器材和公共设施	10	
创新意识	通过学习,建立空间概念,举一反三	5	
思政收获和体会	完成任务有收获	5	

学生互评表

班级: 姓名: 学号:

学习任务	消化生理			
序号	评价内容	组内互评	组间评价	总评
1	任务是否按时完成			
2	器械、工具等是否放回原位			
3	任务完成度			
4	语言表达能力			
5	小组成员合作情况			
6	创新内容			
7	思政目标达成度			

教师评价表

班级: 姓名: 学号:

学习任务	消化生理		
序号	评价内容	教师评价	综合评价
1	学习准备情况		
2	计划制订情况		
3	引导问题的回答情况		
4	操作规范情况		
5	环保意识		
6	完成质量		

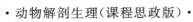
7	参与互动讨论情况		
8	协调合作情况		
9	展示汇报		
10	思政收获		
	总分		

项目五　呼吸系统结构的识别

项目概述

　　呼吸系统结构主要从上呼吸道和肺两个方面进行识别。

　　呼吸系统由鼻、咽、喉、气管、支气管和肺等器官以及胸膜和胸膜腔等辅助装置组成。鼻、咽、喉、气管和支气管是气体出入肺的通道,称为呼吸道,肺是呼吸的核心器官。呼吸的过程由外呼吸、气体运输、内呼吸三个相互衔接的环节来完成。

项目目标

　　知识目标:本项目主要学习上呼吸道的识别和肺的识别。通过使用解剖虚拟仿真系统、观察标本和解剖实验动物,认识鼻、喉、肺泡和呼吸过程等。

　　能力目标:能熟练指出鼻、喉、肺、肺泡等的位置,描述内呼吸、外呼吸发生的过程,气体交换的类型与位置,气体运输的类型与运输形式。

　　思政目标:通过对牛肺、羊肺、猪肺实体观察的对比实验,在学生惊叹肺庞大、精细结构的同时,让学生认识到每一个肺泡虽小,但在每次呼吸过程中都尽力吸进氧气、呼出二氧化碳,日夜不停,动作协调。在学习和生产过程中我们同样需要付出百分之百的努力,干好每一份工作。

任务一　上呼吸道的识别

任务导入

　　上呼吸道主要包括鼻、咽、喉。本任务主要学习鼻的组织结构(上、下分区及前、后分区)、喉软骨的组成、气管及支气管的组织构造(U形软骨)。

学习目标

　　在这个任务中,重点是熟练掌握家畜鼻、喉、气管的位置与功能。呼吸系统是动物体与外界进行气体交换的系统。鼻、咽、喉、气管和支气管是气体进出肺的通道,称为呼吸道。这在后续课程的学习中尤为重要,尤其是在"动物普通病"课程中:"动物普通病"课程中呼吸系统疾病是重要疾病之一,要能够准确诊断和治疗呼吸系统疾病必须了解并掌握呼吸系统正常的解剖结构与生理功能。如:"动物普通病"课程中感冒、支气管肺炎、大叶性肺炎的学习必须能够准确地找到呼吸器官的位置,能够判定病理性呼吸音和病理性支气管音,这些都是在获取正常呼吸系统的解剖结构与生理功能的基础上才能够正确判断的,只有学好这部分的解剖生理知识,将来才能救死扶伤,拯救动物的生命,所以同学们一定要掌握这部分基础知识。

→ 工作准备

（1）根据任务要求，认识鼻、喉、气管。

（2）收集上呼吸道的相关资料。

（3）本任务的学习需要计算机，鼻、喉、气管标本，实验动物等。

→ 任务资讯

任务一　　上呼吸道的识别	学时	2

一、鼻

（一）外鼻

外鼻是指外观上能看到的部分，包括鼻孔、鼻唇镜。

（二）鼻腔

鼻腔是指鼻孔与鼻后孔之间的部分。鼻腔由鼻中隔分为左右对称的两个鼻腔，鼻中隔是以鼻中隔软骨及犁骨作为支架，表面被覆一层黏膜形成的。

每侧鼻腔分为两个部分：①鼻前庭，鼻前庭为鼻孔向后的延续，特征是内表面被覆一层有毛皮肤，皮肤内含有色素；②固有鼻腔，内表面衬有一层鼻腔黏膜，为一种呼吸性上皮。鼻腔的外侧壁上生有背鼻甲和腹鼻甲，它们都由背鼻甲骨和腹鼻甲骨被覆一层黏膜而形成。由于鼻甲的伸入，鼻腔特别是固有鼻腔可分为几个窄的气体通道，即上鼻道、中鼻道、下鼻道和总鼻道。固有鼻腔还可根据黏膜的结构分为嗅区和呼吸区，嗅区黏膜内分布有嗅细胞，具有嗅觉功能。

（三）鼻旁窦

鼻旁窦是指直接或间接与鼻腔相通，分布于鼻腔周围的骨性空腔，这种骨性空腔的内表面衬有一层呼吸性上皮。

二、咽

参见消化系统。

三、喉

喉是气管起始端的特殊构造，位于咽的后下方、食管起始部腹侧，由喉软骨、肌肉和黏膜共同围成，前口称为喉口，通咽，后口延续为气管，中间的部分为喉腔。

（一）喉软骨

构成喉的软骨有4种，共5块，其中：甲状软骨1块，具有一对平行四边形的侧板和一个甲状软骨体；会厌软骨1块，由纤维软骨构成，具有弹性，会厌软骨附着于甲状软骨体前缘，向前方伸出；环状软骨1块，由透明软骨构成，外形呈环状，很像戒指，背侧为宽的环状软骨板，两侧和腹侧为环状软骨弓；杓状软骨1对，形状不规则，位于环状软骨前缘、甲状软骨内侧，每个杓状软骨有一个小角突和声带突。

（二）喉腔

（1）喉口由会厌边缘和小角突围成。

（2）声带：纵向剖开喉，可见从杓状软骨的声带突向下发出一个黏膜褶，止于甲状软骨体。

（3）喉腔还有喉前庭、声门裂、喉后腔等结构。

四、气管和支气管

气管由一系列软骨环串接而成，进入胸腔后分为左、右支气管，分别进入左、右肺，牛、羊、猪的气管还分出一尖叶支气管，进入肺尖叶。

在线学习

1.动物解剖生理在线课		2.多媒体课件	3.能力检测
视频:呼吸系统及鼻的结构及功能	视频:咽和气管的结构及功能	PPT:5.1	习题:5.1

任务实施

一、任务分配

学生任务分配表(此表每组上交一份)

班级		组号		指导教师	
组长		学号			
组员		姓名	学号	姓名	学号
任务分工					

二、工作计划单

工作计划单(此表每人上交一份)

项目五		呼吸系统结构的识别		学时	4
学习任务		上呼吸道的识别		学时	2
计划方式		分组计划(统一实施)			
制订计划	序号	工作步骤		使用资源	
	1				
	2				
	3				
	4				
	5				

续表

制订计划	6		
	7		
制订计划说明	(1)每个任务中包含若干个知识点,制订计划时要加以详细说明。 (2)各组工作步骤顺序可不同,任务必须一致,以便于教师准备教学场景。 (3)先由各组制订计划,交流后由教师对计划进行点评。		

班级		第 组	组长签字	
教师签字			日期	
评语				

三、器械、工具、耗材领取清单

器械、工具、耗材领取清单(此表每组上交一份)

班级: 小组: 组长签字:

序号	名称	型号及规格	单位	数量	回收	备注

回收签字 学生: 教师:

四、工作实施

工作实施单(此表每人上交一份)

项目五	呼吸系统结构的识别		
学习任务	上呼吸道的识别	建议学时	2
任务实施过程			

一、实训场景设计

在校内解剖实训室或虚拟仿真实训室进行,要求有计算机、牛和羊鼻腔、气管、支气管标本,实验动物猪。将全班学生分成8组,每组4～5人,由组长带头,制订任务分配、工作计划,领取器械、工具和耗材,并认真记录。

二、材料与用品

牛和羊鼻腔、气管、支气管标本,实验动物猪等。

三、任务实施过程

了解本学习任务需要掌握的内容,组内同学按任务分配,收集相关资料,按下述实施步骤完成各自任务,并分享给组内同学,共同完成学习。

实施步骤:

(1)学生分组,填写分组名单。

（2）制订并填写学习计划，小组讨论计划实施的可行性，由教师进行决策和点评。

（3）观察家畜呼吸器官的形态和结构，确定喉的体表投影。

（4）观察鼻、咽：用头部标本观察鼻中隔、鼻甲骨、鼻道、鼻黏膜各区、额窦、上颌窦。

（5）观察喉、气管：喉软骨、喉黏膜、喉口、气管软骨环(图 5-1)。

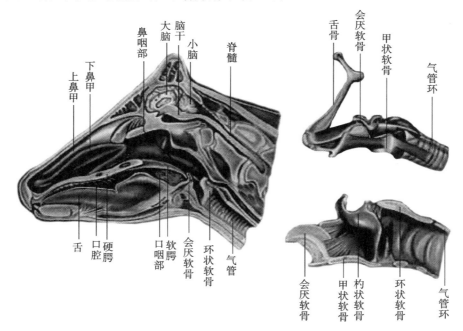

图 5-1 牛喉的结构

（6）喉投影区的确定：在活体猪的下颌间隙后方触摸喉部。

引导问题 1：绘制牛的上呼吸道图，并标出各部名称。

引导问题 2：简述鼻腔各结构的位置关系。

引导问题 3：简述鼻旁窦的位置与功能。

引导问题 4：简述咽、喉的组成。

五、评价反馈

学生进行自评，评价自己能否完成学习任务、完成引导问题，在完成过程中有无遗漏等。教师对学生进行评价的内容如下：工作实施是否科学、完整，所填内容是否正确、翔实，学习态度是否端正，学习过程中的认识和体会等。

学生自评表

班级: 姓名: 学号:			
学习任务	上呼吸道的识别		
评价内容	评价标准	分值	得分
完成引导问题1	正确绘制牛的上呼吸道图,并标出各部名称	10	
完成引导问题2	正确描述鼻腔各结构的位置关系	20	
完成引导问题3	正确描述鼻旁窦的位置与功能	10	
完成引导问题4	正确描述咽、喉的组成	10	
任务分工	本次任务分工合理	5	
工作态度	态度端正,无缺勤、迟到、早退等现象	5	
工作质量	能按计划完成工作任务	10	
协调能力	与小组成员间能合作交流、协调工作	10	
职业素质	能做到安全操作,文明交流,保护环境,爱护动物,爱护实训器材和公共设施	10	
创新意识	通过学习,建立空间概念,举一反三	5	
思政收获和体会	完成任务有收获	5	

学生互评表

班级: 姓名: 学号:			
学习任务	上呼吸道的识别		
序号	评价内容	组内互评	组间评价	总评
1	任务是否按时完成			
2	器械、工具等是否放回原位			
3	任务完成度			
4	语言表达能力			
5	小组成员合作情况			
6	创新内容			
7	思政目标达成度			

教师评价表

班级: 姓名: 学号:			
学习任务	上呼吸道的识别		
序号	评价内容	教师评价	综合评价
1	学习准备情况		
2	计划制订情况		
3	引导问题的回答情况		
4	操作规范情况		
5	环保意识		
6	完成质量		
7	参与互动讨论情况		
8	协调合作情况		

续表

9	展示汇报		
10	思政收获		
	总分		

任务二　肺的识别

任务导入

肺主要进行气体交换、吸气和呼气。

学习目标

　　熟记：心压迹、心切迹、纵隔的位置，肺的位置、形态，胸膜腔的构造等。掌握：吸气和呼气的发生，胸膜腔内负压的形成，气体交换的类型与位置，气体运输的类型与运输形式。通过小组讨论"气体交换过程"的内容，培养学生合作研究的精神。通过对牛肺、羊肺、猪肺实体观察的对比实验，在学生惊叹肺庞大、精细结构的同时，让学生认识到每一个肺泡虽小，但在每次呼吸过程中都尽力吸进氧气、呼出二氧化碳，日夜不停，动作协调。在学习和生产过程中我们同样需要付出百分之百的努力，干好每一份工作。

工作准备

　　本任务的学习需准备计算机、肺标本、肺组织切片、实验动物猪、解剖虚拟仿真系统等。

任务资讯

任务二　肺的识别	学时	2

一、肺

（一）肺的结构

　　肺分为左、右肺，分别位于左、右胸腔内。肺的构造可分为实质和间质两大部分。肺实质包括一系列从粗到细的肺内支气管和肺泡。肺内支气管在肺内逐级分支，形如树，称为支气管树，支气管细到 0.5 mm 以下时，支气管壁上出现肺泡，并且越来越多，到支气管末端时，有大量肺泡出现，是进行外呼吸的主要场所。肺间质：肺的表面覆盖有一层浆膜，此浆膜即肺胸膜，其深侧的结缔组织还伸入肺实质间，将肺分为一个个方块状的肺小叶。肺的血管和神经伴随着支气管进入肺，并逐级分支，分出大量毛细管。

（二）肺的分叶

　　肺位于胸腔纵隔两侧，左、右各一，右肺比左肺大，左、右肺都具三个面、三个缘和数个叶。三个面：肋面、膈面和内侧面（纵隔面）。内侧面上可见心压迹和食管压迹。心压迹的后上方有肺门，肺门为支气管，肺动、静脉和神经出入肺的地方，上述结构被结缔组织包绕在一起，称肺根。三个缘：背侧缘（钝而圆）、腹侧缘（薄而锐）和底缘。腹侧缘有心切迹，左肺心切迹大，与第 3～5 或 6 肋

Note

117

(马在第3～6肋)相对,右肺心切迹小,与第3～4肋相对。牛(羊)肺的分叶:牛(羊)肺分叶明显,左肺分3叶,由前向后依次为尖叶、心叶和膈叶;右肺分尖叶、心叶、膈叶和副叶,其尖叶被心切迹分为前、后两部。马肺的分叶:分叶不明显,左肺分尖叶、心膈叶,尖叶小,不分为前、后两部,心膈叶大,两叶之间为心切迹;右肺分3叶,除尖叶和心膈叶外,还有一副叶。猪肺的分叶:肺小叶明显,左肺分为尖叶、心叶和膈叶,右肺分为尖叶、心叶、膈叶和副叶。

二、纵隔和胸膜

胸膜是一层由间皮和间皮下结缔组织形成的浆膜,分别覆盖在肺的外表面和衬贴于胸壁的内表面。前者称为胸膜脏层或肺胸膜,后者称为胸膜壁层。胸膜壁层贴于胸腔侧壁,称肋胸膜,贴于纵隔的胸腔面的部分称作隔胸膜,参与形成纵隔的称作纵隔胸膜。胸膜的脏层和壁层在肺根处互相移行,围成左、右密闭的胸膜腔,腔内有少量浆液,可减小呼吸时两层胸膜间的摩擦。马属动物的左、右胸膜腔之间较薄,死亡后常见小的孔道相通。而牛、羊的胸膜腔之间无通道,一侧发生气胸,另一侧肺的功能仍可正常。

纵隔位于左、右胸膜腔之间,由两侧的纵隔胸膜以及夹在其间的诸器官(心、心包、食管、气管、大血管、淋巴结、胸导管及神经)和结缔组织构成。包在心包外面的纵隔胸膜又称心包胸膜。

三、呼吸生理

呼吸的三个连续过程为外呼吸、气体运输和内呼吸,如图5-2所示。

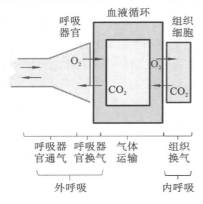
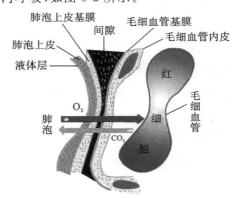

图5-2　呼吸的过程

(一)肺通气

外界环境与肺之间的气体交换称为肺通气,实现肺通气的器官包括呼吸道、肺泡和胸廓等。呼吸道是气体进出的通道,简称气道。肺泡是气体交换的主要场所。肺泡与肺毛细血管血液之间的结构称呼吸膜。

1.肺通气原理

(1)肺通气动力:呼吸肌的收缩与舒张引起胸廓节律性地扩大和缩小称为呼吸运动,大气与肺泡之间的压力差是肺通气的直接动力,如图5-3所示。

呼吸肌的舒缩活动所引起肺内压周期性升高/降低造成压力差(肺内压－大气压)是推动气体进/出肺的直接动力。

①吸气肌:膈肌收缩时,胸腔容积增加;肋间外肌收缩时,胸腔容积增加。

②辅助吸气肌:胸肌、背肌、胸锁乳突肌等收缩时胸腔容积增加。

③呼气肌:肋间内肌、腹壁肌(肌纤维走向与肋间外肌走向相

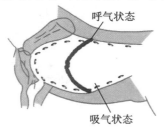

图5-3　呼气和吸气

反,收缩时,胸腔容积减少)。平静呼吸时,吸气运动主要由膈肌和肋间外肌的相互配合完成,呼气是被动的,肋间外肌和膈肌舒张。用力呼吸时,呼气运动是主动的,腹肌强烈收缩进一步推动膈前移。

(2)胸膜腔和胸膜腔内压:胸膜腔是由紧贴于肺表面的脏层和紧贴于胸廓内壁的壁层构成的一个密闭空腔,内有少量浆液。浆液的作用:润滑,减小摩擦。

胸膜腔内压:胸膜腔内的压力称为胸膜腔内压,为负压。

胸膜腔内压形成原理如下。

$$胸膜腔内压 = 肺内压 - 肺回缩力$$

呼气末、吸气末,肺内压为 0,胸膜腔内压 = 0 - 肺回缩力 = -肺回缩力。

吸气时:肺内压↑,肺回缩力↑,胸膜腔内压的负值↑(-10~-5 mmHg)。

呼气时:肺内压↓,肺回缩力↓,胸膜腔内压的负值↓(-5~-3 mmHg)。

(3)肺通气阻力分为弹性阻力和非弹性阻力。

①弹性阻力:弹性组织在外力作用下变形时,有对抗变形和弹性收缩的倾向,这种倾向称为弹性阻力。一般用顺应性来衡量弹性阻力。

顺应性(C)与弹性阻力(R)呈反比关系。

肺的弹性阻力:来自肺组织本身的弹性回缩力和肺泡液-气界面的表面张力产生的回缩力,这两者为肺扩张的弹性阻力。

肺的弹性回缩力:来自肺组织中的弹性纤维、胶原纤维等扩张的弹性阻力,平静呼吸时约占肺通气阻力的 1/3。

肺泡表面张力分布于肺泡内侧表面的液体层,由于液体分子间的相互吸引,液-气界面会产生表面张力,作用于肺泡壁,驱使肺泡回缩。根据 Laplace 定律:

$$P = 2T/R$$

式中 P 是肺泡内压力,T 是肺泡表面张力,R 是肺泡半径。

如果大、小肺泡的表面张力相等,则肺泡内压力与肺泡半径成反比。如果这些肺泡彼此连通,结果将是小肺泡内的气体将流入大肺泡,小肺泡越来越小,最后塌陷。

肺泡表面活性物质:主要成分是二棕榈酰卵磷脂,其分子垂直排列于液-气界面,呈单分子层分布,能降低肺泡液-气界面的表面张力。可随肺泡的舒缩而改变其分布密度,使小肺泡内压力不致过高,防止小肺泡塌陷;大肺泡表面张力则因表面活性物质的稀疏而使表面张力有所增加,不致过度膨胀,这样就保持了大、小肺泡的稳定性,有利于吸入的气体在肺内较为均匀地分布。表面活性物质还能减弱表面张力对肺毛细血管中液体的吸引作用,防止组织液渗入肺泡,避免肺水肿的发生。表面活性物质的存在还能降低吸气阻力,保持肺的顺应性,减少吸气做功。

胸廓的弹性阻力:胸廓的弹性阻力来自胸廓的弹性回缩力,但此阻力并非一直存在,胸廓处在自然位置时,不表现出弹性回缩力。

平静呼气末肺容量等于肺总量的 67%,胸廓弹性组织因受到挤压而向外弹开,这种向外弹开的力与肺的回缩力方向相反而大小相等,相互抵消,因此,在平静呼气时,呼吸肌处于松弛状态。深呼气时,肺容量小于肺总量的 67%,胸廓的弹性回缩力向外,是吸气的动力。深吸气时,胸廓向外扩张到超过其自然位置时,不但肺的回缩力增大,而且胸廓的弹性回缩力向内,两者作用方向相同,成为吸气的阻力、呼气的动力。

②非弹性阻力:包括惯性阻力、黏滞阻力和气道阻力。

惯性阻力是因气流和组织的惯性所产生的阻止肺通气运动的因素,平静呼吸时,可忽略不计。黏滞阻力来自呼吸时组织相对位移所产生的摩擦力。气道阻力来自气体流经呼吸道时气体分子与气道壁之间的摩擦,是非弹性阻力的主要组成部分,占 80%~90%。气道阻力受气流速度、气流形式和管径大小的影响。

Note

(4)呼吸功:在呼吸过程中,呼吸肌为克服弹性阻力和非弹性阻力而实现肺通气所做的功称为呼吸功。呼吸功以单位时间内压力变化乘以容积变化表示,单位是 kg·m。

正常情况下呼吸功不大,其中大部分用来克服弹性阻力,小部分用来克服非弹性阻力。

2. 肺通气功能的评价(图 5-4)

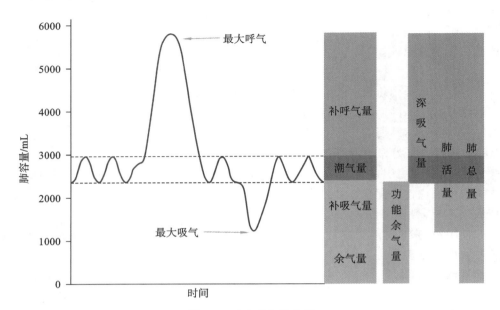

图 5-4　肺容积和肺容量

(1)肺容量指呼吸道与肺泡的总气体容量。

潮气量(TV):每次呼吸时吸入或呼出的气量。

补吸气量或吸气储备量(IRV):平静吸气末再尽力吸气,所能吸入的气量。

补呼气量或呼气储备量(ERV):平静呼气末,再尽力呼气所能呼出的气量。

余气量或残气量(RV):最大呼气末尚存留于肺中不能呼出的气量。

功能余气量(FRC):平静呼气末尚存留于肺内的气量,是余气量和补呼气量之和。功能余气量的生理意义是缓冲呼吸过程中肺泡气氧和二氧化碳分压(PO_2 和 PCO_2)的过度变化,以利于气体交换。另外,功能余气量能影响平静呼气基线的位置,也反映胸廓与肺组织弹性的平衡关系。

(2)评价肺通气功能的指标。

①肺活量(VC):最大吸气后,从肺内所能呼出的最大气量称为肺活量,是潮气量、补吸气量和补呼气量之和。肺活量反映了一次通气的最大能力,在一定程度上可作为评价肺通气功能的指标。

②肺总量(TLC):肺所能容纳的最大气量,是肺活量和余气量之和。

③肺通气量:包括每分通气量和每分肺泡通气量。

a. 每分通气量是指每分钟吸入肺内或从肺呼出的气体总量,等于潮气量与呼吸频率的乘积。

每分通气量受两个因素影响:一是呼吸的速度(呼吸的频率);二是呼吸的深度,即每次呼吸时肺通气量的大小。

解剖无效腔:每次吸入的新鲜空气,其中一部分停留在从鼻腔到终末细支气管的呼吸道内,不能与血液进行气体交换,是无效的,故把这一段呼吸道称为解剖无效腔。

b. 每分肺泡通气量为每分钟吸入肺并能与血液进行气体交换的新鲜空气量,也称有效通气量。

每分肺泡通气量=(潮气量－解剖无效腔气量)×呼吸频率

生理无效腔:进入肺泡内的气体,也可能由于血液在肺内分布不均而未能与血液进行气体交换,这部分肺泡容量称生理无效腔。

(二)肺换气和组织换气

肺换气是指在呼吸器官,血液与外环境间的气体交换;组织换气是指在组织器官,血液与组织细胞间的气体交换。它们均是通过物理扩散的方式实现的,见图5-5。

各种气体的扩散速率主要取决于各气体分压差,气体分压差是气体交换的动力。

气体在水中的分压:当气体溶于水中和从水中溢出,回到空气中达到平衡时,该气体在空气中的分压即是它在水中的张力。因此气体在水中的分压与气体的溶解度有关,与交换膜的通透性及交换面积有关。

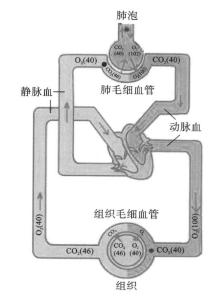

图5-5 气体交换的原理

动画:肺换气

动画:组织换气

扫码看彩图 5-5

动画:氧气的运输形式

(三)气体在血液中的运输

1. 气体在血液中的存在形式

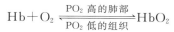

游离状态 ⟷ 物理溶解 ⟷ 化学结合

2. 氧气的运输

(1)血红蛋白(Hb)的氧合作用:在高氧分压情况下,氧进入红细胞与Hb中血红素上的亚铁离子结合成氧合血红蛋白,称为氧合作用。

$$Hb + O_2 \xrightleftharpoons[PO_2 \text{低的组织}]{PO_2 \text{高的肺部}} HbO_2$$

这种结合是疏松的、可逆的。铁始终保持二价,不需任何酶参与。该反应只有Hb存在于红细胞中才能发生。正常情况下1 g Hb能携带$1.34 \sim 1.36$ mL O_2。

(2)氧离曲线:如图5-6所示。

Hb氧容量:每100 mL血液中Hb能结合氧的最大量称为Hb氧容量。

Hb氧含量:每100 mL血液中Hb实际结合氧的量称为Hb氧含量。

Hb氧饱和度:Hb氧含量占Hb氧容量的百分率称为Hb氧饱和度。

氧离曲线:表示氧分压与氧饱和度之间关系的曲线,呈"S"形。

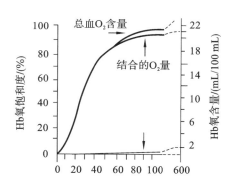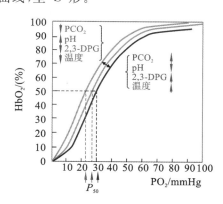

图5-6 氧离曲线

氧离曲线上半段:只要呼吸器官中的PO_2不低于60 mmHg,氧饱和度仍可达到90%以上。在高原、高空只要呼吸器官中的PO_2不低于60 mmHg,动物仍能很好地摄取氧。

中间段:PO_2为$40 \sim 60$ mmHg,曲线陡峭,释放O_2。

下半段:PO_2 为 15～39 mmHg,曲线最陡,在组织器官中,PO_2 稍有降低,就可大量释放 O_2,供组织利用。

影响氧离曲线的因素如下(P_{50} 表示 Hb 氧饱和度达到 50% 时的 PO_2)。

pH 和 PCO_2 的影响:当 pH 降低或 PCO_2 升高时,Hb 对 O_2 的亲和力降低,P_{50} 增大,曲线右移。酸度对 Hb 氧亲和力的这种影响称为波尔效应,组织器官中有明显的波尔效应。

温度的影响:温度升高,氧离曲线右移。

特殊的有机磷化合物:红细胞内含有 2,3-二磷酸甘油酸(2,3-DPG,红细胞无氧代谢产物),其含量升高时通过[H^+]升高,由波尔效应降低 Hb 与 O_2 的亲和力。

Hb 的自身特性:胎儿的 Hb 与 O_2 的亲和力高。

pH 降低或 PCO_2 升高,不仅 Hb 氧饱和度下降,Hb 氧容量也下降,称鲁特效应。

(3)二氧化碳(CO_2)的运输:如图 5-7 所示。

碳酸氢盐:大量 CO_2 进入红细胞,红细胞内有丰富的碳酸酐酶,催化 $CO_2 + H_2O \longrightarrow H_2CO_3 \longrightarrow HCO_3^- + H^+$,细胞内 HCO_3^- 不断增加,向细胞外扩散并与 Cl^- 交换,称氯转移,结果是 CO_2 以 $NaHCO_3$、$KHCO_3$ 的形式被运输。还原型 Hb 较氧合型 HbO_2 结合 CO_2 更强(海登效应)。

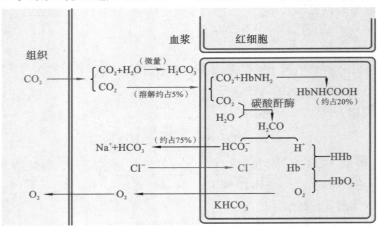

图 5-7 CO_2 的运输

氨基甲酸血红蛋白:进入红细胞的 CO_2,一部分与 Hb 分子中的氨基结合形成氨基甲酸血红蛋白($HbNHCOOH$)。还原型 Hb 与氧的亲和力大于氧合型 HbO_2。

(四)呼吸运动的调节

1. 神经调节

(1)呼吸中枢:横切脑干的实验表明,在哺乳动物的中脑和脑桥之间进行横切,呼吸活动无明显变化;在延髓和脊髓之间横切,呼吸活动停止;在脑桥上、中部之间横切,呼吸活动将变慢、变深,如再切断双侧迷走神经,出现长吸式呼吸;在脑桥和延髓之间横切,不论迷走神经是否完整,长吸式呼吸都消失,而呈喘息样呼吸,于是可得出如下结论:

脊髓:只联系上位脑,起到呼吸的中继站作用,是初级中枢。

延脑:呼吸的基本中枢,分背呼吸组(孤束核的腹外侧部,含吸气神经元)和腹呼吸组(疑核、后疑核和面神经后核附近的包氏复合体,含呼气神经元和过渡性呼吸神经元)。

脑桥上部,呼吸神经元相对集中于臂旁内侧核和 Kölliker-Fuse(KF)核,合称 PBKF 核群。PBKF 和延髓的呼吸神经核团之间有双向联系,形成调控呼吸的神经元回路。其作用为限制吸气,促使吸气向呼气转换。

高级呼吸中枢:呼吸还受脑桥以上部位(如大脑皮层、边缘系统、下丘脑等)的影响。低位脑干的呼吸调节系统是不随意的自主呼吸调节系统,而高位脑的调控是随意的,大脑皮层可以随意控制呼吸。

高级呼吸中枢对呼吸的调节途径有二：①通过控制脑桥和延髓的基本呼吸中枢的活动调节呼吸节律；②经皮质脊髓束和皮质-红核-脊髓束，直接调节呼吸肌运动神经元的活动。

（2）呼吸运动的反射性调节。

肺牵张反射：由肺扩张或肺缩小引起的吸气抑制或兴奋的反射为黑-伯反射或肺牵张反射，分肺扩张反射和肺缩小反射。

①肺扩张反射：肺充气或扩张牵拉呼吸道，使感受器扩张产生兴奋，兴奋由迷走神经传入延髓，反射性抑制吸气，使吸气转入呼气，加速了吸气和呼气的交替，使呼吸频率增大。

②肺缩小反射：肺缩小时引起吸气的反射。肺缩小反射在较强的肺收缩时才出现，对阻止呼气过深和肺不张等可能起一定作用。

呼吸肌本体感受性反射：肌梭和腱器官是骨骼肌的本体感受器，它们所引起的反射为本体感受性反射。

防御性呼吸反射：由呼吸道黏膜受刺激引起的以清除刺激物为目的的反射性呼吸变化，称为防御性呼吸反射。它的感受器位于喉、气管和支气管的黏膜，冲动经舌咽神经、迷走神经传入延髓。

2. 化学因素对呼吸的调节

（1）化学感受器。

外周化学感受器：高等动物的颈动脉体和主动脉体上（鱼的鳃弓和咽喉处的血管上），有对血液中 PO_2 降低、PCO_2 升高及 $[H^+]$ 升高特别敏感的外周化学感受器。当血液中 PO_2 降低或 PCO_2 升高时，外周化学感受器受到刺激，而发出冲动，冲动沿迷走神经传入延脑，反射性地引起呼吸加深、加快。

中枢化学感受器：位于延髓外侧浅表层，对脑脊液中的 $[H^+]$ 敏感。CO_2 升高通过血脑屏障使中枢化学感受器周围的脑脊液的 $[H^+]$ 升高，从而刺激中枢化学感受器，再引起呼吸中枢兴奋。

中枢化学感受器对缺氧刺激不敏感，对 CO_2 升高的敏感性比外周化学感受器的高。中枢化学感受器主要是调节脑脊液的 pH，使中枢有一个稳定的 pH 环境。而外周化学感受器主要是在机体缺 O_2 时，维持对呼吸的驱动。

（2）PCO_2、pH、PO_2 对呼吸的影响。

CO_2：血中 PCO_2 升高可以加强对呼吸的刺激作用，但超过一定限度则有抑制和麻醉效应。CO_2 的刺激作用是通过两条途径实现的：a. 通过中枢化学感受器；b. 通过外周化学感受器。

H^+：通过中枢化学感受器和外周外学感受器两条路径影响呼吸，脑脊液中 $[H^+]$ 才是刺激中枢化学感受器的有效因子。

O_2：低氧对呼吸的刺激作用完全通过外周化学感受器实现。低氧对中枢产生抑制作用，但可通过外周化学感受器对抗这种抑制作用。但严重缺氧时，外周化学感受器的反射性活动不足以克服缺氧对中枢的抑制作用，最终导致呼吸障碍。

→ 在线学习

1.动物解剖生理在线课　　　　　　　2.多媒体课件　　　　　3.能力检测

视频:肺的结构及功能　视频:肺的换气　　　PPT:5.2　　PPT:5.3　　　习题:5.2

Note

→ **任务实施**

一、任务分配

学生任务分配表（此表每组上交一份）

班级		组号		指导教师	
组长		学号			
组员	姓名	学号		姓名	学号
任务分工					

二、工作计划单

工作计划单（此表每人交一份）

项目五		呼吸系统结构的识别		学时	4
学习任务		肺的识别		学时	2
计划方式		分组计划（统一实施）			
	序号	工作步骤		使用资源	
	1				
	2				
制订	3				
计划	4				
	5				
	6				
	7				
制订计划说明	（1）每个任务中包含若干个知识点，制订计划时要加以详细说明。 （2）各组工作步骤顺序可不同，任务必须一致，以便于教师准备教学场景。 （3）先由各组制订计划，交流后由教师对计划进行点评。				
评语	班级		第　　组	组长签字	
	教师签字			日期	

三、器械、工具、耗材领取清单

器械、工具、耗材领取清单（此表每组上交一份）

班级： 小组： 组长签字：

序号	名称	型号及规格	单位	数量	备注

回收签字 学生： 教师：

四、工作实施

工作实施单（此表每人上交一份）

项目五	呼吸系统结构的识别		
学习任务	肺的识别	建议学时	2
任务实施过程			

一、实训场景设计

在校内解剖实训室或虚拟仿真实训室进行，要求有计算机、显微镜、肺标本、肺组织切片、实验动物猪等。将全班学生分成 8 组，每组 4～5 人，由组长带头，制订任务分配、工作计划，领取器械、工具和耗材，并认真记录。

二、材料与用品

肺标本、肺组织切片和实验动物猪等。

三、任务实施过程

了解本学习任务需要掌握的内容，组内同学按任务分配，收集相关资料，完成各自任务，并分享给组内同学，共同完成学习任务。

实施步骤：

（1）学生分组，填写分组名单。

（2）制订并填写工作（学习）计划，小组讨论计划实施的可行性，由教师进行决策和点评。

（3）按组领取显微镜、肺标本、肺组织切片、实验动物猪等，在设备回收时，除耗材外，按领取数量核实后，签字确认。

（4）确认肺的体表投影，确认呼吸式，准确测定呼吸频率。

（5）掌握肺通气部和肺呼吸部的组织结构。

（6）观察支气管、支气管黏膜。

（7）肺的观察：用离体标本和胸腔、实验动物猪观察肺的颜色、位置关系，肺的三面和三缘、心压迹、心切迹、肺门，触摸肺的质地，分辨肺的分叶和肺小叶（图 5-8）。

（8）观察纵隔、胸膜和胸膜腔：用实验动物猪观察纵隔、各区胸膜及胸膜腔。

（9）确定肺投影区：在胸壁两侧确定肺后缘线、肺背缘线和左心切迹，用粉笔画出肺投影区的轮廓。

（10）在实验动物猪肋间隙和腹部外下方夹上带旗毛夹，在活体稍远处仔细观察两处小旗的摇动情况，判定实验动物猪的呼吸式。

（11）测定呼吸频率：数出实验动物猪胸腹部小旗在 2 min 内的摇动次数，求出呼吸频率。

（12）观察肺通气部：用低倍镜观察肺内支气管、细支气管和终末细支气管，注意各个管壁的层次结构和管腔特征。

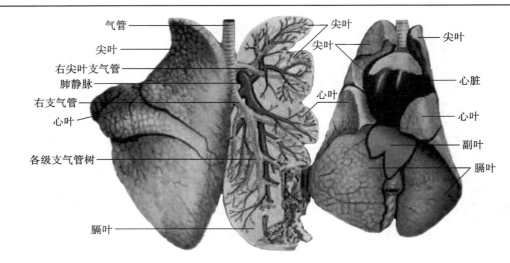

气管
尖叶
尖叶
尖叶
尖叶
右尖叶支气管
心脏
肺静脉
心叶
右支气管
心叶
心叶
副叶
各级支气管树
膈叶
膈叶

图 5-8   牛肺的分叶

(13)观察肺呼吸部:用高倍镜观察呼吸性细支气管、肺泡管、肺泡囊和肺,注意各部形态特征和肺泡隔、肺泡壁与毛细血管的位置关系。

引导问题 1:绘出家畜肺分叶模式图和胸膜腔模式图。

引导问题 2:绘出低倍镜下肺组织结构图。

引导问题 3:计算猪的呼吸频率。

引导问题 4:简述猪正常的呼吸方式。

引导问题 5:请简述呼吸的发生过程。

五、评价反馈

学生进行自评,评价自己能否完成学习任务、完成引导问题,在完成过程中有无遗漏等。教师对学生进行评价的内容如下:工作实施是否科学、完整,所填内容是否正确、翔实,学习态度是否端正,学习过程中的认识和体会等。

学生自评表

班级: 姓名: 学号:

学习任务	肺的识别		
评价内容	评价标准	分值	得分
完成引导问题1	能正确绘出家畜肺分叶模式图和胸膜腔模式图	10	
完成引导问题2	正确绘出低倍镜下肺组织结构图	10	
完成引导问题3	猪的呼吸频率计算正确	10	
完成引导问题4	正确描述猪正常的呼吸方式	10	
完成引导问题5	能通过查找资料,正确回答问题	10	
任务分工	本次任务分工合理	5	
工作态度	态度端正,无缺勤、迟到、早退等现象	5	
工作质量	能按计划完成工作任务	10	
协调能力	与小组成员间能合作交流、协调工作	10	
职业素质	能做到安全操作,文明交流,保护环境,爱护动物,爱护实训器材和公共设施	10	
创新意识	通过学习,建立空间概念,举一反三	5	
思政收获和体会	完成任务有收获	5	

学生互评表

班级: 姓名: 学号:

学习任务	肺的识别		
序号	评价内容	组内互评	组间评价	总评
1	任务是否按时完成			
2	器械、工具等是否放回原位			
3	任务完成度			
4	语言表达能力			
5	小组成员合作情况			
6	创新内容			
7	思政目标达成度			

教师评价表

班级: 姓名: 学号:

学习任务	肺的识别		
序号	评价内容	教师评价	综合评价
1	学习准备情况		
2	计划制订情况		
3	引导问题的回答情况		

Note

127

续表

4	操作规范情况		
5	环保意识		
6	完成质量		
7	参与互动讨论情况		
8	协调合作情况		
9	展示汇报		
10	思政收获		
总分			

项目六　泌尿系统结构的识别

项目概述

　　泌尿系统是机体重要的排泄系统,包括肾、输尿管、膀胱和尿道。其中肾是生成尿的器官,输尿管是输送尿至膀胱的通道,膀胱为暂时储存尿的器官,尿道是排出尿的通道。除排泄功能外,肾在维持机体水、盐代谢,渗透压和酸碱平衡方面也起着重要作用。另外,肾还具有内分泌功能,能产生多种生物活性物质,对机体的某些生理功能起调节作用。

项目目标

　　知识目标:熟知泌尿系统的组成,探究肾的解剖结构和显微结构,熟记肾单位及肾小球的显微结构,熟知尿的生成机理,原尿和终尿的成分。

　　能力目标:能通过外观识别不同动物的肾,识别肾的显微结构,能描述尿的生成过程。

　　思政目标:肾脏是机体排泄代谢终产物以及异物的最重要的器官。在教学中,展示各种图片,如肾脏的内部结构、尿的形成示意图等,让学生仔细观察图片,并总结出相应的内容,提高总结、概括能力。通过讲解动物的泌尿系统,引入泌尿系统的卫生知识,提高学生的保健能力,培养学生良好的卫生习惯。在讲解泌尿生理时,使学生明白虽然泌尿器官是代谢系统最末端的器官,接触的都是代谢产物,但是它们仍然努力做好自己的本职工作,借此告诉学生不论做什么工作,不管工作环境如何,都要做好自己的本职工作。

任务一　肾的识别

任务导入

　　机体在代谢过程中产生许多代谢废物和多余的水分,其中一部分经过肺、皮肤和肠道排出体外,而绝大部分经血液循环运输到肾,形成尿,经泌尿系统排出体外。肾是生成尿的器官。

学习目标

　　在本任务中,重点是掌握肾脏的结构与功能,肾脏是机体最重要的代谢器官,与后续课程联系紧密,"兽医基础"课程中水和电解质代谢障碍的学习、"动物普通病"课程中寻找泌尿器官的位置,判断泌尿器官是否正常,都需要以此为基础。

Note

(1)根据任务要求,认识不同动物肾脏的结构特点。

(2)本任务的学习需要计算机、常见动物肾脏标本、实验动物等。

任务一　肾的识别	学时	4

一、肾的一般形态和位置

肾是成对的实质性器官,左、右各一,略呈蚕豆形,红褐色,位于最后几个胸椎和前3个腰椎的腹侧,腹主动脉和后腔静脉的两侧。营养状况良好的动物,肾周围有脂肪包裹,称肾脂囊(或脂肪囊)。肾的内侧缘中部凹陷,称肾门,肾门是输尿管、血管(肾动脉和肾静脉)、淋巴管和神经出入肾的部位。肾门向肾的深部扩大的部分为肾窦,肾窦是由肾实质围成的腔隙,肾窦内含有输尿管的起始部、肾盂、肾盏、血管、淋巴管和神经等,并填充有脂肪组织。肾的表面包有一层薄而坚韧的纤维膜,称为纤维囊,亦称被膜。健康动物肾的纤维囊容易剥离。在患某些疾病时,可与肾实质粘连。

二、肾的一般构造

肾的实质由若干个肾叶组成,每个肾叶分为浅部的皮质和深部的髓质。皮质因富含血管,故新鲜标本呈红褐色,皮质向髓质深入的部分是肾柱。髓质色较淡,由多个锥体构成,锥体的底与皮质相接,锥体的顶端突向肾窦,称肾乳头,与肾盏或肾盂相对,终尿就是经筛区注入肾小盏或肾盂内。锥体内存在许多纵行线,由肾乳头向皮质伸展,部分髓质由肾锥体基部呈放射状伸入皮质,称髓放线。

每一个肾锥体及其周围的皮质构成一个肾叶,单个肾锥体的顶端或几个肾锥体的顶端构成一个肾乳头,肾乳头突入肾小盏,几个肾小盏相连成肾大盏,肾大盏汇成肾盂。肾盂壁薄,呈扁平漏斗状,出肾门后逐渐变细移行为输尿管。

在皮质部和髓质部之间,具有一层深红色的狭带,称中间部,是富有血管的部位。动物种类不同,肾叶的合并程度不同,由此可分出4种不同类型的肾(图6-1)。

1. 复肾　复肾由许多独立的肾叶构成,每个肾叶又称为一个小肾。根据肾叶的形状、每个肾叶上肾乳头的数目,复肾又分为叶状多乳头型复肾与球状单乳头型复肾。河马和大象的肾为叶状多乳头型复肾,每个肾叶有多个肾锥体和肾乳头。熊和海豹的肾为球状单乳头型复肾,每个肾叶只有一个肾乳头。复肾肾叶数目因动物种类不同而不同,如鲸的可达3000个,海豚的也可超过200个。肾叶呈锥体形,外周的皮质为泌尿部,中央的髓质为排尿部,末端形成肾乳头,肾乳头被输尿管分支形成的肾小盏包住。

2. 有沟多乳头肾　肾的表面有许多区分肾叶的沟,但各肾叶中间部分相互连接。在肾的切面可见到每个肾叶内部所形成的肾乳头,被输尿管分支形成的肾小盏包住,肾小盏汇合成两条收集管,再注入输尿管。家畜中牛肾属此类型。

3. 平滑多乳头肾　肾叶皮质部完全合并,肾表面光滑而无分界。但在切面上可见到显示肾叶髓质形成的肾锥体,肾锥体末端为肾乳头,肾乳头被肾小盏包住,肾小盏开口于肾盂或肾盂分出的肾大盏。家畜中猪肾属此类型。人肾也属此类型。

4. 平滑单乳头肾　各肾叶皮质和髓质完全合并,肾表面光滑无沟,肾乳头合并为一个总乳头,突入输尿管在肾内扩大形成的肾盂中。在肾的切面上,仍可见到显示各肾叶髓质部的肾锥体。大多数哺乳动物的肾属此类型,家畜中马、羊、犬、兔肾属此类型。

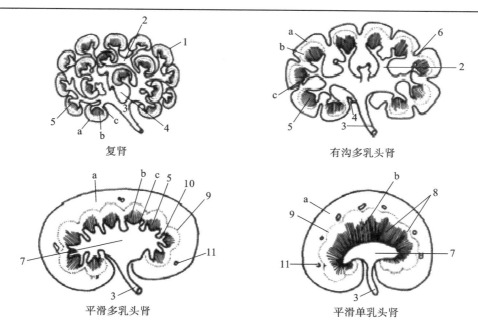

复肾　　　　　　　　　有沟多乳头肾

平滑多乳头肾　　　　　　平滑单乳头肾

图 6-1　哺乳动物肾类型模式图

a.泌尿区　b.导管区　c.肾盏

1.肾小叶　2.肾小盏　3.输尿管　4.肾窦　5.肾乳头　6.肾沟

7.肾盂　8.肾总乳头　9.交界线　10.肾柱　11.弓状血

三、各种动物肾的构造特点

（一）牛肾

牛的右肾呈上下稍扁平的椭圆形,位于第 12 肋间隙至第 2 或第 3 腰椎横突的腹面。背侧面稍凸,与腰椎腹侧肌肉接触;腹侧面较平,与胰、十二指肠及结肠等接触;外侧缘凸,内侧缘平直,与后腔静脉平行;前端伸入肝的肾压迹内。左肾较右肾厚而狭窄,呈三棱形,前端小,后端大而钝圆。左肾位于第 2 或第 3 至第 5 腰椎横突腹面靠近体正中线的地方,夹在瘤胃背囊与肠圆盘之间,受瘤胃影响,位置变动较大,当瘤胃充盈时,左肾可越过体正中线到达锥体右侧。当瘤胃空虚时,返回左侧。

牛肾为有沟多乳头肾,从表面上看有深浅不一的叶间沟,将肾分为约 20 个大小不同的叶,在肾的纵切面上,每叶可以清楚地区分为皮质和髓质。皮质被叶间沟相互分开,髓质呈锥状,为肾锥体。个别肾乳头较大,为两个乳头连合而成(图 6-2)。

（二）猪肾

猪肾呈蚕豆形,较长扁。左、右两肾位置几乎对称,位于最末肋骨上端及前 3 个腰椎横突腹面。右肾前端不与肝相接。猪肾属于平滑多乳头肾。肾叶的皮质部完全合并,肾表面无叶间沟,但髓质分开,肾乳头单独存在。有的乳头宽而扁,为两个或多个肾锥体的乳头合并而成。每个肾乳头与一个肾小盏相对,肾小盏汇入两个肾大盏,后者汇成肾盂,连接输尿管(图 6-3)。

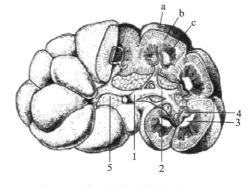

图 6-2　牛右肾的构造（部分切开）

a.纤维囊　b.皮质　c.髓质

1.输尿管　2.收集管　3.肾乳头

4.肾小盏　5.肾窦

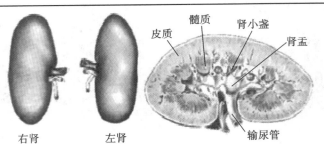

图 6-3　猪肾的形态和内部结构模式图

（三）马肾

马肾属于平滑单乳头肾,不仅肾叶之间的皮质部完全合并,而且相邻肾叶髓质部之间也完全合并。从切面上观察,在皮质和髓质之间,可见血管断面,血管之间的肾组织的髓质部分称为肾锥体,皮质部肾组织伸入肾锥体之间,形成肾柱。肾盂呈漏斗状,中部稍宽,肾盂两端接裂隙状终隐窝。肾盂连接输尿管。

右肾略大,呈钝角三角形,位于最后 2～3 个肋骨椎骨端及第 1 腰椎横突的腹侧。右肾前端与肝相接,在肝上形成明显的肾压迹。左肾呈豆形,位置偏后,位于最后肋骨和前 2 或 3 个腰椎横突的腹侧(图 6-4)。

（四）羊肾和犬肾

羊肾和犬肾均属于平滑单乳头肾。两肾均呈豆形,羊的右肾位于最末肋骨至第 2 腰椎下,左肾在瘤胃背囊的后方,第 4～5 腰椎下。犬的右肾位置比较固定,位于前 3 个腰椎椎体的腹侧,有的前缘可达最末胸椎。羊肾和犬肾除在中央纵轴为肾总乳头突入肾盂外,在总乳头两侧尚有多个肾嵴,肾盂除有中央的腔外,还形成相应的隐窝(图 6-5)。

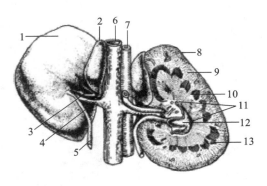

图 6-4　马肾(腹侧面,左肾剖开)

1.右肾　2.右肾上腺　3.肾动脉　4.肾静脉　5.输尿管
6.后腔静脉　7.腹主动脉　8.左肾　9.皮质　10.髓质
11.总乳头　12.肾盂　13.弓状血管

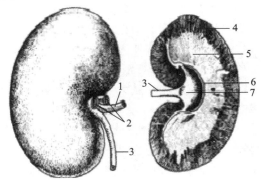

图 6-5　羊肾

1.肾动脉　2.肾静脉　3.输尿管　4.皮质
5.髓质　6.肾总乳头　7.肾盂

四、肾的组织结构

各种动物肾的形状虽不相同,但结构上都由被膜和实质两个部分构成。

被膜是包在肾外面的结缔组织。分内、外两层,外层致密,含胶原纤维和弹性纤维;内层由疏松结缔组织构成,含网状纤维。

肉眼观察肾的水平面,可见肾的实质分为内、外两层。内层较淡,为髓质,外层因富含血管呈暗红色,为皮质。

肾实质主要由许多泌尿小管构成,泌尿小管包括肾单位和集合管系两个部分。

(一)肾单位

肾单位是肾脏最基本的结构和功能单位。每个肾单位都由肾小体和肾小管两个部分组成(图6-6)。

1. 肾小体 肾小体分布于皮质内,是肾的起始部,由肾小球和肾小囊两个部分组成(图6-7)。

(1)肾小球:又称血管球,由一团盘曲成球的毛细血管网组成,周围有肾小囊包裹,为一滤过装置。肾动脉在肾内反复分支形成入球小动脉入肾小囊内,再分为数支,每个小支又分出许多毛细血管袢,集合成群,使肾小球呈分叶状。以后毛细血管袢汇集成数支,再汇集成出球小动脉出肾小囊。

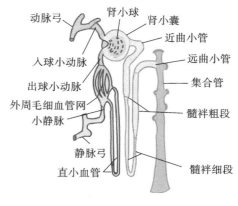

图 6-6　肾单位模式图

扫码看彩图
6-6

扫码看彩图
6-7

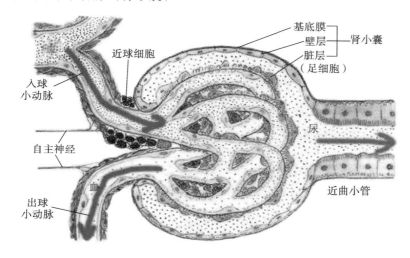

图 6-7　肾小体结构模式图

毛细血管内皮细胞呈扁平梭形,在电镜下,可见细胞上有许多圆形小孔,小孔排列整齐,呈筛状。毛细血管的内皮细胞外有一薄层基膜分布。

入球小动脉的管径比出球小动脉粗,因此,可增加肾小球内毛细血管的血压,以利于血液中的物质从肾小球毛细血管滤出,形成原尿。入球小动脉在肾小球处,其管壁平滑肌呈上皮样,细胞变大,细胞核变圆,细胞质内含有特殊颗粒,这些细胞群称肾小球旁细胞,具有分泌肾素的作用。

(2)肾小囊:肾小管起始部盲端膨大凹陷形成的杯状囊,由1层扁平上皮构成,分为内、外两层。内、外两层之间的腔称肾小囊腔,与肾小管的管腔相通。在电镜下,可见到脏层上皮细胞伸出许多突起,附于肾小球毛细血管内皮细胞的基膜上。突起之间有一定的裂隙,通过足细胞突起的膨大或收缩可调节突起之间裂隙大小,控制滤液分子通过与否。

当血液流经肾小球毛细血管时,血浆成分经有孔内皮、肾小球基膜和裂隙膜进入肾小囊腔形成原尿。这三层结构合称滤过屏障,又称为滤过膜。

2. 肾小管 肾小管是一条细长而弯曲的小管,起始于肾小囊,末端接集合管,顺次分为近曲小管、髓袢(包括降支和升支)和远曲小管(图6-8)。

(1)近曲小管:近曲小管连接肾小囊,它是肾小管中最长、最弯曲的一段。在肾小体附近弯曲盘绕,然后直行向内沿髓放线进入髓质。此外,近曲小管还能向管腔分泌一些物质,如尿酸、肌酐等。

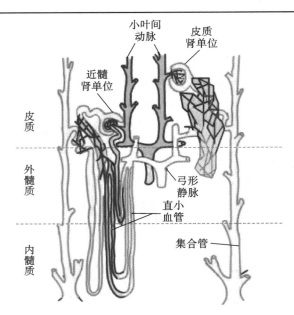

图 6-8　肾单位和集合管系模式图

（2）髓祥：分为降支和升支，降支为近曲小管的延续，沿髓放线入髓质，为直行的小管，管径较细，在髓质折转成祥，延续为升支。降支的作用主要是重吸收水分。升支在髓质沿髓放线返回到皮质，到肾小体附近，延续为远曲小管。升支的作用主要是重吸收钠。

（3）远曲小管：较短，分布在肾小体附近，管径较近曲小管细，但管腔大而明显。在远曲小管起始段，接近入球小动脉一侧，其管壁的上皮细胞变高，核密集，称致密斑。一般认为它是化学感受器（能调节肾素的分泌）。远曲小管的作用主要是重吸收水分和钠，还可排钾。

（二）集合管系

集合管系包括集合管和乳头管。远曲小管末端接集合管。集合管管壁为单层立方上皮或单层柱状上皮，集合管在肾锥体内汇入乳头管，乳头管起始部为单层柱状上皮，末端则变为变移上皮。集合管也有重吸收水、钠及排出钾和氢离子的作用。

（三）肾的血管

肾的血液供应非常丰富，据测定，每次心搏时从左心室进入主动脉的血液，有 $15\%\sim20\%$ 流入肾内，也就是说每 5 min，全身的血液就可以通过一次肾循环。肾动脉直接从腹主动脉分出而且行程很短直接进入肾。肾动脉由肾门入肾后立即分为数支，走在肾锥体之间，称叶间动脉，叶间动脉在皮质和髓质交界处发出分支，走向与肾表面平行，形成弓形动脉，由弓形动脉向皮质发出许多直行的分支，称小叶间动脉，小叶间动脉除有小部分营养被膜外，主要向周围分出短而粗的入球小动脉，入球小动脉进入肾小囊分支成为毛细血管球（肾小球），然后汇集为细长的出球小动脉离开肾小囊。皮质外周部分的出球小动脉离开肾小囊后又分支形成毛细血管，分布于皮质肾小管的周围。靠近髓质部的出球小动脉离开肾小囊后，走向髓质，与由弓形动脉和小叶间动脉直接向髓质分出的小动脉统称直小动脉，由直小动脉分支形成毛细血管网，分布于髓质肾小管的周围。

被膜毛细血管在被膜下汇集成星状静脉，进入皮质后，再汇集成小叶间静脉。皮质的小叶间静脉与髓质的直小静脉都汇入弓形静脉，弓形静脉汇入叶间静脉，叶间静脉在肾门处汇合成肾静脉而出肾门。

肾内血液循环径路如图 6-9 所示。

肾的血液循环与尿的形成和浓缩有着密切的关系，它有如下特点：皮质部的血流量最大，约占全肾血流量的 92.5%，外髓部约占 6.5%，内髓部最少，一般仅占约 1%。肾动脉进入肾单位要

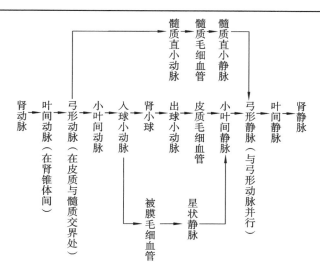

图 6-9 肾的血液循环

经过两次毛细血管网,肾小球毛细血管网介于入球小动脉和出球小动脉之间,而且皮质肾单位中入球小动脉的口径比出球小动脉的口径大,故肾小球的毛细血管网血压高,有利于肾小球的滤过。出球小动脉分支缠绕在肾小管和集合管周围,因为肾小球的滤过作用和出球小动脉细而长,所以肾小管毛细血管网的血压低,但血浆胶体渗透压却相对较高,有利于肾小管和集合管的重吸收。近髓肾单位中出球小动脉分支除形成围绕在肾小管和集合管周围的毛细血管外,还分出一支形成直小血管,呈"U"形,并伴随髓袢而行至肾乳头部,这一特点有利于肾髓质高渗梯度的维持,进而对尿的浓缩有重要意义。

五、泌尿生理

机体在新陈代谢过程中所产生的废物必须及时排出,否则可引起机体中毒,甚至死亡。代谢废物的排泄是通过肾、肺、皮肤及胃肠道来实现的。肾以尿的形式排出尿素、肌酐、水以及进入体内的药物,肺通过呼气排出二氧化碳以及少量的水分和挥发性物质,皮肤通过汗腺分泌排出部分水分及少量尿素和氯化钠,胃肠道通过粪便排出一些无机盐和胆色素。上述排泄途径以肾脏的排泄作用最为重要,不但排出的代谢废物种类多、数量大,通过泌尿还参与体内水、电解质和酸碱平衡的调节。

(一)尿的成分和理化特性

1. 尿的成分 家畜尿中绝大部分是水,水占 96%～97%。固体物质仅占小部分,为 3%～4%。固体物质包括有机物和无机物两大类。有机物中主要是尿素,其余是肌酐、尿酸、尿色素等;无机物中以钠、钾的氯化物较多,此外,还有硫酸盐、磷酸盐和重碳酸盐等。在使用药物时,尿中还会出现药物代谢后的残余物。

2. 尿的理化特性

(1)尿的颜色:正常家畜尿的颜色(尿色)因饲料、饮水和使役等情况不同而异,一般为淡黄色、黄色至暗褐色。尿色的深浅主要取决于尿中所含色素(尿色素、尿胆素)的浓度。尿量的多少直接影响尿中所含色素的浓度,因而也影响尿色的深浅。一般尿量增加时,尿色比较淡,而剧烈腹泻、缺乏饮水、大出汗及体温升高时,尿量减少,尿色较深。排出的尿,在空气中暴露后,由于无色的尿胆素原被氧化成尿胆素,尿色变深。饲料中的色素及某些有色药物也可以从尿中排出,改变尿色。

(2)黏稠度:猪尿呈透明水样,马属动物的尿因含有较多碳酸钙结晶和黏蛋白而混浊黏稠,牛、羊的尿刚排出时呈透明水样,但放置时间较久后,因尿中的碳酸钙逐渐沉淀而变得混浊。

（3）比重：尿的比重由尿中所溶解物质的多少而定，直接或间接受多种因素的影响，如动物摄入饲料的性质和数量，饮水的多少，汗腺、肾脏的功能状态等。一般情况下，草食动物尿的比重较杂食动物和肉食动物的高。在一般饲养条件下，各种动物尿的比重如下：猪 1.018～1.050，牛1.025～1.055，马 1.025～1.055，绵羊 1.025～1.075，山羊 1.015～1.070。

（4）酸碱度：尿的酸碱度主要由饲料的性质和使役情况决定，草食动物的尿呈碱性，肉食动物的尿呈酸性，猪尿的酸碱度因饲料性质而异。各种动物尿的酸碱度如下：牛尿 pH 为 7.7～8.7，马尿 pH 为 7.2～8.7，猪尿 pH 为 6.5～7.8，肉食动物尿 pH 为 5.7～7.0。草食动物的尿之所以呈碱性，是因为植物性饲料中含大量柠檬酸、苹果酸、乙酸等的钾盐，它们在体内氧化时产生碳酸氢钾，过多的碳酸氢钾由尿中排出。肉食动物的尿之所以呈酸性，是因为蛋白质饲料在体内氧化生成硫酸、磷酸和有机酸盐从尿中排出。

（5）尿量：尿量多少取决于很多因素。进食量、饲料的性质、饮水量、季节、汗分泌情况和使役强度等都能影响尿量及其成分。如汗分泌增加时，尿量减少；又如饮水过多或饲喂多汁饲料后，尿量增多，反之则减少。在一般情况下，各种家畜每昼夜排尿量如下：猪 2～4 L，牛 6～14 L，羊 1～1.5 L，马 3～8 L。

尿的成分和性质在一定程度上能反映体内代谢的变化和肾的功能，故在临床实践中，常采用验尿的方法进行某些疾病的诊断。

（二）尿的生成

尿的生成主要包括两个阶段：一是肾小球的滤过作用而生成原尿，二是肾小管和集合管的重吸收、分泌及排泄作用而形成终尿。尿的生成如图 6-10 所示。

扫码看彩图 6-10

动画：肾小球滤过作用

动画：原尿的生成

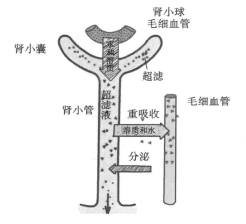

图 6-10　尿的生成

1. 肾小球的滤过作用　循环血液流经肾小球毛细血管时，血浆成分（包括水、小分子溶质及少量小分子蛋白质）在此过程中可以滤入肾小囊腔内而形成滤过液——原尿，这是肾脏生成尿的第一步。

原尿是通过肾小球的滤过作用而产生的。而发生肾小球滤过必须具备两个基本条件，即要有一个半透膜（滤过膜），膜的两侧要有一个压力差（有效滤过压），两者缺一不可。

（1）滤过膜：在电镜下观察，肾小球毛细血管由肾小囊包围着，这些毛细血管的内皮极薄，并有许多贯穿的微孔，内皮外面包着很薄的基膜。肾小囊脏层由有突起的足细胞组成，突起紧贴基膜，突起间有细小的裂隙。这些结构决定了血浆和肾小球囊腔间的膜有良好的通透性。因此，水、晶体物质和分子量较小的少量清蛋白可以自血浆滤入肾小囊腔。

肾小球毛细血管内血浆和肾小囊内液体之间有一层膜结构，血浆通过这层膜结构滤过进入肾小囊内，这层膜结构是滤过的屏障，称为滤过膜。在电镜下观察，滤过膜由毛细血管内皮细胞、肾小囊脏层上皮细胞（又称足细胞）及它们之间的基膜组成（图 6-11）。

滤过膜的 3 层结构上存在孔径从 4～8 nm 到 50～100 nm 的小孔或裂隙，它们是肾小球滤过的结构屏障，具有较大的通透性，但一般认为只有分子量小于 69000 的分子才能通过。滤过膜内还含有许多带负电荷的物质，因此能限制带负电荷的血浆蛋白通过，形成肾小球的电荷屏障。

（2）有效滤过压：肾小球的滤过作用产生于毛细血管壁滤过膜两侧的压力差。由于肾小囊内的滤过液中蛋白质的浓度较低，其胶体渗透压可忽略不计，所以滤过膜的两侧只有 3 种压力，即肾小球毛细血管血压、血浆胶体渗透压和囊内压（图 6-12）。

Note

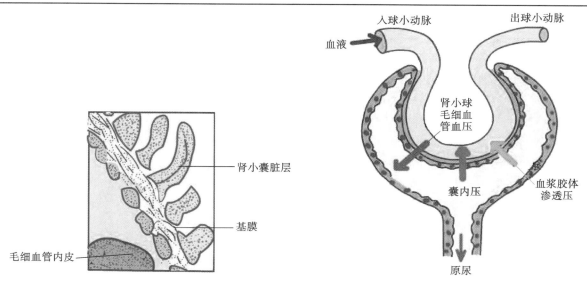

图 6-11　滤过膜超微结构模式图

图 6-12　有效滤过压示意图

促进滤过的力量是肾小球毛细血管血压。由于肾动脉短而细,直接从腹主动脉分出,血压较高而且血流量较大,加之肾小球的入球小动脉较粗,对血流阻力较小,出球小动脉较细,阻力较大,因而提高了肾小球毛细血管血压,有利于血浆的滤过。

由此可见,在入球小动脉端有效滤过压为正值,有原尿生成。随着水分子和晶体物质的不断滤出,血浆胶体渗透压逐渐升高,有效滤过压则逐渐降低,直至有效滤过压降至零,就达到滤过平衡,滤过停止。滤过平衡越靠近入球小动脉端,有效滤过的毛细血管长度越短,有效滤过面积越小,肾小球滤过率越低;滤过平衡越靠近出球小动脉端,有效滤过的毛细血管长度越长,有效滤过面积越大,肾小球滤过率越高。如果达不到滤过平衡,全段毛细血管都有滤过作用。

（3）肾小球滤过率和滤过分数:单位时间(每分钟)由两侧肾脏生成的原尿量称为肾小球滤过率,两侧肾脏形成的原尿与同一时间流经两侧肾小球的血浆量之比称为滤过分数。虽然动物的滤过分数只有 $1/6 \sim 1/4$,但由于肾脏血流量大,一昼夜生成的原尿量还是很大的。据测定,牛一昼夜原尿生成量约为 450 L,绵羊约为 120 L,山羊约为 110 L,猪约为 144 L,马约为 550 L,犬约为 105 L。

肾小球滤过率和滤过分数是衡量肾小球滤过功能的重要指标,主要受滤过膜面积和通透性、有效滤过压等因素的影响。

2. 肾小管和集合管的重吸收作用　原尿由肾小囊流经肾小管各段和集合管后形成终尿。终尿与原尿相比,不论质还是量都发生很大改变。这种改变的原因主要是原尿流经肾小管时,各种物质经肾小管的上皮吸收重新回到血液中去,这个过程称为重吸收。同时,管壁上皮细胞也向管腔分泌和排泄某些物质。原尿经肾小管和集合管上皮细胞的选择性重吸收和分泌后形成终尿,最后排出体外。据测定,牛两侧肾脏一昼夜产生的原尿量约为 450 L,而一昼夜排出的终尿量只有 $6 \sim 14$ L,终尿量通常仅占原尿量的不到 3%。

原尿的成分除了不含血浆蛋白外,其他成分与血浆基本相同,经过肾小管和集合管的重吸收和分泌作用,原尿中对机体有用的物质被重新吸收入血,对机体无用或有害的物质随终尿排出,终尿的量和成分与原尿大不相同(表 6-1)。

3. 肾小管和集合管的分泌和排泄作用　肾小管上皮细胞通过自身的代谢活动向管腔分泌 H^+、K^+、NH_3 等物质,此外,还能将进入血液中的某些物质(如青霉素、酚红等)排入管腔中。一般习惯上称前者为分泌作用,后者为排泄作用(图 6-13)。

一般来说,物质在体内代谢所产生的肌酐和尿酸,既能从肾小球滤过,又能由肾小管排泄。进入体内的某些物质,如青霉素、酚红等,主要通过肾小管的排泄作用,随尿排出。

表 6-1　血浆、原尿和终尿的主要成分对比

成　　分	血浆/(%)	原尿/(%)	终尿/(%)
水	90～93	99	95～97
蛋白质	7～9	(微量)	—
葡萄糖	0.1	0.1	—
尿素	0.03	0.03	2
尿酸	0.002	0.002	0.05
肌酐	0.001	0.001	0.15
氯化物	0.37	0.37	0.6
钠	0.32	0.32	0.35
钾	0.02	0.02	0.15
氨	0.0001	0.0001	0.04

扫码看彩图
6-13

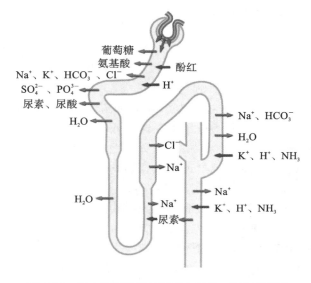

图 6-13　肾小管各段的重吸收和分泌、排泄示意图

4. 影响尿生成的因素　从尿生成的过程来看,凡能影响肾小球滤过和肾小管与集合管重吸收及分泌、排泄作用的各种因素,都能从不同方面影响尿的质和量。

(1)影响肾小球滤过的因素。

①肾小球毛细血管壁的通透性和有效滤过面积:在正常情况下,肾小球毛细血管壁的通透性是比较稳定的,血细胞和大分子血浆蛋白不能通过,但在病理情况下,滤过膜的通透性和滤过面积可能会有较大的变动。例如,当机体缺氧或中毒时,肾小球毛细血管壁通透性明显增加,以致血细胞和血浆蛋白都能通过,随尿排出,出现血尿或蛋白尿,同时尿量增加;在急性肾小球肾炎时,由于肾小球毛细血管管腔变窄或完全阻塞,以致有滤过功能的肾小球数量减少,有效滤过面积也随之减小,导致肾小球滤过率降低,同时由于肾小球内皮细胞肿胀,基底膜增厚,使滤过膜的通透性降低,也会导致肾小球滤过率降低,从而导致原尿生成减少,出现少尿或无尿。

②有效滤过压改变。

a.肾小球毛细血管血压的改变。肾小球毛细血管血压是有效滤过压的主要组成部分,这种压力升高时,有效滤过压增大,滤过率增高,尿量随之增加。反之,当家畜因创伤、失血等原因而引起全身血压下降,或入球小动脉收缩,阻力加大时,肾小球毛细血管的血压也随之下降,有效滤过压

减小,导致原尿生成减少,尿量减少。高血压晚期,入球小动脉由于硬化而缩小,肾小球毛细血管血压可明显降低,于是肾小球滤过率减小而导致少尿。

b. 血浆胶体渗透压的改变。任何原因使血浆蛋白含量减少,血浆胶体渗透压降低时,有效滤过压相应增大,肾小球滤过率增高,尿量增加,反之减少。如静脉快速注射大量生理盐水后,单位体积血液中血浆蛋白含量减少,血浆胶体渗透压降低,有效滤过压随之增高,尿量增多。

c. 囊内压的改变。当输尿管或肾盂有异物(如输尿管结石)或发生肿瘤而压迫肾小管时,尿流出受阻,致使囊内压增高,有效滤过压降低,使原尿减少,发生少尿。

（2）影响肾小管重吸收的因素。

①肾小管内原尿溶质的浓度：当原尿的溶质浓度很高,超过肾小管对这些物质的吸收限度时,必然有一部分残留在肾小管内,使肾小管内原尿的渗透压升高,阻止水分的重吸收,引起多尿。

②肾小管上皮细胞的功能状态：当肾小管上皮细胞因某种原因而被损害时,它的正常重吸收功能受到影响从而使尿的质和量发生改变。如机体发生根皮苷中毒时,肾小管上皮细胞功能发生障碍,其对葡萄糖的重吸收能力降低,于是尿中含较多的葡萄糖,从而使尿量和排尿次数都增加。

③激素的作用：一些激素对肾小管、集合管的重吸收起调节作用,从而影响尿量。如血管升压素可促进远曲小管和集合管对水分的重吸收,使尿量减少。如机体大量出汗、腹泻等,造成机体大量失水,使血浆胶体渗透压增大,抗利尿激素的分泌增加,使远曲小管和集合管重吸收的水分增多,尿量减少。反之,当大量饮水时,血浆浓度降低,血浆胶体渗透压下降,引起抗利尿激素分泌减少,重吸收的水分也减少,尿量增多。肾上腺皮质激素如醛固酮,可促进远曲小管和集合管对钠和水的重吸收,促进钾的排出,使尿量减少。

动画:类固醇激素的作用机理

5. 尿的浓缩和稀释　尿的浓缩与稀释是与血浆渗透压相比较而言的。机体缺水时,尿渗透浓度高于血浆渗透压,称为高渗尿,尿被浓缩。饮水过多时,尿渗透浓度低于血浆渗透压,称为低渗尿,说明尿被稀释。如果无论机体水分过剩还是缺水,尿渗透浓度与血浆渗透压相等,称为等渗尿,表明肾浓缩和稀释的能力遭到破坏。尿的浓缩和稀释过程是肾调节体内水的平衡和维持血浆渗透压的重要途径。因此,尿渗透浓度可较准确地反映肾的浓缩与稀释功能。

由肾小球滤过作用生成的原尿经过近曲小管时,虽然重吸收的作用很强,但由于水和 Na^+ 的重吸收几乎同时进行,近曲小管液仍然保持与血浆等渗的状态。当小管液继续流经髓袢降支而至髓袢升支时,在这一段,由于水不能透过,Na^+ 能主动地逆浓度梯度被转运至管外而进入组织间液,使小管液逐渐被稀释,同时使髓质部组织液的渗透浓度增大,并造成从髓质与皮质交界处至乳头部渗透浓度逐渐增加,甚至超过血浆渗透压的数倍,为小管液在流经髓袢时发生浓缩的必要条件。

动画:髓袢升支粗段 Na^+、Cl^- 和水的重吸收

当小管液流经髓袢降支时,降支对水和 Na^+ 的通透性都很高,因此组织间液内 Na^+ 将顺浓度梯度向肾小管内扩散,同时水主要因渗透压差而向肾小管外渗透,小管液将不断地被浓缩。随着小管液经降支而至升支逆向流动,Na^+ 继续单方向地从升支滤出经组织间液而入降支,这就造成髓袢上、下之间一定的浓度梯度,在髓袢降支段,小管液的渗透浓度自上而下递增,至乳头部达到最高的渗透浓度,而在髓袢的升支段则表现为小管液的渗透浓度自下而上递减,至接近远曲小管处成为低渗液。

（三）尿生成的调节

机体通过对滤过、重吸收和分泌、排泄的调节,以改变尿的成分和量,从而使机体内环境保持相对稳定。机体对尿生成的调节包括肾功能的自身调节、神经调节和体液调节。

1. 肾功能的自身调节　在没有内脏神经因素、体液因素作用的情况下,肾脏本身对肾血流量、肾小球滤过率以及肾小管的重吸收都存在自身调节。

（1）肾血流量的自身调节：当肾动脉压升高时,入球小动脉的平滑肌紧张度增加,管径缩小,

阻力增大,肾血流量和血压下降;当肾动脉压下降时,入球小动脉的平滑肌紧张度减弱,管径增大,阻力减小,肾血流量和血压增加。因此,肾动脉压在一定范围内变动时,肾小球的血流量和血压能保持基本稳定。

肾血流量和肾小球滤过率的自身调节有很重要的生理意义。机体进行各种活动时,动脉血压常会发生改变。假如肾血流量和肾小球滤过率很容易随动脉血压的变化而改变,则肾对水分和各种溶质的排出就可能经常发生改变,从而影响机体水和电解质稳态的维持。可见,肾对肾血流量和肾小球滤过率的自身调节的生理意义是在一定范围内肾功能不随动脉血压的变化而改变。需要指出的是,肾功能的自身调节只是对肾血流量和肾小球滤过率进行调节的一种机制。在整体情况下,肾血流量和肾小球滤过率还受神经因素和体液因素的调节,在不同的情况下可以发生一系列的改变,以适应机体在不同生理活动时的需求。

(2)肾小管活动的自身调节:当肾血流量和肾小球滤过率增大或减小时,到达远曲小管致密斑的小管液的流量随之增减,致密斑能感受小管液中NaCl含量的改变,发出信息,此信息可反馈到该肾单位的肾小球部分,使入球小动脉收缩,阻力加大,使肾血流量和肾小球滤过率减小或增大,从而使肾小管液的流量和NaCl含量趋于恢复正常。

如果小管液溶质浓度增高,并超过肾小管、集合管的重吸收限度时,小管液渗透压升高,水的重吸收减少,尿量增加,这种现象称为渗透性利尿。例如糖尿病患者的多尿,就是由于小管液中葡萄糖含量增多,肾小管不能将葡萄糖完全重吸收回血,小管液渗透压因而增高,结果妨碍了水和NaCl的重吸收。临床上常使用肾小球滤过而又不被肾小管重吸收的物质,如甘露醇等,来提高小管液中溶质的浓度,借以达到利尿和消除水肿的目的。

近曲小管对溶质和水的重吸收量不是固定不变的,而是随肾小球滤过率的变动而发生变化。肾小球滤过率增大,滤过液中的Na^+和水的总含量增加。近曲小管对Na^+和水的重吸收率也提高,反之肾小球滤过率减小,滤过液中的Na^+和水的总含量也减少,近曲小管的Na^+和水的重吸收率也相应降低。

2. 肾功能的神经调节 支配肾脏的传出神经有内脏神经(属交感神经)和迷走神经(属副交感神经)。内脏神经具有明显的缩血管作用,能使入球小动脉和出球小动脉收缩,肾血流量减少,肾小球毛细血管血压下降,结果是肾小球滤过率减小;迷走神经对肾血管无收缩作用,所以对肾血流量影响不显著。

3. 肾功能的体液调节 肾脏的滤过、重吸收和分泌排泄功能都受体内许多体液因素的调节。各种体液因素并不是孤立的,而是相互联系、相互配合,并与神经调节相关联的。

(1)丘脑下部-抗利尿激素的作用:丘脑下部视上核及其附近存在对渗透压变化敏感的神经细胞,称渗透压感受器。血浆渗透压升高(如失水、注入高渗溶液)能使其兴奋,促进丘脑下部-垂体后叶分泌和释放抗利尿激素,促进水分重吸收,于是尿生成减少。随着水分重吸收增加,血浆渗透压降低,又可使抗利尿激素分泌减少。

左心房和颈动脉窦处存在牵张感受器,循环血量增加能使其兴奋,冲动沿迷走神经传入纤维到达中枢,抑制丘脑下部-垂体后叶分泌抗利尿激素,于是排尿量增加;反之,循环血量降低,则传入冲动对中枢的刺激减少,引起抗利尿激素分泌增加,于是排尿量减少。

(2)肾素-血管紧张素系统:当肾血流量减少以及远曲小管的小管液中Na^+减少,肾小球旁细胞分泌肾素增多。肾素进入血液后,在酶的作用下,产生血管紧张素。它一方面引起小血管收缩,外周阻力增加,因而血压升高;另一方面又作用于肾上腺皮质,使醛固酮的分泌增加,促进远曲小管和集合管对Na^+和水的重吸收,使血浆Na^+和循环血量得以回升。同时,血管紧张素以及循环血量和血浆Na^+的回升又可以反过来抑制肾素的释放(负反馈作用)。

(3)血浆中钠和钾的浓度:血浆中钠浓度降低或钾浓度升高可以直接作用于肾上腺皮质,促进醛固酮的合成,使血中醛固酮浓度升高,于是肾小管对钠的重吸收和对钾的排泄增加,尿钠减少而尿钾增多。

（4）甲状旁腺激素和降钙素的作用：甲状旁腺激素的作用是促进肾小管对钙的重吸收，同时抑制其对磷的重吸收，使尿磷排出增加和尿钙排出减少。降钙素能增加钙和磷从尿中排出，还能抑制钠和氯在近曲小管的重吸收，使尿氯和尿钠的排出增加。

在线学习

1.动物解剖生理在线课 2.多媒体课件 3.能力检测

视频：泌尿系统的组成　视频：肾脏的组织学结构　PPT：6.1　习题：6.1

任务实施

一、任务分配

学生任务分配表（此表每组上交一份）

班级		组号		指导教师	
组长		学号			
组员	姓名	学号	姓名	学号	
任务分工					

二、工作计划单

工作计划单（此表每人上交一份）

项目六		泌尿系统结构的识别	学时	6
学习任务		肾的识别	学时	4
计划方式		分组计划（统一实施）		
制订计划	序号	工作步骤	使用资源	
	1			
	2			
	3			

制订计划	4		
	5		
	6		
	7		
制订计划说明	(1)每个任务包含若干个知识点,制订计划时要加以详细说明。 (2)各组工作步骤顺序可不同,任务必须一致,以便于教师准备教学场景。 (3)先由各组制订计划,交流后由教师对计划进行点评。		

	班级		第 组	组长签字	
	教师签字			日期	
评语					

三、器械、工具、耗材领取清单

器械、工具、耗材领取清单(此表每组上交一份)

班级:　　　小组:　　　组长签字:

序号	名称	型号及规格	单位	数量	回收	备注

回收签字　学生:　　　　教师:

四、工作实施

工作实施单(此表每人上交一份)

项目六	泌尿系统结构的识别		
学习任务	肾的识别	建议学时	4
任务实施过程			

一、实训场景设计

在校内解剖实训室或虚拟仿真实训室进行,要求有计算机,猪、牛、羊肾标本,实验动物猪。将全班学生分成8组,每组4～5人,由组长带头,制订任务分配、工作计划,领取器械、工具和耗材,并认真记录。

二、材料与用品

猪、牛、羊肾标本和实验动物猪等。

三、任务实施过程

了解本学习任务需要掌握的内容,组内同学按任务分配,收集相关资料,按下述实施步骤完成各自任务,并分享给组内同学,共同完成学习。

实施步骤：

（1）学生分组，填写分组名单。

（2）制订并填写学习计划，小组讨论计划实施的可行性，由教师进行决策和点评。

（3）观察家畜泌尿器官的形态和结构。

（4）用浸制标本观察肾纤维膜、肾门、肾窦、皮质、髓质、肾乳头、肾小盏、集合管或肾盂。

（5）观察肾在活畜体表的投影位置。

（6）肾小体观察：用高倍镜观察肾小球毛细血管、肾小囊脏层（注意脏层与肾小球毛细血管的相贴关系）、肾小囊腔、肾小囊壁层。

（7）肾小管和集合管观察：用高倍镜观察近曲小管、远曲小管和集合管（注意各段管壁的上皮细胞形状、管腔和管径的区别）（图 6-14）。

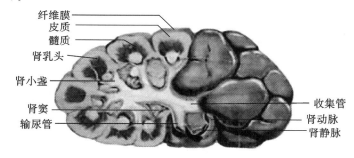

纤维膜
皮质
髓质
肾乳头
肾小盏
肾窦
输尿管
收集管
肾动脉
肾静脉

图 6-14 肾的解剖结构

扫码看彩图
6-14

引导问题 1：绘制猪的肾脏内部结构图，并标出各部名称。

引导问题 2：简述肾脏的位置。

引导问题 3：简述肾小体的结构和组成。

引导问题 4：简述肾小管的结构特点。

五、评价反馈

学生进行自评，评价自己能否完成学习任务、完成引导问题，在完成过程中有无遗漏等。教师对学生进行评价的内容如下：工作实施是否科学、完整，所填内容是否正确、翔实，学习态度是否端正、学习过程中的认识和体会等。

学生自评表

班级：　　姓名：　　学号：

学习任务	肾的识别		
评价内容	评价标准	分值	得分
完成引导问题1	正确绘制猪的肾脏内部结构图,并标出各部名称	10	
完成引导问题2	正确描述肾脏的位置	20	
完成引导问题3	正确描述肾小体的结构和组成	10	
完成引导问题4	正确描述肾小管的结构特点	10	
任务分工	本次任务分工合理	5	
工作态度	态度端正,无缺勤、迟到、早退等现象	5	
工作质量	能按计划完成工作任务	10	
协调能力	与小组成员间能合作交流、协调工作	10	
职业素质	能做到安全操作,文明交流,保护环境,爱护动物,爱护实训器材和公共设施	10	
创新意识	通过学习,建立空间概念,举一反三	5	
思政收获和体会	完成任务有收获	5	

学生互评表

班级：　　姓名：　　学号：

学习任务	肾的识别			
序号	评价内容	组内互评	组间评价	总评
1	任务是否按时完成			
2	器械、工具等是否放回原位			
3	任务完成度			
4	语言表达能力			
5	小组成员合作情况			
6	创新内容			
7	思政目标达成度			

教师评价表

班级：　　姓名：　　学号：

学习任务	肾的识别		
序号	评价内容	教师评价	综合评价
1	学习准备情况		
2	计划制订情况		
3	引导问题的回答情况		
4	操作规范情况		
5	环保意识		
6	完成质量		
7	参与互动讨论情况		
8	协调合作情况		

续表

9	展示汇报		
10	思政收获		
总分			

任务二　输尿管、膀胱及尿道的识别

任务导入

输尿管运输尿,膀胱暂时性储存尿,尿道是排出尿的通道。

学习目标

掌握输尿管、尿道和膀胱的构造,准确描述膀胱及尿道的功能。

工作准备

本任务的学习需准备计算机、尿道标本、膀胱组织切片、实验动物猪、虚拟仿真系统等。

任务资讯

任务二　输尿管、膀胱及尿道的识别	学时	2

一、输尿管

输尿管是将肾脏生成的尿输送到膀胱的细长管道,左、右各一条,起自收集管(牛)或肾盂(马、猪、羊、犬),经肾门出肾后,经腰肌与腹膜之间,沿腹腔顶壁向后延伸。左侧输尿管在腹主动脉的外侧,右侧输尿管在后腔静脉的外侧,横过髂内动脉的腹侧面进入骨盆腔。

母畜输尿管大部分位于子宫阔韧带的背侧部,公畜的输尿管在骨盆腔内,位于尿生殖褶中,与输精管相交叉,向后伸达膀胱颈的背侧,斜向穿入膀胱背侧壁,开口于膀胱内腔。

输尿管均斜穿膀胱壁,并在膀胱壁内斜行 3～5 cm,这种结构可以保证膀胱内尿充满时,壁内这段输尿管闭合,防止尿回流入输尿管。

输尿管管壁由 3 层构成,由内向外分别为黏膜、肌层和外膜。黏膜常形成许多纵行皱褶,黏膜上皮为变移上皮;肌层发达,由平滑肌构成;外膜为疏松结缔组织。

二、膀胱

膀胱是暂时储存尿的梨形囊状器官。前端钝圆,称膀胱顶,突向腹腔,幼龄动物膀胱顶有脐尿管的遗迹,胚胎时期脐尿管与尿囊相通;后端逐渐变细,称膀胱颈,与尿道相连;膀胱顶与膀胱颈之间为膀胱体。

膀胱充盈时,膀胱变大而壁变薄,向前伸出盆腔外达腹腔底壁,此时膀胱腹膜反折线可前移至耻骨联合前方,此时可在耻骨联合前方行穿刺术。膀胱异位见于下列情况:公畜前列腺肿大将膀胱挤向前方,母畜子宫和阴道下垂致膀胱下垂,盆腔肿瘤可能导致膀胱异位,膀胱扭转致弯曲阻塞。膀胱壁由浆膜、肌层和黏膜构成。在无尿时,黏膜形成许多皱褶,黏膜上皮为变移上皮。肌层

Note

由内纵肌、中环肌、外纵肌3层平滑肌构成,中环肌较厚,在膀胱颈部形成膀胱括约肌。膀胱顶部和体部外层为浆膜,颈部为结缔组织外膜。浆膜与邻近器官的浆膜相连形成浆膜褶。连于膀胱腹侧与骨盆底壁之间的浆膜褶形成膀胱正中韧带;连于膀胱两侧与骨盆外侧壁之间的浆膜褶形成膀胱侧韧带;膀胱侧韧带游离缘(前缘)有一索状物,称膀胱圆韧带,是胎儿时期脐动脉的遗迹。

牛的膀胱比马的长,充满尿时,可达腹腔底壁。猪的膀胱比较大,充满尿时大部分突入腹腔内。

三、尿道

尿道是尿从膀胱向外排出的肌性管道,以尿道内口接膀胱颈,尿道外口通体外。

雄性动物的尿道很长,称尿生殖道(或雄性尿道),其尿道除有排尿功能外,还兼有排精的功能,它起自膀胱颈的尿道内口,开口于阴茎头的尿道外口,依其所在部位,可分为骨盆部和阴茎部(详见雄性生殖系统)。

雌性动物的尿道很短,只有排尿功能,起自膀胱颈的尿道内口,以尿道外口开口于阴道前庭的腹侧、阴瓣的后方。猪尿道外口下有小的尿道憩室,而牛的尿道憩室较深。在导尿时应注意,以免将导尿管插入憩室内。

四、尿的排放

尿由肾脏生成后,借输尿管的蠕动,将尿送入膀胱,暂时储存起来。肾脏生成尿是个连续的过程,而膀胱排尿是间歇性进行的,当膀胱储尿到一定量时,就会反射性地引起排尿动作,将尿排出体外。

排尿反射是一种脊髓反射,但在正常情况下,排尿反射受高级中枢控制,可以由意识抑制或促进。

排尿的最高中枢在大脑皮质,易形成条件反射。在畜牧生产实践中,可以训练动物养成定时、定点排尿的习惯,以保持畜舍的卫生。

排尿或储尿中任何一方发生障碍,均可出现排尿异常,临床上常见的有尿频、尿潴留和尿失禁。排尿次数过多为尿频,常由膀胱炎或机械性刺激(如膀胱结石)引起。膀胱中尿过多而不能排出者称为尿潴留,多半由腰荐部脊髓损伤使排尿反射的初级中枢活动发生障碍所致。当脊髓受损,导致初级中枢与大脑皮质失去联系时,可出现尿失禁。

 在线学习

1.动物解剖生理在线课	2.多媒体课件	3.能力检测

视频:肾-输尿管-膀胱的结构	PPT:6.2	习题:6.2

 任务实施

一、任务分配

学生任务分配表(此表每组上交一份)

班级		组号		指导教师	
组长		学号			

续表

组员	姓名	学号	姓名	学号

任务分工	

二、工作计划单

工作计划单（此表每人交一份）

项目五	泌尿系统结构的识别		学时	6
学习任务	输尿管、膀胱及尿道的识别		学时	2
计划方式	分组计划（统一实施）			
制订计划	序号	工作步骤		使用资源
	1			
	2			
	3			
	4			
	5			
	6			
	7			
制订计划说明	（1）每个任务中包含若干个知识点，制订计划时要加以详细说明。 （2）各组工作步骤顺序可不同，任务必须一致，以便于教师准备教学场景。 （3）先由各组制订计划，交流后由教师对计划进行点评。			
	班级		第 组	组长签字	
	教师签字			日期	
评语				

Note

三、器械、工具、耗材领取清单

器械、工具、耗材领取清单（此表每组上交一份）

班级：　　　小组：　　　组长签字：

序号	名称	型号及规格	单位	数量	备注

回收签字　学生：　　　教师：

四、工作实施

工作实施单（此表每人上交一份）

项目五	泌尿系统结构的识别		
学习任务	输尿管、膀胱及尿道的识别	建议学时	2
任务实施过程			

一、实训场景设计

在校内解剖实训室或虚拟仿真实训室进行，要求有计算机、显微镜、肾标本、肾组织切片、实验动物猪等。将全班学生分成 8 组，每组 4～5 人，由组长带头，制订任务分配、工作计划，领取器械、工具和耗材，并认真记录。

二、材料与用品

家畜肾浸制标本，连有尿道的整套泌尿系统离体标本（包括雄性和雌性动物泌尿系统标本），新鲜的腹腔和盆腔剖开标本，显微镜，肾脏、膀胱等组织切片。

三、任务实施过程

了解本学习任务需要掌握的内容，组内同学按任务分配，收集相关资料，完成各自任务，并分享给组内同学，共同完成学习任务。

实施步骤：

（1）学生分组，填写分组名单。

（2）制订并填写工作（学习）计划，小组讨论计划实施的可行性，由教师进行决策和点评。

（3）按组领取显微镜、肾标本、肾组织切片、实验动物猪等，在设备回收时，除耗材外，按领取数量核实后，签字确认。

（4）输尿管、膀胱和尿道的观察：用连有尿道的整套泌尿系统离体标本观察输尿管（注意起止端）、膀胱顶、膀胱体、膀胱颈、膀胱外膜、膀胱黏膜、公畜骨盆部尿道和阴茎部尿道、尿道外口、母畜尿道外口、尿道憩室。

（5）用新鲜的腹腔和盆腔剖开标本观察肾与躯干骨的关系，肾与肝、胃的关系，观察空虚膀胱背侧和腹侧相邻器官的关系。

引导问题 1：绘出牛泌尿系统模式图。

引导问题 2：绘出高倍镜下肾小体的构造图。

引导问题 3:简述尿生成的过程。

引导问题 4:简述影响尿生成的因素。

五、评价反馈

学生进行自评,评价自己能否完成学习任务、完成引导问题,在完成过程中有无遗漏等。教师对学生进行评价的内容如下:工作实施是否科学、完整,所填内容是否正确、翔实,学习态度是否端正,学习过程中的认识和体会等。

学生自评表

班级: 姓名: 学号:

学习任务	输尿管、膀胱及尿道的识别		
评价内容	评价标准	分值	得分
完成引导问题 1	正确绘出牛泌尿系统模式图	10	
完成引导问题 2	正确绘出高倍镜下肾小体的构造图	10	
完成引导问题 3	正确叙述尿生成的过程	15	
完成引导问题 4	正确叙述影响尿生成的因素	15	
任务分工	本次任务分工合理	5	
工作态度	态度端正,无缺勤、迟到、早退等现象	5	
工作质量	能按计划完成工作任务	10	
协调能力	与小组成员间能合作交流、协调工作	10	
职业素质	能做到安全操作,文明交流,保护环境,爱护动物,爱护实训器材和公共设施	10	
创新意识	通过学习,建立空间概念,举一反三	5	
思政收获和体会	完成任务有收获	5	

学生互评表

班级: 姓名: 学号:

学习任务	输尿管、膀胱及尿道的识别		
序号	评价内容	组内互评	组间评价	总评
1	任务是否按时完成			
2	器械、工具等是否放回原位			
3	任务完成度			
4	语言表达能力			
5	小组成员合作情况			
6	创新内容			
7	思政目标达成度			

Note

教师评价表

班级：　　姓名：　　学号：

学习任务	输尿管、膀胱及尿道的识别		
序号	评价内容	教师评价	综合评价
1	学习准备情况		
2	计划制订情况		
3	引导问题的回答情况		
4	操作规范情况		
5	环保意识		
6	完成质量		
7	参与互动讨论情况		
8	协调合作情况		
9	展示汇报		
10	思政收获		
总分			

项目七　生殖系统结构的识别

项目概述

　　动物生殖系统是产生生殖细胞、繁殖新个体、使种族得以延续的一个系统。此外,还可分泌性激素,影响生殖器官的生理活动,维持动物的第二性征,其功能活动受神经系统与脑垂体共同调控。生殖系统包括雄性生殖器官和雌性生殖器官。雄性生殖器官由睾丸、附睾、输精管、尿生殖道、副性腺、阴茎、包皮和阴囊等组成。雌性生殖器官由卵巢、输卵管、子宫、阴道、阴道前庭和阴门等组成。

项目目标

　　知识目标:本项目主要学习动物体生殖器官的识别。通过观察标本、解剖实验动物,认识睾丸、附睾、卵巢、输卵管、子宫等生殖器官;以牛生殖器官为例认识生殖器官的构造。

　　能力目标:能熟练指出雄性、雌性生殖器官的组成及构造,熟知精子的生成过程,能熟练指出睾丸、卵巢、子宫的组织构造,理解性成熟、性周期、性季节的概念,掌握精液的成分,掌握胎膜的组成和分娩过程。

　　思政目标:本项目主要介绍动物生殖器官和生理规律,使学生树立正确的性认识,明白人体发育符合自然规律,认识到生命的宝贵,学会关爱生命,关注自身健康和发展。树立科学的观念,正确认识自己青春期的发育,理解人体美是自然美的突出表现,树立正确的审美观。

任务一　雄性生殖系统的识别

任务导入

　　动物生殖系统是产生生殖细胞、繁殖新个体、使种族得以延续的一个系统,包括雄性生殖器官和雌性生殖器官。雄性生殖器官由睾丸、附睾、输精管、尿生殖道、副性腺、阴茎、包皮和阴囊等组成。通过本任务的学习,掌握雄性生殖器官的组成及构造,熟知精子的生成过程,能熟练指出睾丸的组织构造,熟知副性腺的组成及功能。

学习目标

　　本任务的重点是熟练掌握雄性生殖系统的组成,雄性生殖器官的形态、位置。本任务的难点是雄性生殖器官的组织构造,尤其是睾丸和附睾的组织构造和功能。这在后续课程的学习中尤为重要。

(1) 根据任务要求,了解雄性生殖系统的组成。
(2) 收集雄性生殖器官的相关资料。
(3) 本学习任务需要准备计算机、标本、挂图等。

任务一　　雄性生殖系统的识别	学时	2

雄性生殖器官由睾丸、附睾、输精管、尿生殖道、副性腺、阴茎、包皮和阴囊等组成,其中睾丸、附睾、输精管、副性腺及尿生殖道为内生殖器官,阴茎、包皮及阴囊为外生殖器官。

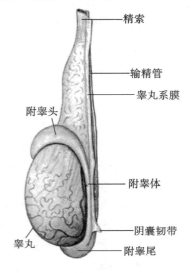

图 7-1　公牛睾丸和附睾模式图

（精索、输精管、睾丸系膜、附睾头、附睾体、阴囊韧带、睾丸、附睾尾）

一、睾丸

（一）睾丸的形态和位置

睾丸是成对的实质器官,位于阴囊内,呈长椭圆形,一侧与附睾相连,称为附睾缘,另一侧游离,称为游离缘。睾丸分头、体、尾三个部分。牛的睾丸呈垂直方向,睾丸头朝向上方,睾丸尾朝向下方(图 7-1)。猪的睾丸很大,呈卵圆形,长轴由前下方斜向后上方。前下方为睾丸头端,后上方为尾端,前上缘为附睾缘,后下缘为游离缘。

睾丸在胚胎时期位于腹腔内,当胎儿发育到一定程度,睾丸和附睾经腹股沟管下降至阴囊内,这一过程称为睾丸下降,如果一侧或两侧睾丸仍留在腹腔内,称为隐睾,这种动物没有生殖能力,不能作种用。

雄性犬、猫的生殖器官包括睾丸、附睾、输精管、副性腺、尿生殖道、阴茎和阴囊等。

犬的阴囊位于两股间后部,猫的阴囊位于肛门腹侧正中。

犬有一较长的阴茎骨(大犬 8～10 cm),阴茎骨向龟头方向逐渐变窄,再向前就变成纤维组织,幼龄时往往为软骨。阴茎头很长,包裹在整个阴茎骨表面,其前端为两个龟头球和一个龟头突,在交配时可迅速勃起,交配后逐渐萎缩。

（二）睾丸的组织构造

睾丸具有产生精子和分泌雄激素的功能,其结构包括被膜和实质两个部分。

1. 被膜　睾丸的被膜由浆膜和白膜构成。浆膜即固有鞘膜,被覆在睾丸的表面,浆膜深面是致密结缔组织构成的白膜。白膜在睾丸头处伸入睾丸实质内,形成睾丸纵隔。自睾丸纵隔上分出许多呈放射状排列的结缔组织隔,称为睾丸小隔,睾丸小隔将睾丸实质分成 100～300 个锥形的睾丸小叶。

2. 实质　睾丸的实质由精小管(包括精曲小管和精直小管)、睾丸网和间质组织构成。

每个睾丸小叶内有 2～3 条长而卷曲的精曲小管。精曲小管之间填充有间质组织,内含间质细胞,能分泌雄激素。精曲小管伸至睾丸纵隔附近变直,延续为精直小管。后者在睾丸纵隔中互相吻合,形成睾丸网。睾丸网再汇合成 6～12 条睾丸输出管穿出睾丸头,进入附睾头。

精曲小管是产生精子的地方,由基膜和多层生殖上皮细胞构成。生殖上皮细胞包括两类细胞：一类是处于不同发育阶段的生精细胞，包括精原细胞、初级精母细胞、次级精母细胞、精细胞和精子；另一类称为支持细胞，起支持、营养和分泌等作用。各级生精细胞散布在支持细胞之间，镶嵌在其侧面。精子成熟后，脱离支持细胞进入管腔。

间质组织是指精曲小管之间的疏松结缔组织，内有间质细胞，在性成熟后能分泌雄激素。

二、附睾

附睾附着在睾丸上，呈两端粗、中间细的弯钩状，由睾丸输出管和附睾管构成，分为附睾头、附睾体和附睾尾三个部分，睾丸输出管形成附睾头，进而汇合成一条较粗且长的附睾管，盘曲成附睾体和附睾尾。附睾管在附睾尾处管径增大，延续为输精管（图7-1）。

附睾尾借附睾韧带与睾丸尾相连。附睾韧带由附睾尾延续至阴囊的部分，称为阴囊韧带，动物去势时切开阴囊后，必须切断阴囊韧带的睾丸系膜，方能摘除睾丸和附睾（图7-1）。

附睾具有储存、运输、浓缩和使精子成熟的功能。

三、输精管

输精管呈圆索状，为运送精子的细长管道，起始于附睾尾，沿腹股沟管进入腹腔，再折向后上方进入骨盆腔，在膀胱背侧的尿生殖褶内继续向后延伸，末端开口于尿生殖道起始部背侧壁的精阜两侧。输精管在膀胱背侧的尿生殖褶内膨大形成输精管膨大部，称为输精管壶腹。壶腹部黏膜内有腺体，称壶腹腺，其分泌物有稀释、营养精子的作用。

精索为扁圆的索状结构，其基部连于睾丸和附睾。精索在睾丸背侧较宽，向上逐渐变细，出腹股沟管内环，沿腹腔后部底壁进入骨盆腔。精索内有输精管、血管、淋巴管、神经和平滑肌束等，外包以固有鞘膜，去势时要结扎或截断精索。

四、阴囊

阴囊为一袋状皮肤囊，位于两股之间，具有保护睾丸和附睾的作用。阴囊借助腹股沟管与腹腔相通，相当于腹腔的突出部，其结构与腹壁相似，由皮肤、肉膜、阴囊筋膜、鞘膜构成。

1. 皮肤 阴囊的皮肤薄而柔软，富有弹性，表面有少量短而细的毛，有丰富的皮脂腺和汗腺。阴囊表面的腹侧正中有阴囊缝，将阴囊从外表分为左、右两个部分。

2. 肉膜 肉膜紧贴在阴囊皮肤的内面，由弹性纤维和平滑肌构成。肉膜在阴囊正中形成阴囊中隔，将阴囊分为左、右互通的两个腔。肉膜具有调节温度的作用，冷时肉膜收缩，阴囊起皱，面积减小；热时肉膜松弛，阴囊松弛下垂，面积增大。

3. 阴囊筋膜 阴囊筋膜位于肉膜深面，由腹壁深筋膜和腹外斜肌腱膜延伸而来。阴囊筋膜将肉膜与总鞘膜疏松地连接起来，其深面有睾丸提肌。睾丸提肌收缩时可以上提睾丸，起调节阴囊内温度的作用。

4. 鞘膜 鞘膜包括总鞘膜和固有鞘膜。总鞘膜为阴囊的最内层，由腹膜壁层延伸而来。总鞘膜折转而覆盖于睾丸和附睾上，成为固有鞘膜。折转处所形成的浆膜褶，称为睾丸系膜。总鞘膜与固有鞘膜之间的腔隙称为鞘膜腔，内有少量浆液。鞘膜腔上段细窄，形成管状，称为鞘膜管，精索包被于其中。鞘膜管通过腹股沟管以鞘膜管口或鞘膜环与腹膜腔相通。当鞘膜管口较大时，小肠可脱入鞘膜管或鞘膜腔内，形成腹股沟疝或阴囊疝，须进行手术整复。

五、尿生殖道

尿生殖道为尿液和精液排出的共同通道。它起源于膀胱颈，沿骨盆腔顶壁向后伸延，绕过坐骨弓，再沿阴茎腹侧的尿道沟前行，开口于阴茎头，以尿道外口开口于外界。按所在位置分为骨盆部和阴茎部两个部分，这两个部分以坐骨弓为界。尿生殖道骨盆部起始处背侧壁中央的黏膜上有圆形隆起，称为精阜，输精管和精囊腺输出管共同开口于此。

Note

六、副性腺

副性腺包括前列腺、成对的精囊腺及尿道球腺。副性腺的分泌物有稀释精子、营养精子及改善阴道环境等作用,有利于精子的生存和运动。

(1)尿道球腺为一对,位于尿生殖道骨盆部末端,开口于尿生殖道的背侧。

(2)前列腺位于尿生殖道起始部的背侧,有许多小口开口于尿生殖道内。

(3)精囊腺为一对,位于膀胱颈背侧,其输出管与输精管共同开口于精阜。

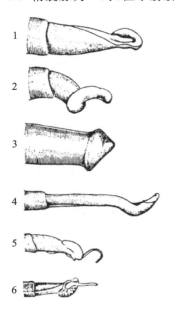

图7-2 公畜的生殖器官
1.公牛的阴茎　2.公牛的阴茎(刚交配后)
3.公马的阴茎　4.公猪的阴茎
5.公绵羊的阴茎　6.公山羊的阴茎

犬无精囊腺和尿道球腺,只有发达的前列腺,犬前列腺为浅黄色的坚实小体,老龄犬前列腺常增大。猫的副性腺包括前列腺和尿道球腺。

七、阴茎与包皮

阴茎位于腹壁之下,起自坐骨弓,经两股之间沿腹中线向前延伸至脐部。阴茎是雄性动物的交配器官,可分为阴茎根、阴茎体和阴茎头三个部分。部分公畜的生殖器官如图7-2所示。

阴茎由阴茎海绵体和尿道海绵体构成。阴茎海绵体外面包有结缔组织,白膜向内伸入,形成小梁,内有血管、神经,还有平滑肌。尿道海绵体位于阴茎海绵体腹侧的尿道沟内。尿道海绵体的外面包有球海绵体肌。支配阴茎的肌肉包括球海绵体肌和阴茎缩肌等。牛的阴茎呈圆柱状,细而长。阴茎体在阴囊后方形成"乙"状弯曲;阴茎头长而尖,自左向右扭转;阴茎末端形成尿道突。羊的阴茎与牛的阴茎相似,但阴茎头结构特殊,其前端有细而长的尿道突,呈弯曲状。交配时阴茎头呈莲花瓣状,能与母羊阴道牢固结合在一起。

包皮为皮肤折转而形成的管状鞘,有容纳和保护阴茎头的作用。牛的包皮长而狭窄,具有两对较发达的包皮肌。

八、雄性生殖生理

(一)性反射

高等雄性动物的精子进入雌性动物的生殖道是通过性活动(如交配等)来实现的。性反射是复杂的神经反射,雄性和雌性动物都具有这种反射。性反射包括以下相继发生的四种反射:勃起反射、爬跨反射、抽动反射、射精反射。

(二)精液

精液由精子和精清组成,黏稠、不透明,呈弱碱性,有特殊臭味。牛的副性腺分泌物少,精液量小,精子浓度较高。但频繁配种的公牛射精少,精子浓度低。公牛一次交配的射精量平均为2～10 mL,公羊为1 mL。

(1)精清是副性腺、附睾和输精管的混合分泌物,呈弱碱性,其内含有果糖、蛋白质、磷脂化合物、无机盐等。精清的主要作用为稀释精子,便于精子运行;为精子提供能量,保持精液正常的pH和渗透压;刺激子宫、输卵管平滑肌的活动,有利于精子运动。

(2)精子是高度特异化的浓缩细胞,呈蝌蚪状,分为头部、颈部、尾部三个部分。头部呈扁平形,内有一个核,核的前面为顶体。核的主要成分是脱氧核糖核酸(DNA)和蛋白质。颈部很短,内含供能物质。尾部很长,在精子运动中起重要作用。精子形态异常,如头部狭窄、尾部弯曲、双头、双尾等,都是精液品质不良的表现。

精子活动性是评定精子生命力的重要指标。精子的运动形式有三种:直线前进运动、原地转圈和原地颤动。只有呈直线前进运动的精子,才具有受精能力。

离体后的精子容易受外界因素的影响而活力低下,甚至死亡。如在 0 ℃下,精子处于不活动状态,阳光直射、40 ℃以上、偏酸或偏碱环境、低渗或高渗环境及消毒液等都会造成精子迅速死亡。在处理精液时,要注意避免不良因素的影响。

→ **在线学习**

| 1.动物解剖生理在线课 | 2.多媒体课件 | 3.能力检测 |

视频:公畜生殖系统的识别　　视频:公畜副性腺结构及功能　　**PPT:7.1**　　习题:7.1

→ **任务实施**

一、任务分配

学生任务分配表(此表每组上交一份)

班级		组号		指导教师	
组长		学号			
组员		姓名	学号	姓名	学号
任务分工					

二、工作计划单

工作计划单(此表每人上交一份)

项目七		生殖系统结构的识别		学时	6
学习任务		雄性生殖系统的识别		学时	2
计划方式		分组计划(统一实施)			
制订计划	序号	工作步骤		使用资源	
	1				
	2				
	3				

续表

制订 计划	4	
	5	
	6	
	7	
制订计划 说明	(1) 每个任务中包含若干个知识点,制订计划时要加以详细说明。 (2) 各组工作步骤顺序可不同,任务必须一致,以便于教师准备教学场景。 (3) 先由各组制订计划,交流后由教师对计划进行点评。	

班级		第 组	组长签字	
教师签字			日期	
评语				

三、器械、工具、耗材领取清单

器械、工具、耗材领取清单(此表每组上交一份)

班级: 小组: 组长签字:

序号	名称	型号及规格	单位	数量	回收	备注

回收签字 学生: 教师:

四、工作实施

工作实施单(此表每人上交一份)

项目七	生殖系统结构的识别		
学习任务	雄性生殖系统的识别	建议学时	2
	任务实施过程		

一、实训场景设计

在校内解剖实训室或虚拟仿真实训室进行,要求有计算机、标本、挂图等。将全班学生分成8组,每组4~5人,由组长带头,制订任务分配、工作计划,领取器械、工具和耗材,并认真记录。

二、材料与用品

雄性动物生殖器官标本、挂图等。

三、任务实施过程

了解本学习任务需要掌握的内容,组内同学按任务分配收集相关资料,按下述实施步骤完成各自任务,并分享给组内同学,共同完成学习。

实施步骤:

(1)学生分组,填写分组名单。

(2)制订并填写学习计划,小组讨论计划实施的可行性,由教师进行决策和点评。

(3)观察睾丸、附睾的构造。

根据雄性动物生殖器官的标本,对照教材上的插图,分别观察睾丸和附睾的构造。

①观察睾丸的构造:在睾丸标本上,找出被膜和实质,再对照教材上的插图,找到精曲小管、附睾管、输精管。

②观察附睾的构造:在附睾标本上,找出附睾头、附睾体和附睾尾。

(4)雄性生殖器官的观察:用牛生殖器官标本,对照教材上的插图和挂图,按照睾丸、附睾、输精管、尿生殖道、副性腺、阴茎、包皮和阴囊的顺序进行观察。

引导问题1:简述雄性动物生殖器官的名称、位置及形态。

引导问题2:简述阴囊的组织结构、生理功能,阴囊与睾丸的位置关系。

引导问题3:简述睾丸与附睾的位置关系,睾丸与附睾的生理功能。

引导问题4:简述尿生殖道与骨盆的位置关系。

五、评价反馈

学生进行自评,评价自己能否完成学习任务、完成引导问题,在完成过程中有无遗漏等。教师对学生进行评价的内容如下:工作实施是否科学、完整,所填内容是否正确、翔实,学习态度是否端正,学习过程中的认识和体会等。

学生自评表

班级: 姓名: 学号:			
学习任务	雄性生殖系统的识别		
评价内容	评价标准	分值	得分
完成引导问题1	正确描述雄性动物生殖器官的名称、位置及形态	10	
完成引导问题2	正确描述阴囊的组织结构、生理功能,阴囊与睾丸的位置关系	20	
完成引导问题3	正确描述睾丸与附睾的位置关系,睾丸与附睾的生理功能	10	
完成引导问题4	正确描述尿生殖道与骨盆的位置关系	10	
任务分工	本次任务分工合理	5	
工作态度	态度端正,无缺勤、迟到、早退等现象	5	
工作质量	能按计划完成工作任务	10	

续表

协调能力	与小组成员间能合作交流、协调工作	10	
职业素质	能做到安全操作,文明交流,保护环境,爱护动物,爱护实训器材和公共设施	10	
创新意识	通过学习,建立空间概念,举一反三	5	
思政收获和体会	完成任务有收获	5	

学生互评表

班级:　　姓名:　　学号:

学习任务	雄性生殖系统的识别			
序号	评价内容	组内互评	组间评价	总评
1	任务是否按时完成			
2	器械、工具等是否放回原位			
3	任务完成度			
4	语言表达能力			
5	小组成员合作情况			
6	创新内容			
7	思政目标达成度			

教师评价表

班级:　　姓名:　　学号:

学习任务	雄性生殖系统的识别		
序号	评价内容	教师评价	综合评价
1	学习准备情况		
2	计划制订情况		
3	引导问题的回答情况		
4	操作规范情况		
5	环保意识		
6	完成质量		
7	参与互动讨论情况		
8	协调合作情况		
9	展示汇报		
10	思政收获		
总分			

任务二　雌性生殖系统的识别

 任务导入

 动物生殖系统是产生生殖细胞、繁殖新个体、使种族得以延续的一个系统。雌性生殖器官由卵巢、输卵管、子宫、阴道、阴道前庭和阴门等组成。

→ 学习目标

本任务的重点是熟练掌握雌性生殖系统的组成,雌性生殖器官的形态、位置。本任务的难点是雌性生殖器官的组织构造,尤其是卵巢、输卵管和子宫的组织构造和功能。这在后续课程的学习中尤为重要。

→ 工作准备

(1) 根据任务要求,了解雌性生殖系统的组成。
(2) 收集雌性生殖器官的相关资料。
(3) 本学习任务需要准备计算机、标本、挂图等。

→ 任务资讯

任务二　雌性生殖系统的识别	学时	4

雌性生殖器官由卵巢、输卵管、子宫、阴道、阴道前庭和阴门等组成。卵巢、输卵管、子宫和阴道为内生殖器官,阴道前庭和阴门为外生殖器官。

一、卵巢

(一)卵巢的形态和位置

卵巢为成对的实质性器官,由卵巢系膜悬吊在腹腔的腰下部,位于肾的后下方或骨盆前口两侧。未产母牛的卵巢位置稍靠后,经产母牛的卵巢位置前移,在耻骨前缘的前下方。母牛的生殖器官见图7-3,母猪的生殖器官见图7-4。

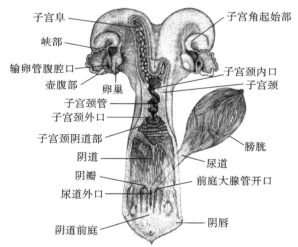

子宫阜　　　　　　　　子宫角起始部
峡部
输卵管腹腔口　　　　　　子宫颈内口
壶腹部　　　　　　　　　子宫颈
卵巢
子宫颈管
子宫颈外口
子宫颈阴道部
阴道　　　　　　　　　膀胱
阴瓣　　　　　　　　　尿道
尿道外口　　　　　　　前庭大腺管开口
阴道前庭　　　　　　　阴唇

图7-3　母牛的生殖器官(背面)

卵巢呈稍扁的椭圆形,长约3.7 cm,宽约2.5 cm。卵巢前端为输卵管端,以卵巢固有韧带与子宫角相连。卵巢背侧有卵巢系膜附着。卵巢系膜中血管、淋巴管和神经出入之处称卵巢门。卵巢腹侧缘为游离缘。卵巢固有韧带与输卵管系膜之间形成宽阔的卵巢囊,卵巢藏于卵巢囊内,卵巢囊有利于卵巢排出的卵细胞顺利进入输卵管。

扫码看彩图
7-4

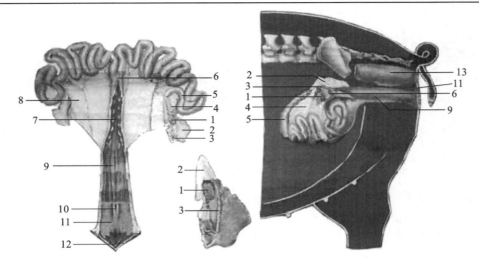

图7-4 母猪的生殖器官

1.卵巢 2.卵巢囊 3.输卵管 4.卵巢固有韧带 5.子宫角 6.子宫体 7.子宫颈
8.子宫阔韧带 9.阴道 10.尿道外口 11.阴道前庭 12.阴蒂 13.直肠

（二）卵巢的组织结构

卵巢由被膜和实质构成。

1. 被膜 被膜由生殖上皮和白膜构成。卵巢表面覆盖着一层生殖上皮。在生殖上皮下面有一薄层由致密结缔组织形成的白膜。白膜内为卵巢实质。

2. 实质 卵巢实质可分为皮质和髓质两个部分。皮质位于卵巢外围,内有许多卵泡,每个卵泡都由位于中央的卵细胞和围绕在卵细胞周围的卵泡细胞组成。根据卵泡的发育程度,卵泡可分为原始卵泡、生长卵泡和成熟卵泡。

（1）原始卵泡：一种体积小、数量多、呈球形的卵泡,位于卵巢皮质表层。一般每个原始卵泡由初级卵母细胞和其周围单层扁平的卵泡细胞组成。动物性成熟后,原始卵泡才开始陆续生长发育。

（2）生长卵泡：由原始卵泡生长发育而来,分为初级卵泡和次级卵泡。卵泡开始生长的标志是原始卵泡的卵泡细胞由扁平状变为立方状或柱状。

①初级卵泡：由一层或多层立方状卵泡细胞组成。卵泡细胞与卵泡细胞之间出现红染的透明带,卵泡外围出现结缔组织的卵泡膜。

动画：卵泡的
生成过程

②次级卵泡：卵泡之间出现卵泡腔,内有卵泡液,卵母细胞及其周围的卵泡细胞被卵泡液挤压到卵泡腔的一侧,形成卵丘。另一部分卵泡细胞被挤到卵泡腔的周边,密集排列成数层而构成卵泡壁,称为颗粒层。紧靠透明带的卵泡细胞呈柱状,围绕透明带呈放射状排列,称放射冠。

（3）成熟卵泡：生长卵泡发育到最后阶段,成为成熟卵泡。成熟卵泡体积增大,卵泡壁变薄,卵泡腔变大,突出于卵巢表面。髓质位于内部,由结缔组织构成,含有丰富的血管、神经、淋巴管等。一般牛的成熟卵泡直径为12～19 mm,羊的为5～8 mm。

二、输卵管

输卵管是一对细长而弯曲的管道,位于卵巢和子宫角之间,是输送卵细胞和卵细胞受精的场所。输卵管可分为漏斗部、壶腹部和峡部三段。漏斗部为输卵管起始膨大的部分。漏斗部的边缘有许多不规则的皱褶,称输卵管伞。漏斗部的中央有一个小的、与腹膜腔相通的开口,称输卵管腹腔口。壶腹部较长,是位于漏斗部和峡部之间的膨大部分。峡部位于壶腹部之后,较短,与子宫角相通。

Note

三、子宫

（一）子宫的形态和位置

牛、羊的子宫是中空的肌质性器官，属于双角子宫，可分为子宫角、子宫体和子宫颈。子宫是胎儿生长发育和娩出的器官。成年母牛的子宫位于直肠和膀胱之间，大部分位于腹腔内。子宫的前端与输卵管相接，后端与阴道相通，借韧带悬于腰下。子宫角较长，呈绵羊角状。子宫体短，壁厚而坚实。子宫颈向后突入阴道内的部分，称为子宫颈阴道部。子宫颈管呈螺旋状，平时紧闭，不易张开。子宫颈外口的黏膜形成明显的形似菊花的辐射状皱褶。子宫体和子宫角的黏膜上有四排圆形隆起，称为子宫阜，牛的子宫阜有100多个，羊的子宫阜有60多个。妊娠子宫在腹腔内的位置大部分偏右。

（二）子宫的组织结构

子宫壁由内膜、肌层和外膜三层组成。子宫内膜上皮为假复层或单层柱状上皮，膜内有子宫腺，子宫腺分泌物对早期胚胎有营养作用。子宫的肌层是平滑肌，由较厚的内环形肌和较薄的外纵行肌构成。两层肌肉间有一血管层，含丰富的血管和神经。子宫颈的环形肌特别发达，形成子宫颈括约肌，平时紧闭，分娩时张开。子宫外膜为浆膜，被覆于子宫表面，由疏松结缔组织和间皮组成。浆膜在子宫角背侧和子宫体两侧形成浆膜褶，称为子宫阔韧带，将子宫悬吊于腰下部。子宫阔韧带内有卵巢和子宫的血管通过，其中动脉有子宫卵巢动脉、子宫中动脉和子宫后动脉。这些动脉在妊娠时增粗，常通过直肠检查其粗细和脉搏的变化以做妊娠诊断。

（三）子宫的类型

动物子宫的形态和内部结构因种别而异。哺乳动物的子宫根据左、右两侧子宫的合并程度分为以下三种类型。

1. 双子宫　左、右两侧子宫未合并，独立存在，分别开口于阴道，或以一共同口开口于阴道。见于袋鼠、兔等。

2. 双角子宫　左、右两侧子宫仅后部合并，形成子宫体和子宫颈，前部仍然分开，形成左、右子宫角。见于马、牛、羊、猪、犬等家畜。

3. 单子宫　左、右两侧子宫完全合并，形成单一的子宫体，以子宫颈开口于阴道。见于人和高等灵长类动物。

四、阴道

阴道位于骨盆腔内，背侧为直肠，腹侧为膀胱和尿道，前接子宫，后接阴道前庭。阴道壁的外层在前部被覆浆膜，后部为结缔组织构成的外膜；中层为肌层，由平滑肌和弹性纤维构成；内层为黏膜。阴道黏膜呈粉红色，较厚，并形成许多皱褶，没有腺体。阴道是交配器官，也是产道。

五、阴道前庭和阴门

阴道前庭是交配器官和产道，也是尿液排出的径路，呈扁管状。前端腹侧以一横行的黏膜褶（阴瓣）与阴道为界，后端以阴门与外界相通。在阴道前庭的腹侧壁上有尿道外口。母牛的阴瓣不明显，在尿道外口的腹侧有一个伸向前方的短盲囊，称尿道憩室。给母牛导尿时应注意不要把导尿管插入尿道憩室内。阴门与阴道前庭构成母牛的外生殖器官，位于肛门腹侧，由左、右两片阴唇构成，两片阴唇间的裂缝称为阴门裂。在阴门裂的腹侧联合之内有一小而突出的阴蒂。

生殖是雌、雄两性生殖器官产生生殖细胞（精子和卵子），进行交配、妊娠和分娩等，获得后代，保证种族延续的各种生理过程。

Note

六、性成熟与体成熟

（一）性成熟

哺乳动物生长发育到一定时期,生殖器官已基本发育完全,具备了繁殖子代的能力,称为性成熟。此时母牛能产生卵子,有发情症状;公牛能产生精子,有性欲要求。

（二）体成熟

动物达到性成熟阶段时,身体仍在发育,直到具有成年动物固有的形态结构和生理特点,才称为体成熟。因此,动物开始配种的年龄比性成熟年龄晚些,一般在体成熟时或体成熟之后进行。牛的性成熟年龄为 10～18 个月,初配年龄为 2～3 岁。羊的性成熟年龄为 5～8 个月,初配年龄为 1～1.5 岁。

（三）性季节

母牛在一年之中,除妊娠期外,其余时期也可能周期性地出现发情行为,属终年多次发情动物。而羊的发情具有明显的季节性,仅在一定的季节才出现发情行为。两次性季节之间的不发情时期,称为乏情期。

七、雌性生殖生理

（一）性周期

动画:排卵后卵巢的变化

雌性动物性成熟以后,卵巢出现规律性的卵泡成熟和排卵。哺乳动物的排卵是周期性发生的。伴随每次排卵,雌性动物的机体特别是生殖器官,会发生一系列的形态和生理变化。动物从一次发情开始到下一次发情开始的间隔时间,称性周期(发情周期)。掌握发情周期的规律有重要的实践意义,如能够在养殖生产过程中有计划地繁殖动物,调节分娩时间和动物群体的产乳量,防止动物群体的不孕或空怀等。根据雄性动物生殖器官所发生的变化,一般把发情周期分为发情前期、发情期、发情后期、休情期。

1. 发情前期　此时期是发情周期的准备阶段和性活动的开始时期。在此期间,卵巢上有一个或两个及以上的卵泡迅速发育生长,充满卵泡液,体积增大,并突出于卵巢表面。此时生殖器官开始出现一系列的生理变化,如子宫角的蠕动加强,子宫黏膜内的血管大量增生,阴道上皮组织增生加厚,整个生殖道腺体活动加强。但看不到阴道流出黏液,没有交配欲。

2. 发情期　此时期是发情周期的高潮时期。这时雌性动物卵巢出现排卵,整个机体出现一系列的形态和生理变化,如兴奋不安,有交配欲,子宫水肿,血管大量增生;输卵管和子宫发生蠕动,腺体大量分泌;子宫颈口张开,外阴部肿胀、潮红并流出黏液等。这些变化均有利于精子的运动与卵子的受精。

3. 发情后期　此时期是发情结束后的一段时期,此时雌性动物变得比较安静,不让雄性动物接近。生殖器官的变化如下:卵巢中出现黄体,黄体分泌孕激素(孕酮)。在孕酮的作用下,子宫内膜增厚,腺体增生,为接受胚胎附植做准备。如已妊娠,则发情周期结束,进入妊娠阶段,直到分娩后再出现发情周期;如未受精,即进入休情期。

4. 休情期　发情后期之后的相对静止期称休情期。这个时期的特点如下:生殖器官没有任何显著的性活动,卵巢内的卵泡逐渐发育,黄体变性萎缩。卵巢、子宫、阴道等都从性活动生理状态过渡到静止的生理状态,随着卵泡的发育,准备进入下一个发情周期。

动画:排卵过程

（二）排卵

成熟卵泡破裂,卵细胞和卵泡液同时流出的过程称为排卵。排卵可在卵巢表面任何部分发生。排出的卵细胞经输卵管伞进入输卵管。牛、羊的发情周期、发情期和排卵时间见表 7-1。

Note

表 7-1　牛、羊的发情周期、发情期和排卵时间

畜别	发情周期/天	发情期/天	排卵时间
奶牛	21～22	18～19	发情结束后 10～11 h
黄牛	20～21	24～28	发情结束后 10～12 h
水牛	20～21	24～36	发情结束后 10～12 h
绵羊	16～17	24～36	发情结束后 24～30 h
山羊	19～21	33～40	发情结束后 30～36 h

（三）受精

受精是指精子和卵子结合而形成合子的过程。

1. 精子的运动　精子在雌性动物生殖道内由射精部位移动到受精部位的运动过程,称为精子的运动。

精子的运动除自身的运动外,更重要的是借助于子宫和输卵管的收缩和蠕动。趋近卵子时,精子本身的运动是十分重要的。

精子进入雌性动物生殖道,在经过一定变化后才具有受精能力,这一变化过程称为精子的受精获能过程(或称受精获能作用)。在一般情况下,交配往往发生在发情开始时期或盛期,而排卵发生在发情结束时或结束后。因此精子一般先于卵子到达受精部位,在这段时间内精子可以自然地完成受精获能过程。公牛精子的获能时间为 5～6 h,羊为 1.5 h。

2. 卵子保持受精能力的时间　卵子在输卵管内保持受精能力的时间就是卵子自卵巢运行至输卵管峡部的时间,牛为 8～12 h,绵羊为 16～24 h。卵子的受精能力也是逐渐消失的。卵子排出后如未遇到精子,则沿输卵管继续下行,并逐渐衰老,后被输卵管分泌物包裹,精子不能进入,即失去受精能力。

3. 受精过程　受精过程包括以下几个阶段。

(1) 精子与卵子相遇:雄性动物一次射出的精液中精子的总数相当可观,但到达输卵管壶腹部的数目却很少,精子射出后,一般在 15 min 之内到达受精部位。

(2) 精子进入卵子:精子与卵子相遇之后释放出透明质酸酶,溶解卵子周围的放射冠,精子穿过放射冠到达透明带,然后精子固定在透明带某点上。精子依靠自身的活力和蛋白水解酶的作用穿过透明带,头部与卵黄膜表面接触,激活卵子,使其开始发育。最终精子的头部穿过卵黄膜,进入卵子。精子通过卵子透明带的阶段具有种族选择性,一般只有同种或近似种的精子才能通过。

(3) 原核形成和配子组合:精子进入卵子后,头部膨大,细胞核形成雄性原核。卵子的核形成雌性原核。两个原核接近,核膜消失,染色体进行组合,完成受精的全过程。

（四）妊娠

受精卵(合子)在母体子宫内生长发育为成熟胎儿的过程称妊娠。

1. 卵裂和胚泡附植　受精卵沿输卵管向子宫移动的同时,进行细胞分裂,称为卵裂。约 3 天,即变成含 16～32 个细胞的桑葚胚。约 4 天,桑葚胚即进入子宫,继续分裂,体积扩大,中央形成含有少量液体的空腔,此时的胚胎称为囊胚。囊胚逐渐埋入子宫内膜而被固定,称为附植。此时胚胎就与母体建立起了密切的联系,开始由母体供应养料和排出代谢产物。

从受精到附植牢固所需的时间:牛为 45～75 天,羊为 16～20 天。

2. 胎膜　胎膜是胚胎在发育过程中逐渐形成的一个暂时性器官,在胎儿出生后,即被弃掉。胎膜从内到外由羊膜、尿囊膜和绒毛膜组成。

(1) 羊膜:羊膜包围着胎儿,形成羊膜囊,羊膜囊内充满羊水,胎儿浮于羊水中。羊水有保护胎儿和分娩时润滑产道的作用。

动画:受精
过程

（2）尿囊膜：尿囊膜在羊膜的外面，分内、外两层，围成尿囊腔，尿囊腔内有尿囊液，储存胎儿的代谢产物。牛、羊的尿囊分成左、右两支，不完全包围羊膜。

（3）绒毛膜：绒毛膜位于最外层，紧贴在尿囊膜上，表面有绒毛。牛、羊的绒毛在绒毛膜的表面聚集成许多丛，称绒毛叶。除绒毛叶外，绒毛膜的其他部分平整光滑，无绒毛。

3. 胎盘 胎盘由胎儿的绒毛膜和母体的子宫内膜共同构成。牛、羊的胎盘由绒毛叶与子宫肉阜互相嵌合形成，为绒毛胎盘或子叶型胎盘。

胎盘不仅能实现胎儿与母体间的物质交换，保证胎儿的生长发育，还能分泌雌激素、孕激素和促性腺激素，对妊娠期母体和胎儿有重要意义。

4. 妊娠期雌性动物的变化 动物妊娠后，为了适应胎儿生长发育的需求，各器官生理功能都会发生一系列的变化。妊娠黄体分泌大量孕酮，除促进胚泡附植、抑制排卵和降低子宫平滑肌的兴奋性外，还与雌激素协同作用，刺激乳腺腺泡生长，促使乳腺发育完全，准备分泌乳汁。

随着胎儿的生长发育，子宫体积和重量也逐渐增加，母体腹腔内脏受子宫挤压而向前移动，引起消化、循环、呼吸和排泄等一系列变化。例如，母体出现胸式呼吸，呼吸浅而快，肺活量降低；血浆容量增加，血液凝固能力提高，血沉加快，到妊娠末期，血液中碱储减少，出现酮体，形成生理性酮血症；心脏因工作负荷增加，出现代偿性心肌肥大；排尿、排粪次数增加，尿液中出现蛋白质等。为适应胎儿发育的特殊需要，母体甲状腺、甲状旁腺、肾上腺和脑垂体表现为妊娠性增大和功能亢进；雌性动物代谢增强，食欲旺盛，对饲料的利用率增加，显得肥壮，被毛光亮平直。妊娠后期，由于胎儿迅速生长，母体需要养料较多，若饲料和饲养管理条件稍差，母体会逐渐变瘦。

5. 妊娠期 从受精卵形成开始，到胎儿出生为止，这一时期称妊娠期。牛、羊的妊娠期见表7-2。

表 7-2 牛、羊的妊娠期

畜别	妊娠期/天	变动范围/天
黄牛	282	240～311
水牛	310	300～327
羊	152	140～169

（五）分娩

分娩是发育成熟的胎儿从母体生殖道排出的过程。雌性动物临近分娩时主要表现为阴唇肿胀，有透明黏液从阴道流出，乳房红肿或有乳汁排出，臀部肌肉塌陷等。分娩的过程通常可分为三期，即开口期、胎儿娩出期和胎衣排出期。

1. 开口期 子宫有节律地收缩，把胎儿和羊水挤入子宫颈。子宫颈扩大后，部分胎膜突入阴道，最后破裂流出羊水。

2. 胎儿娩出期 子宫更为频繁而持久地收缩，加上腹肌收缩的协调作用，使子宫内压急剧增大，驱使胎儿经阴道排出体外。

3. 胎衣排出期 胎儿排出后，经短时间的间歇，子宫再次收缩，使胎衣与子宫壁分离，随后排出体外，胎衣排出后，子宫收缩压迫血管裂口，阻止继续出血。

由此可见，胎儿从子宫中娩出的动力是子宫肌和腹壁肌的收缩。当妊娠接近结束时，由于胎儿及其运动刺激子宫内的机械感受器，阵缩的强度、持续时间与频率随着分娩的进行而逐渐增加。阵缩的意义在于使胎盘的血液循环不因子宫肌长期收缩而发生障碍，避免胎儿窒息或死亡。

在线学习

1.动物解剖生理在线课

视频:卵巢的结构及功能

视频:输卵管的结构及功能

视频:子宫的结构及功能

2.多媒体课件

PPT:7.2

3.能力检测

习题:7.2

任务实施

一、任务分配

学生任务分配表(此表每组上交一份)

班级		组号		指导教师	
组长		学号			
组员	姓名	学号	姓名	学号	
任务分工					

二、工作计划单

工作计划单(此表每人上交一份)

项目七		生殖系统结构的识别		学时	6
学习任务		雌性生殖系统的识别		学时	4
计划方式		分组计划(统一实施)			
制订计划	序号	工作步骤		使用资源	
	1				
	2				
	3				

续表

制订计划	4		
	5		
	6		
	7		
制订计划说明	（1）每个任务中包含若干个知识点，制订计划时要加以详细说明。 （2）各组工作步骤顺序可不同，任务必须一致，以便于教师准备教学场景。 （3）先由各组制订计划，交流后由教师对计划进行点评。		

评语	班级		第　组	组长签字	
	教师签字			日期	

三、器械、工具、耗材领取清单

器械、工具、耗材领取清单（此表每组上交一份）

班级：　　　小组：　　　组长签字：

序号	名称	型号及规格	单位	数量	回收	备注

回收签字　学生：　　　　教师：

四、工作实施

工作实施单（此表每人上交一份）

项目七	生殖系统结构的识别		
学习任务	雌性生殖系统的识别	建议学时	4
任务实施过程			

一、实训场景设计

　　在校内解剖实训室或虚拟仿真实训室进行，要求有计算机、标本、挂图等。将全班学生分成8组，每组4～5人，由组长带头，制订任务分配、工作计划，领取器械、工具和耗材，并认真记录。

二、材料与用品

　　雌性动物生殖器官标本、挂图等。

三、任务实施过程

　　了解本学习任务需要掌握的内容，组内同学按任务分配收集相关资料，按下述实施步骤完成各自任务，并分享给组内同学，共同完成学习。

续表

实施步骤:

（1）学生分组,填写分组名单。

（2）制订并填写学习计划,小组讨论计划实施的可行性,由教师进行决策和点评。

（3）观察的卵巢、输卵管和子宫的构造。

根据雌性动物生殖器官的标本,对照教材上的插图,分别观察卵巢、输卵管、子宫的构造。

①观察卵巢的构造:在卵巢标本上,找出被膜和实质,再对照教材上的插图,找到原始卵泡、初级卵泡、次级卵泡、成熟卵泡。

②观察输卵管的构造:在输卵管标本上,找出输卵管伞、输卵管腹腔口。

（4）雌性生殖器官的观察:用牛生殖器官标本,对照教材上的插图和挂图,按照卵巢、输卵管、子宫、阴道、阴道前庭和阴门的顺序观察。

引导问题1:简述雌性动物生殖器官的名称、位置及形态。

引导问题2:简述卵巢的位置、形态及组织结构。

引导问题3:简述输卵管的位置、形态及组织结构。

引导问题4:简述子宫的位置、形态及组织结构。

五、评价反馈

学生进行自评,评价自己能否完成学习任务、完成引导问题,在完成过程中有无遗漏等。教师对学生进行评价的内容如下:工作实施是否科学、完整,所填内容是否正确、翔实,学习态度是否端正,学习过程中的认识和体会等。

学生自评表

班级: 姓名: 学号:

学习任务	雌性生殖系统的识别		
评价内容	评价标准	分值	得分
完成引导问题1	正确描述雌性动物生殖器官的名称、位置及形态	10	
完成引导问题2	正确描述卵巢的位置、形态及组织结构	20	
完成引导问题3	正确描述输卵管的位置、形态及组织结构	10	
完成引导问题4	正确描述子宫的位置、形态及组织结构	10	
任务分工	本次任务分工合理	5	
工作态度	态度端正,无缺勤、迟到、早退等现象	5	
工作质量	能按计划完成工作任务	10	

续表

协调能力	与小组成员间能合作交流、协调工作	10	
职业素质	能做到安全操作,文明交流,保护环境,爱护动物,爱护实训器材和公共设施	10	
创新意识	通过学习,建立空间概念,举一反三	5	
思政收获和体会	完成任务有收获	5	

学生互评表

班级:　　　姓名:　　　学号:

学习任务	雌性生殖系统的识别			
序号	评价内容	组内互评	组间评价	总评
1	任务是否按时完成			
2	器械、工具等是否放回原位			
3	任务完成度			
4	语言表达能力			
5	小组成员合作情况			
6	创新内容			
7	思政目标达成度			

教师评价表

班级:　　　姓名:　　　学号:

学习任务	雌性生殖系统的识别		
序号	评价内容	教师评价	综合评价
1	学习准备情况		
2	计划制订情况		
3	引导问题的回答情况		
4	操作规范情况		
5	环保意识		
6	完成质量		
7	参与互动讨论情况		
8	协调合作情况		
9	展示汇报		
10	思政收获		
总分			

项目八 心血管系统结构的识别

项目概述

本项目主要从心脏的认知、体循环与肺循环、血液的识别三个方面对心血管系统结构进行识别。家畜的心血管系统由心脏、血管（包括动脉、毛细血管和静脉）和血液组成。心脏是血液循环的动力器官,在神经-体液调节作用下,心脏进行有节律的收缩和舒张,使血液按一定方向流动。

项目目标

知识目标:本项目主要学习心脏的认知、体循环与肺循环、血液的识别。通过认识标本、解剖实验动物,学习心血管系统各组成部分的形态学特点、心脏和各类血管的功能特征、组织液的生成机制,理解心血管功能的调节机制。

能力目标:能熟练指出心脏和各类血管的功能特征、组织液的生成机制,描述心血管功能的调节机制等;在此基础上,更好地理解几种主要器官的循环特点,为学习后续章节打下基础。

思政目标:在学习血管的分类时,让学生从动脉、静脉、毛细血管的来源、管壁、管径、肌肉、纤维等方面进行总结,通过总结掌握这部分内容,培养学生对知识的概括和归纳能力。学习心率时,使学生明白心率产生的机理、心率测定的部位,让学生能运用所学的理论知识指导具体实践工作,坚持理论与实践相结合的学习方法。

任务一 心脏的认知

→ 任务导入

心脏是机体的重要器官,也是循环系统的动力器官。其位于胸腔纵隔内,左、右两肺之间。心腔包括左心房、右心房、左心室、右心室。

→ 学习目标

在本任务中,重点要掌握家畜心脏和血管的位置与功能;理解心血管功能的调节机制。在此基础上,更好地理解几种主要器官的循环特点,为学习后续章节打下基础。

→ 工作准备

（1）根据任务要求,了解心脏的位置与功能。

（2）收集心脏的相关资料。

（3）本学习任务需要准备计算机、心脏标本、实验动物等。

→ **任务资讯**

任务一　心脏的认知	学时	2

一、心

（一）心脏的位置和形态

心脏呈倒圆锥形,位于胸腔纵隔内,夹于左、右两肺之间,位于胸腔下 2/3 部、第 3 肋与第 6 肋之间,略偏左(马心 3/5、牛心 5/7 位于正中矢状面的左侧)。心尖距膈 2～5 cm(马的心尖距膈 6～8 cm),上部宽大为心基,位于第 1 肋骨中点的水平线上(马)或肩关节的水平线上(牛)。

心脏的表面近心基处有呈环状的冠状沟,是心房和心室的外表分界,沟上方为心房,下方为心室。心左侧面和右侧面分别有一锥旁室间沟(左纵沟)和一窦下室间沟(右纵沟)(在牛的心脏后缘还有一副纵沟)。锥旁室间沟位于左前方,大致与心尖的后缘平行,窦下室间沟位于左后方,伸至心尖,上述两沟是左、右心室的外表分界,两沟前部为右心室,后部为左心室。

（二）心腔的构造

心腔以纵向的房中隔和室中隔分为左、右两半,每半又分为上部的心房和下部的心室,共有四个腔,分别为右心房、右心室、左心房、左心室。

1. 右心房　构成心基的右前部,壁薄,包括静脉窦和右心耳两个部分。右心耳为圆锥状盲囊,内壁有许多不同方向的肉嵴,称为梳状肌。静脉窦为体循环静脉的入口部,接受全身的静脉血,前腔静脉和后腔静脉分别开口于右心房的背侧壁和后壁,两开口之间有发达的静脉间嵴。后腔静脉口的腹侧有一冠状窦,为心大静脉和心中静脉的开口。牛有发达的左奇静脉,于后腔静脉口的腹侧注入冠状窦。在后腔静脉口附近的房中隔壁上有一卵圆窝,为胎儿时期卵圆孔的遗迹。

2. 右心室　构成心室的右前部,壁较薄,其上方有两个口,前口较小,为肺动脉口,后口较大,为右房室口。右房室口为右心室的入口,在主动脉口的右前方、右心室的右上部,略呈卵圆形,由致密结缔组织构成的纤维环围绕而成。在纤维环上附着的三角形瓣膜,称三尖瓣。瓣膜的游离缘向下垂向心室,并由腱索(数条)连于心室壁的乳头肌上(共有三个乳头肌),每片瓣膜的腱索分别连于相邻的两个乳头肌上,当心室收缩时,室内压高于房内压,三尖瓣被推向上而互相靠拢,将房室口关闭,可防止血液倒流。肺动脉口是右心室的出口,在主动脉口的左前方、右心室的左上部,圆形,也由纤维环围绕而成,环上有三个口袋形瓣膜,称为半月瓣,瓣膜的凹面朝向肺动脉,在心室壁与室中隔之间有心横肌(隔缘肉柱),当心室舒张时可防止心室过度扩张。

3. 左心房　占据(或构成)心基的左后部,有向左前方呈锥状突出的盲囊,为左心耳,内壁也有梳状肌,左心房背侧壁上有数个肺静脉口(6～8 个),腹侧壁上有左房室口,通向左心室。

4. 左心室　构成心基的左后部,壁很厚,伸达心尖,其上方有两个口,前口较小,为主动脉口,后口较大,为左房室口。左房室口为左心室的入口,有二尖瓣。主动脉口为左心室的出口,有三个半月瓣,也有隔缘肉柱,与右心室结构相似。

（三）心壁的构造

心壁可分为心外膜、肌层和心内膜三层。

（四）心脏的传导系统

心脏的传导系统由特殊的心肌纤维构成,能自发地产生、传导兴奋,使心肌有节律地收缩和舒张。心脏的传导系统由窦房结、房室结、房室束和浦肯野纤维构成。

1. 窦房结 位于前腔静脉和右心耳之间的界沟的心外膜下。

2. 房室结 位于房中隔的心内膜下、右心房冠状窦的前下方。

3. 房室束 房室结向下的直接延续,在室中隔的上端分为左、右两支,分别在室中隔左心室的内膜下,向下伸延,并有分支通过隔缘肉柱分布到左、右心室的侧壁上。

4. 浦肯野纤维 房室束的一些分支,与普通心肌纤维相连,是特化的心肌纤维。

（五）心包

心包是心外面的锥形纤维囊。心包壁由浆膜和纤维膜组成,有保护心脏的作用。浆膜分壁层和脏层。浆膜壁层贴于纤维膜的内面,在心基和大血管部移行并转折到心的表面,成为脏层,构成心外膜。两层之间为心包腔,腔内有少量浆液(心包液),起润滑作用,可减少摩擦。纤维膜为一层坚韧的结缔组织膜,在心基部与出入心脏的大血管的外膜相连,在心尖部附着于胸骨的背侧壁,外面有心包胸膜。

二、心脏的生理活动

（一）心肌细胞的生物电现象

心肌细胞在细胞膜两侧存在电位差,这种电位差称为跨膜电位,包括静息状态下的静息电位和兴奋时的动作电位。

1. 心室肌细胞的跨膜电位及其产生原理

(1)静息电位:当完整无损的心室肌细胞处于静息状态时,其表面各点的电位相等,唯膜内、外存在跨膜电位差,用微电极可检测到其静息电位约为-90 mV,并表现为膜外带正电荷、膜内带负电荷的极化状态。心室肌细胞的静息电位是由K^+向细胞膜外流动所产生的K^+跨膜电位或平衡电位。

(2)动作电位:心室肌细胞受到刺激而产生兴奋时,其静息电位经历去极化与复极化的转变过程。

2. 窦房结细胞 一种自律细胞,它在没有外来刺激的情况下,也会自动去极化。因此,其跨膜电位的变化,尤其是动作电位的产生过程,有别于其他心肌细胞。

3. 心肌的快反应细胞和慢反应细胞

(1)快反应细胞:此类细胞有心房肌细胞、心室肌细胞、优势传导通路细胞等。其特点是动作电位的幅度较大,上升的速度较快,传播的速度也较快。

(2)慢反应细胞:此类细胞包括窦房结、房室交界的房结区和结希区等处的细胞。

（二）心肌的生理特性

1. 自动节律性 组织细胞在没有外来刺激的条件下,能自动地发生节律性兴奋的特性,称为自动节律性,简称自律性。具有自动节律性的组织或细胞,称为自律组织或自律细胞。

窦房结的自律细胞,依组织学的特点命名为苍白细胞,简称 P 细胞。4 期自动去极化是自律性的基础,窦房结 P 细胞的自律性最高,心脏始终是依照当时情况下自律性最高的部位所发出的兴奋来进行活动的。

(1)窦房结是主导整个心脏兴奋和跳动的正常部位,称为正常起搏点。

(2)其他部位的自律组织并不表现出它们自身的自动节律性,只是起着传导兴奋的作用,称为潜在起搏点。

(3)在某种异常情况下,窦房结以外的自律组织也可以自动产生兴奋,而心房或心室则依从当时情况下自律性最高部位的兴奋而跳动,这些异常的起搏部位称异位起搏点。

(4)正常心搏节律是由自律性最高处窦房结发出冲动而引起的,故称窦性心律。

(5)异位心搏节律指由窦房结以外的自律组织取代窦房结而主宰心搏的节律。

2. 兴奋性 所有心肌细胞都具有兴奋性,决定和影响兴奋性的因素有很多。

动画:动作
电位产生
机制

动画：动作
电位的传导

3. 传导性　传导性指心肌细胞兴奋而产生的动作电位能够沿着细胞膜传播的特性。心肌细胞的兴奋可以通过细胞间的闰盘（缝隙连接），从一个细胞扩布到与其相邻的细胞，使心房、心室成为功能上的合胞体而表现为左、右心房或心室的同步兴奋和收缩。

心脏内兴奋传导的途径如下：窦房结产生的兴奋，经过渡细胞传至心房，通过优势传导通路传导到房室交界（房结区、结区、结希区），再经房室束、房室束支、浦肯野纤维网传导至心室肌。

4. 收缩性　心肌细胞的收缩性有其自己的特点。

（1）对细胞外液中 Ca^{2+} 浓度的依赖性。

（2）同步收缩：心房和心室内特殊传导组织的传导速度快，而心肌细胞之间的闰盘（缝隙连接）又为低电阻区，因此，在心房和心室内兴奋传导速度快，兴奋几乎同时到达所有的心房肌细胞或心室肌细胞，从而引起整个心房或心室同时收缩（同步收缩）。同步收缩的力量大，有利于射血。由于同步收缩，心房或心室要么不收缩，要么整个心房或整个心室一起收缩，这种收缩现象称为"全或无收缩"。

（3）不发生强直收缩：心肌兴奋性周期变化的特点是有效不应期特别长，相当于整个收缩期加舒张早期。在此期间，任何强刺激都不能引起心肌收缩。所以心肌每次收缩后必有舒张，始终保持着收缩与舒张交替的节律活动。

（4）期前收缩与代偿性间歇：在有效不应期之后，若给予一次实验条件下的人工刺激，或在病理情况下有来自异位起搏点的刺激，则可引起心室肌收缩。由于这种收缩发生在窦房结兴奋所引起的正常收缩之前，故称为期前收缩或额外收缩，也称早搏。

由于期前收缩的出现，紧接而来的窦房结兴奋往往落在期前收缩的有效不应期内，导致心室肌不能出现收缩反应，必须等到窦房结的下一次兴奋传来时，心室肌才发生收缩。这种在一次期前收缩之后常出现的一段较长的心脏舒张期，称为代偿性间歇。

（三）心动周期中各时期的特点

1. 心动周期与心率

（1）心动周期：心脏每收缩、舒张一次所需要的时间。

（2）心率：心搏频率的简称，指每分钟心搏次数（次/分）。

2. 心脏的射血过程及心内的压力、容积变化

（1）心房收缩期。

（2）心室收缩期：包括等容收缩相以及快速和减慢射血相。

（3）心室舒张期：包括等容舒张相和心室充盈相，后者又细分为快速充盈、减慢充盈和心房收缩充盈三个时相。

3. 心输出量

（1）心输出量：通常是指左心室射入主动脉的血量。心输出量是评价循环系统效率高低的重要指标。一侧心室在每次收缩时射入动脉的血量，称为每搏输出量。通常把每搏输出量占心室末期的容积百分比称为射血分数。平时所说的心输出量，都是指每分输出量，通常用每搏输出量和心率的乘积来计算，即心输出量＝每搏输出量×心率。

（2）影响心输出量的因素：

①心室舒张末期容量：即心射血前容量，它取决于静脉的回流量。

②心肌后负荷：心室肌收缩时承受的负荷，即心室收缩时所面临的阻力。

③心率。

4. 心音　在心动周期中，心瓣膜的关闭和心肌的收缩引起血流振荡所产生的声音。在一个心动周期中一般可听到"嗵""嗒"这两个心音，偶尔还可听到第三个心音。

（1）第一心音发生在心室收缩期，音调较低，持续时间长，属浊音，在心尖搏动处听得最清楚。

（2）第二心音发生于心室舒张期，音调较高，持续时间较短。

（3）第三心音发生于第二心音之后，是一种低频、低振幅的心音。

（4）第四心音是与心房收缩有关的一组心室收缩前的振动音，故也称心房音。

5. 心电图　心电图是利用心电图机由体表描记所得的心电活动的电位变化曲线，反映心脏兴奋起源以及兴奋扩布于心房、心室的过程。

三、心脏的神经支配

心脏受心交感神经和心迷走神经的双重支配。

（一）心交感神经及其作用

心交感神经的节前神经元位于脊髓第 1～5 胸段的中间外侧柱内，其轴突末梢释放的递质为乙酰胆碱，它能激活节后神经元细胞膜上的 N 型胆碱能受体。

（二）心迷走神经及其作用

支配心脏的副交感神经节前纤维走行于迷走神经干中。这些节前神经元的细胞体位于延髓的迷走神经背核和疑核，在不同的动物中有种间差异。

心交感神经和心迷走神经对心脏活动的支配效应是相拮抗的。但是，在整体生命活动中，二者的效应既相拮抗又协调统一。如动物在相对安静状态下，心迷走神经的支配作用占优势，心脏活动减慢、减弱；当躯体运动加强时，心交感神经的支配作用占主导地位，心脏活动加强、加快。

在线学习

1. 动物解剖生理在线课			2. 多媒体课件	3. 能力检测
视频：心脏构造的认识	视频：心房的结构及功能	视频：心室的结构及功能	PPT：8.1	习题：8.1

任务实施

一、任务分配

学生任务分配表（此表每组上交一份）

班级		组号		指导教师	
组长		学号			
组员		姓名	学号	姓名	学号
任务分工					

二、工作计划单

工作计划单(此表每人上交一份)

项目八	心血管系统结构的识别		学时	6
学习任务	心脏的认知		学时	2
计划方式	分组计划(统一实施)			
制订计划	序号	工作步骤	使用资源	
	1			
	2			
	3			
	4			
	5			
	6			
	7			
制订计划说明	(1)每个任务中包含若干个知识点,制订计划时要加以详细说明。 (2)各组工作步骤顺序可不同,任务必须一致,以便于教师准备教学场景。 (3)先由各组制订计划,交流后由教师对计划进行点评。			
	班级		第　组	组长签字	
	教师签字		日期		
评语				

三、器械、工具、耗材领取清单

器械、工具、耗材领取清单(此表每组上交一份)

班级:　　　小组:　　　组长签字:

序号	名称	型号及规格	单位	数量	回收	备注

回收签字　学生:　　　　教师:

四、工作实施

工作实施单(此表每人上交一份)

项目八	心血管系统结构的识别		
学习任务	心脏的认知	建议学时	2

任务实施过程

一、实训场景设计

在校内解剖实训室或虚拟仿真实训室进行,要求有计算机、心脏标本、解剖虚拟仿真系统、实验动物猪。将全班学生分成 8 组,每组 4～5 人,由组长带头,制订任务分配、工作计划,领取器械、工具和耗材,并认真记录。

二、材料与用品

心脏标本、解剖虚拟仿真系统、实验动物猪等。

三、任务实施过程

了解本学习任务需要掌握的内容,组内同学按任务分配收集相关资料,按下述实施步骤完成各自任务,并分享给组内同学,共同完成学习。

实施步骤:

(1) 学生分组,填写分组名单。

(2) 制订并填写学习计划,小组讨论计划实施的可行性,由教师进行决策和点评。

(3) 解剖心脏:注意心包的壁层(纤维层)和紧贴心脏的心外膜之间构成心包腔,腔内有少量滑液。

剥去心包,观察心脏的外形、冠状沟、室间沟、心房、心室及连接在心脏上的各类血管,并指出各自的名称及血流方向。沿右侧做纵切,切开右心房和右心室、右心室口。①观察右心房和前、后腔静脉入口,用直尺测量心房肌的厚度(记录)。②观察右心室和肺动脉口的瓣膜、右心室壁的厚度(测量记录),观察乳头肌、腱索。③观察右房室瓣,注意腱索附着点(图 8-1)。

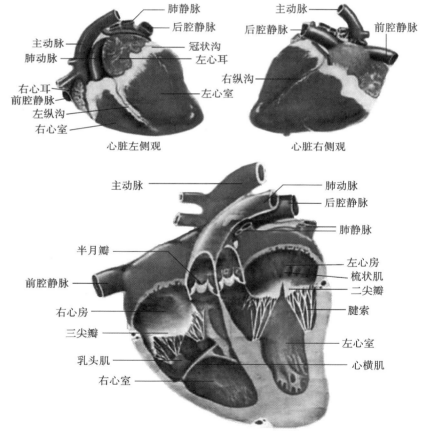

扫码看彩图
8-1

图 8-1 心脏的结构

续表

（4）按要求回答下列引导问题。

引导问题1:绘图说明心脏的内部结构。

引导问题2:简述心脏搏动的活动规律。

引导问题3:简述常见动物的心率。

引导问题4:简述犬心脏的体表投影。

五、评价反馈

学生进行自评,评价自己能否完成学习任务、完成引导问题,在完成过程中有无遗漏等。教师对学生进行评价的内容如下:工作实施是否科学、完整,所填内容是否正确、翔实,学习态度是否端正,学习过程中的认识和体会等。

学生自评表

班级: 姓名: 学号:			
学习任务	心脏的认知		
评价内容	评价标准	分值	得分
完成引导问题1	正确绘图说明心脏的内部结构	10	
完成引导问题2	正确描述心脏搏动的活动规律	20	
完成引导问题3	正确描述常见动物的心率	10	
完成引导问题4	正确描述犬心脏的体表投影	10	
任务分工	本次任务分工合理	5	
工作态度	态度端正,无缺勤、迟到、早退等现象	5	
工作质量	能按计划完成工作任务	10	
协调能力	与小组成员间能合作交流、协调工作	10	
职业素质	能做到安全操作,文明交流,保护环境,爱护动物,爱护实训器材和公共设施	10	
创新意识	通过学习,建立空间概念,举一反三	5	
思政收获和体会	完成任务有收获	5	

学生互评表

班级：		姓名：	学号：			
学习任务			心脏的认知			
序号		评价内容		组内互评	组间评价	总评
1		任务是否按时完成				
2		器械、工具等是否放回原位				
3		任务完成度				
4		语言表达能力				
5		小组成员合作情况				
6		创新内容				
7		思政目标达成度				

教师评价表

班级：		姓名：	学号：		
学习任务			心脏的认知		
序号		评价内容		教师评价	综合评价
1		学习准备情况			
2		计划制订情况			
3		引导问题的回答情况			
4		操作规范情况			
5		环保意识			
6		完成质量			
7		参与互动讨论情况			
8		协调合作情况			
9		展示汇报			
10		思政收获			
总分					

任务二　体循环与肺循环

➡ 任务导入

动脉是将血液从心脏输送到全身各部的血管,沿途反复分支,管径越来越小,管壁越来越薄,最后移行为毛细血管。毛细血管是连接于动脉、静脉之间的微细血管,互相连接成网状,遍布全身。毛细血管壁很薄,具有一定的通透性,有利于血液和周围组织进行物质交换。静脉是收集血液回心脏的血管,从毛细血管起始,逐渐汇集成小、中、大静脉,最后通入心脏。

➡ 学习目标

在本任务中,要熟记血管分为动脉、毛细血管和静脉三种,根据结构探讨其生理功能。能熟练进

Note

行血管解剖,能区分不同的血管,准确识别其结构特点并描述其功能。在学习过程中,根据不同血管的结构特点、功能和协同作用,强调团队合作的重要性,培养学生的团队协作意识。

→ **工作准备**

本学习任务需准备计算机、血管标本、实验动物犬、解剖虚拟仿真系统等。

→ **任务资讯**

任务二　体循环与肺循环	学时	2

一、血管及血管生理

(一)血管的分类

根据血管的结构和功能,血管可分为动脉、静脉和毛细血管三种。

1. 动脉　将血液从心脏输送到全身各部的血管,动脉逐渐分支,愈分愈细,最后在组织内形成毛细血管。动脉管壁厚,有弹性,离心脏愈近,管壁愈厚,管径愈粗,弹性愈好。

2. 静脉　将血液由全身各部输送回心脏的血管。静脉常与动脉伴行。其特点如下:管径大,管壁薄,弹性小,某些部位(如四肢)的静脉的内膜形成成对的半月状静脉瓣。袋口朝向心脏的方向,以防止血液逆流。

3. 毛细血管　管径最细,管壁最薄,分布最广,平均直径为 $8\ \mu m$。毛细血管构造简单,管壁由一层内皮细胞构成。

(二)血管分布的一般规律

(1)血管主干多沿脊柱的腹面、四肢的内侧或关节的屈面延伸,位置较隐蔽,可避免损伤和过度牵张,有利于血液的流通。

(2)血管主干分出侧支,以最短距离到达所分布的器官,主干侧支的管径大小与器官的功能相适应。与主干平行的侧支称侧副支,其末端与主干侧支相吻合,形成侧副循环,即主干的血液可通过侧副支回流到主干,当主干血流受阻时,侧副支可代替主干,以保证相应区域的血液供应。

(3)相邻血管之间常有分支相通,称为吻合支,其中分布于同一器官相邻两动脉的分支呈弓状吻合,称动脉弓。

(4)动脉常与同名静脉伴行。

(5)静脉比伴行的动脉粗,且数量多,可分为浅静脉和深静脉。浅静脉位于皮下,称皮下静脉。

(三)小循环的血管

由右心室发出的肺动脉干,很快就分为左、右肺动脉,分别进入左、右肺。肺的静脉较多,有7～8条,也由肺门走出,进入左心房。

(四)大循环的血管

1. 体循环的动脉　全身的血液均由一条大的主干(即主动脉)发出。主动脉可以分为主动脉弓、胸主动脉和腹主动脉三大段。在主动脉弓处,主动脉发出其最大的分支,即臂头动脉干。

胸主动脉发出肋间动脉和支气管食管动脉。腹主动脉也发出成对的体壁支和内脏支,负责腹壁和腹腔内脏的血液供应。腹主动脉的末端分为两条髂外动脉和两条髂内动脉,分别是后肢和骨盆腔的动脉主干。

2. 体循环的静脉　通过四条静脉回流到右心房。

(1)心中静脉、心大静脉收集心脏本身的静脉血。

（2）奇静脉：牛为左奇静脉，马为右奇静脉，接受第5肋以后的肋间静脉、支气管食管静脉的血液。

（3）髂内静脉收集骨盆腔内脏的静脉血至髂总静脉，后汇至后腔静脉；脾、胰、大肠、小肠的静脉血汇至门静脉，然后到肝毛细血管，再汇至肝静脉。

二、胎儿的血液循环

胎儿在母体子宫内发育时，肺、消化器官不起作用，胎儿所需要的全部营养物质和氧都通过胎盘由母体提供。

（一）胎儿血液循环的特点

（1）心脏的房中隔上有一卵圆孔，使左、右心房相通，但由于卵圆孔的左侧有一瓣膜，且右心房的压力高于左心房，故右心房的血液只能流向左心房。

（2）主动脉和肺动脉之间有动脉导管相通，因此，来自右心室的大部分血液可通过动脉导管流入主动脉，仅有少量入肺（肺无功能）。

（3）胎盘是胎儿与母体进行物质交换的特有器官，以脐带与胎儿相连，脐带内有两条脐动脉和一条脐静脉。脐动脉由髂内动脉（牛、猪）或阴部内动脉（马）分出，沿膀胱两侧到膀胱顶，再沿腹腔底壁向前延伸至脐孔进入脐带，经脐带到胎儿胎盘，分支形成毛细血管网，与母体胎盘进行物质交换。胎盘毛细血管汇集成脐静脉，经脐带由脐孔进入胎儿腹腔（牛有两条脐静脉，进入腹腔后合成一条），经肝门入肝，最后汇合成数条肝静脉注入后腔静脉，脐带内动脉血富含营养物质和氧。

（二）胎儿出生后的变化

胎儿出生后，脐动脉变为膀胱圆韧带；脐静脉变为肝圆韧带；动脉导管闭合，形成动脉导管索；卵圆孔封闭，形成卵圆窝。

三、血管的功能特点

（1）弹性储器血管：主动脉、肺动脉主干及其发出的最大分支。

（2）分配血管：弹性储器血管以后到分支为小动脉前的动脉管道。其功能是将血液输送至各组织器官。

（3）小动脉和微动脉的管径小，对血流的阻力大，这些血管称为毛细血管前阻力血管。

（4）在真毛细血管的起始部常有平滑肌环绕，这些平滑肌称为毛细血管前括约肌。

（5）交换血管：真毛细血管，其管壁仅由单层内皮细胞构成，外面有一薄层基膜，故通透性很高，是血管内血液和血管外组织液进行物质交换的场所。

（6）毛细血管后阻力血管：微静脉，微静脉因管径小，对血流也产生一定的阻力。

（7）静脉在血管系统中起着血液储存库的作用，故生理学中常将静脉称为容量血管。

（8）短路血管：一些血管中小动脉和小静脉之间的吻合支。

血管系统在体内起着输送、分配、储存血液及调节血流的作用，参与机体与环境之间的物质交换过程。

四、血压

血压是指血管内血流对单位面积血管壁的侧压力，即压强。导致血压形成的主要因素为血液充盈血管和心脏射血。

（一）动脉血压与动脉脉搏

1. 动脉血压及其影响因素 一般所说的血压系指体循环的动脉血压，其可决定其他部位血管的血压高低。不同种属动物的动脉血压是不一样的。同种动物的血压也随年龄、性别及生理状况的不同而不同。影响动脉血压的因素有很多。

（1）每搏输出量：如果心脏每搏输出量增大，心室收缩期射入主动脉的血量增多，心室收缩期中主动脉等大动脉内的血量增加，管壁所受的侧压力增大，故收缩期动脉血压的升高更加明显。

（2）心率。

（3）外周阻力。

（4）主动脉等大动脉的弹性储器作用如前所述。由于主动脉等大动脉的弹性储器作用，动脉血压的波动幅度明显小于心室内压力的波动幅度。

（5）循环血量和血管系统容量的比例。

2. 动脉脉搏　在每个心动周期，动脉内的压力会发生周期性的变化，这种周期性的压力变化可引起动脉血管发生搏动，称为动脉脉搏。

（二）静脉血压与静脉脉搏

（1）静脉血压是指静脉内血液对管壁产生的侧压力。影响静脉血压的因素非常复杂，主要有左心室的收缩力、微动脉的血流量、右心室的收缩和舒张、静脉系统的阻力等。

（2）右心房缩舒活动时产生的压力变化，可逆向传到邻近心脏的大静脉，从而出现静脉搏动，称静脉脉搏。

五、微循环、组织液与淋巴液

（一）微循环

微循环是指微动脉和微静脉之间的血液循环。

微循环的组成与机能：血液可通过3条途径从微动脉流向微静脉，即直捷通路、迂回通路和动静脉短路。

（1）血液从微动脉流经后微动脉、通血毛细血管而后回到微静脉的这条通路称作直捷通路。

（2）血液从微动脉流经后微动脉、毛细血管网到微静脉的这条通路称作迂回通路。

（3）血液从微动脉经动-静脉吻合支直接回流到微静脉的这条通路称作动静脉短路。

（二）组织液的生成与影响因素

1. 组织液的生成　在血液流经微循环营养通路时，毛细血管动脉端有组织液生成，而静脉端发生组织液回流，从而实现血液与组织液的物质交换。

毛细血管壁的通透性是组织液生成的前提。动力是由毛细血管内、外存在的四种力量决定的有效滤过压。这四种力量分别是毛细血管血压、组织液静水压、血浆胶体渗透压和组织液胶体渗透压。

2. 影响组织液生成的因素

（1）毛细血管血压：毛细血管血压升高，可促进组织液生成。

（2）血浆胶体渗透压：血浆蛋白质含量减少，血浆胶体渗透压降低，有效滤过压增大，导致组织液生成增多，引起组织水肿。

（3）毛细血管壁的通透性：在过敏反应中，由于局部组织释放大量组胺，毛细血管壁的通透性增大，部分血浆蛋白渗出，血浆胶体渗透压降低，而组织液胶体渗透压升高，组织液生成增多，机体出现局部水肿。

（4）淋巴回流：毛细血管动脉端滤出的液体，一部分通过淋巴回流入血液。若淋巴回流受阻，则组织液积聚而出现水肿。

（三）淋巴液的生成和回流

1. 淋巴液的生成　淋巴液来自组织液。血浆滤过生成的组织液有90%被重吸收，其余进入毛细淋巴管，形成淋巴液。

2. 淋巴回流　毛细淋巴管内的淋巴液流入集合淋巴管和淋巴结，最后经淋巴导管（胸导管和右淋巴管)进入前腔静脉,加入血液循环。因此,淋巴回流系统是组织液向血液循环回流的一个重要辅助系统。

组织内的毛细淋巴管起始于盲端。管腔较大而不规则,管壁为单层内皮细胞,其外无基膜,相邻内皮细胞边缘有瓦片状的重叠覆盖,并可向管腔内飘动,形成向管腔内开放的单向瓣膜。组织液及悬浮于其中的微粒,包括激素、酶、抗体以及侵入的细菌和消化吸收的脂肪微滴,都可通过这种瓣膜进入毛细淋巴管,但不能倒流。

淋巴液回流的生理功能,主要是将组织液中的蛋白质分子带回血液中,并且清除组织液中不能被毛细血管重吸收的较大分子以及组织中的红细胞和细菌等。

六、心血管活动的调节

(一)神经调节

1. 调节中枢　一般认为,延髓是心血管活动的调节中枢。

2. 反射性调节

(1)颈动脉窦和主动脉弓压力感受器反射:颈动脉窦和主动脉弓血管壁的外膜下,有丰富的感觉神经末梢,主要感受血压变化对血管壁产生的牵张刺激,常称为压力感受器。压力感受器反射是负反馈调节机制。它的生理意义在于使动脉血压保持相对稳定。

(2)颈动脉体和主动脉体化学感受器反射:颈动脉体和主动脉体可感受血液中的化学变化并发放神经冲动,称为化学感受器。由化学感受器发放神经冲动所引起的反射活动,称为化学感受器反射。当血液中出现缺氧、CO_2分压升高和H^+浓度增大时,上述感受器即发放冲动,经窦神经和迷走神经进入延髓,并在孤束核交换神经元。

(3)心肺感受器引起的心血管反射:心房、心室和肺循环的大血管壁存在着许多感受器,总称为心肺感受器。主要有牵张感受器和化学感受器。当心房、心室或肺循环的大血管内压力升高时,或因血容量增大而使心脏或血管壁受到牵张时,心肺感受器可产生兴奋。

(4)躯体感受器和其他内脏感受器引起的心血管反射:刺激躯体传入神经可以引起各种心血管反射。反射的效应取决于感受器的性质、刺激的强度和频率等。用中低等强度的低频电脉冲刺激骨骼肌传入神经,常可引起降血压效应;而用高强度的高频电脉冲刺激皮肤传入神经,常引起升血压效应。

(二)体液调节

心血管活动的体液调节是指血液和组织液中的某些化学物质,对心血管活动所产生的调节作用。按化学物质的作用范围,可分为全身性体液调节和局部性体液调节两大类。

1. 全身性体液调节

(1)肾上腺素和去甲肾上腺素:肾上腺素使心率加快,心肌收缩力增强;去甲肾上腺素使血管收缩,血压升高。

(2)肾素-血管紧张素系统:肾素-血管紧张素系统既存在于循环系统中,也存在于血管壁、心脏、肾脏和肾上腺等组织内。肾素-血管紧张素系统成分主要包括肾素、血管紧张素转化酶、血管紧张素原和血管紧张素Ⅱ,心肌、血管平滑肌、骨骼肌、脑、肾、性腺等多种器官组织中富含血管紧张素转化酶和血管紧张素Ⅱ受体。除全身性肾素-血管紧张素系统外,在心脏、血管等器官组织中还存在相对独立的局部肾素-血管紧张素系统,这种局部肾素-血管紧张素系统可通过旁分泌和(或)自分泌方式,更直接地对心血管活动进行调节。

肾脏球旁细胞分泌的肾素,可将血液中的血管紧张素原转变为无生理活性的血管紧张素Ⅰ,血管紧张素Ⅰ在血管紧张素转化酶作用下形成8肽的血管紧张素Ⅱ和7肽的血管紧张素Ⅲ。血管紧张素维持机体血压和血容量平衡的作用显著,以血管紧张素Ⅱ活性最强,其可通过收缩全身小动脉平滑肌,促进神经垂体释放血管升压素和催产素,强烈刺激肾上腺皮质分泌醛固酮,促进肾小管重吸收水、钠,兴奋交感神经等多种机制升高血压,是目前已知最有效的升压物质。

心脏内局部肾素-血管紧张素系统的主要作用为对心脏的正性变力作用,致心肌肥大,调节冠状动脉阻力,抑制心肌细胞增长等。血管内局部肾素-血管紧张素系统的主要作用为收缩血管,影响血管结构和凝血系统功能。

　　(3)血管升压素:血管升压素是由下丘脑的视上核和室旁核神经元合成,经轴突输送到垂体后叶,再释放入血的激素。此激素在正常情况下不参与血压调节。只在机体严重失血时,才产生一定的缩血管作用,使血压上升。

　　2. 局部性体液调节

　　(1)激肽释放酶-激肽系统:激肽释放酶是机体内的一种蛋白酶,可使某些蛋白质底物——激肽原分解为激肽。激肽具有舒血管活性,可参与对血压和局部组织血流的调节。

　　(2)组胺:由组氨酸在脱羧酶的作用下生成。许多组织,特别是皮肤、肺和肠黏膜组织的肥大细胞中,含有大量的组胺。组织受到损伤或发生炎症及过敏反应时,均可释放组胺。它的主要作用是使局部毛细血管和微静脉管壁的内皮细胞收缩,彼此分开,使内皮细胞间的裂隙扩大,血管壁的通透性明显增大,导致局部组织水肿。

　　(3)前列腺素:各种前列腺素对血管平滑肌的作用是不同的。例如,前列腺素 E_2 具有强烈的舒血管作用,前列腺素 F_2 则使静脉收缩。前列环素(即前列腺素 I_2)是在血管组织中合成的一种前列腺素,有强烈的舒血管作用。

　　(4)阿片肽神经元:在大脑基底部和脑干孤束核等处均有分布,其轴突投射到其他脑区,所释放的 β-内啡肽和来自血浆的 β-内啡肽,作用于某些与心血管活动有关的神经核团,使交感神经活动受到抑制,心迷走神经活动加强,导致血压降低。血浆中的阿片肽还可作用于血管壁上的阿片受体,使血管舒张。

　　(5)心钠素:心钠素是由心房肌细胞合成和释放的一类多肽。心钠素可使血管舒张,外周阻力降低。也可使每搏输出量减少,心率减慢,故心输出量减少。

→ 在线学习

1.动物解剖生理在线课	2.多媒体课件	3.能力检测
视频:血管的分类及功能	视频:心血管生理特点	PPT:8.2	习题:8.2

→ 任务实施

一、任务分配

学生任务分配表(此表每组上交一份)

班级		组号		指导教师	
组长		学号			
组员	姓名	学号	姓名	学号	

续表

任务分工	

二、工作计划单

工作计划单（此表每人交一份）

项目八	心血管系统结构的识别		学时	6
学习任务	体循环与肺循环		学时	2
计划方式	分组计划（统一实施）			
制订计划	序号	工作步骤	使用资源	
	1			
	2			
	3			
	4			
	5			
	6			
	7			
制订计划说明	（1）每个任务中包含若干个知识点，制订计划时要加以详细说明。 （2）各组工作步骤顺序可不同，任务必须一致，以便于教师准备教学场景。 （3）先由各组制订计划，交流后由教师对计划进行点评。			
评语	班级		第　组	组长签字	
	教师签字			日期	

三、器械、工具、耗材领取清单

器械、工具、耗材领取清单（此表每组上交一份）

班级：　　　小组：　　　组长签字：

序号	名称	型号及规格	单位	数量	备注

回收签字　学生：　　　　　教师：

Note

四、工作实施

工作实施单(此表每人上交一份)

项目八	心血管系统结构的识别		
学习任务	体循环与肺循环	建议学时	2
任务实施过程			

一、实训场景设计

在校内解剖实训室或虚拟仿真实训室进行,要求有计算机、解剖虚拟仿真系统、体循环与肺循环血管标本等。将全班学生分成 8 组,每组 4~5 人,由组长带头,制订任务分配、工作计划,领取器械、工具和耗材,并认真记录。

二、材料与用品

解剖虚拟仿真系统、体循环与肺循环血管标本等。

三、任务实施过程

了解本学习任务需要掌握的内容,组内同学按任务分配收集相关资料,完成各自任务,并分享给组内同学,共同完成学习任务。

实施步骤:

(1)学生分组,填写分组名单。

(2)制订并填写工作(学习)计划,小组讨论计划实施的可行性,由教师进行决策和点评。

(3)按组分配动物模型、解剖虚拟仿真系统,把模型、计算机编号填写在表格中,在任务结束回收时核实,再签字确认。

(4)打开计算机,登录解剖虚拟仿真系统,调整牛的 3D 模型,显示和隐藏所需观察的内容,对比体循环与肺循环血管标本,一一对照,逐一观察和学习。

(5)更换其他动物模型和虚拟动物,再进行观察和学习。

观察结果记录如下。

1 号血管名称为_____,2 号血管名称为_____,3 号血管名称为_____,4 号血管名称为_____,5 号血管名称为_____,6 号血管名称为_____。

(6)按要求回答下列引导问题。

引导问题 1:血管共分为哪三大类?

引导问题 2:请画出肺循环的血管走向图。

引导问题 3:请画出体循环的血管走向图。

引导问题 4:请简述心脏的血管走向。

引导问题 5:请简述微循环、组织液与淋巴液之间的关系。

五、评价反馈

学生进行自评,评价自己能否完成学习任务、完成引导问题,在完成过程中有无遗漏等。教师对学生进行评价的内容如下:工作实施是否科学、完整,所填内容是否正确、翔实,学习态度是否端正,学习过程中的认识和体会等。

学生自评表

班级:　　姓名:　　学号:

学习任务	体循环与肺循环		
评价内容	评价标准	分值	得分
完成引导问题1	能正确说出三大类血管	10	
完成引导问题2	正确画出肺循环的血管走向图	10	
完成引导问题3	正确画出体循环的血管走向图	10	
完成引导问题4	正确回答心脏的血管走向	10	
完成引导问题5	能通过查找资料,正确回答问题	10	
任务分工	本次任务分工合理	5	
工作态度	态度端正,无缺勤、迟到、早退等现象	5	
工作质量	能按计划完成工作任务	10	
协调能力	与小组成员间能合作交流、协调工作	10	
职业素质	能做到安全操作,文明交流,保护环境,爱护动物,爱护实训器材和公共设施	10	
创新意识	通过学习,建立空间概念,举一反三	5	
思政收获和体会	完成任务有收获	5	

学生互评表

班级:　　姓名:　　学号:

学习任务	体循环与肺循环		
序号	评价内容	组内互评	组间评价	总评
1	任务是否按时完成			
2	器械、工具等是否放回原位			
3	任务完成度			
4	语言表达能力			
5	小组成员合作情况			
6	创新内容			
7	思政目标达成度			

教师评价表

班级:　　姓名:　　学号:

学习任务	体循环与肺循环		
序号	评价内容	教师评价	综合评价
1	学习准备情况		
2	计划制订情况		
3	引导问题的回答情况		

续表

4	操作规范情况		
5	环保意识		
6	完成质量		
7	参与互动讨论情况		
8	协调合作情况		
9	展示汇报		
10	思政收获		
总分			

任务三　血液的识别

→ 任务导入

血液是在心脏和血管腔内循环流动的一种不透明的红色黏稠液体。血液由血浆和血细胞组成，血细胞包括红细胞、白细胞和血小板。成年动物的血液约占体重的十三分之一。

→ 学习目标

通过本任务的学习与训练，牢记牛、羊、猪、鸡、犬等各种动物血液的特点，掌握白细胞、红细胞、血小板的特点。

→ 工作准备

(1)根据任务要求，了解并掌握家畜的血液特点，并且能直观描述。
(2)收集家畜、家禽血液的相关资料。
(3)准备完成学习任务所需的器械、工具、耗材等。
(4)本学习任务需准备牛、羊、猪、鸡、犬等动物的血液与图片，有解剖虚拟仿真系统辅助更方便。

→ 任务资讯

任务三　血液的识别	学时	2

血液是流动在心脏和血管内的不透明红色液体，主要成分为血浆、血细胞，其中血浆约占血液的55%，是水、糖、脂肪、蛋白质、钾盐和钙盐等的混合物。血细胞约占血液的45%。血液中含有无机盐、氧，以及细胞代谢产物、激素、酶和抗体等，有营养组织、调节器官活动和防御有害物质侵入的作用。

血量是指动物循环系统内所含血液的总量，又名总血量。在较高等动物中，由于血液处于闭锁的心血管系统中，血量的变化及其调节对全身各部分的功能影响极大。动物处于静息状态时，全身血量的绝大部分在心血管系统中不停流动，这部分血量称为循环血量；另有小部分血量分布在肝、脾、腹腔静脉、骨骼。各种脊椎动物的血量随其体型的大小而异，差别很大；但就各种动物血量与其自身体重之比来看,差别并不很大。成年畜禽的血量是体重的 5%～9%,即每千克体重有 50～90 mL 血液,幼年时血量常可达到体重的 10% 以上。各种原因引起的血管破裂都可导致出血,如果机体失血量较少,不超过总血量的 10%,则通过机体的自我调节,可以很快恢复;如果机体失血量较大,达总血量的 20%,则出现脉搏加快、血压下降等表现;如果在短时间内丧失的血量达总血量的 30% 或更多,就可能危及生命。

一、血液的组成

血液是红色黏稠的液态结缔组织,由血浆和血细胞组成。血浆是血液中的液体部分,为淡黄色半透明的黏稠液体,主要包括白蛋白、球蛋白和纤维蛋白原。血细胞为血液中的有形部分,包括红细胞、白细胞和血小板。血液的组成及主要成分所占百分比如下:

$$
\text{血液(全血)}\begin{cases}\text{血浆(50\%～60\%)}\begin{cases}\text{水(90\%～92\%)}\\\text{晶体物质(2\%～3\%)}\\\text{血浆蛋白(5\%～8\%)}\begin{cases}\text{白蛋白(清蛋白)}\\\text{球蛋白}\\\text{纤维蛋白原}\end{cases}\end{cases}\\\text{血细胞(40\%～50\%)}\begin{cases}\text{红细胞}\\\text{白细胞}\\\text{血小板}\end{cases}\end{cases}
$$

二、血液的理化特性

1. 颜色和气味 血液为不透明的红色液体。血液的颜色与红细胞内血红蛋白的含氧量有关。在体循环中,动脉血含氧量高,血液呈鲜红色,而静脉血含氧量较低,血液呈暗红色。当机体缺氧时,常可使血液的颜色变暗,使皮肤和黏膜发绀。

血液因含有氯化钠而稍带咸味,因含挥发性脂肪酸而具有特殊的血腥味,肉食动物血液较其他动物血液的血腥味更浓一些。

2. 比重 动物全血的比重一般在 1.050～1.060 的范围内,血浆的比重为 1.025～1.030。全血比重的大小取决于所含的血细胞的数量和血浆蛋白的浓度。血液中红细胞数量愈多,血液比重愈大,血浆蛋白含量愈高,则血浆比重愈大。

3. 黏滞性 液体流动时,由于内部分子之间相互摩擦而产生阻力,液体流动缓慢和黏着的特性,称为黏滞性。通常是在体外测定血液或血浆与水相比的相对黏滞性。血液的相对黏滞性为 4～6,血浆为 1.6～2.4。全血的黏滞性主要取决于所含的红细胞的数量和血浆蛋白的浓度。红细胞数量越多,血浆蛋白浓度越高,血液黏滞性就越大。

4. 血浆渗透压 哺乳动物的血浆渗透压约为 771.0 kPa(约 5783 mmHg),包括血浆晶体渗透压和血浆胶体渗透压两个部分。血浆晶体渗透压约占血浆渗透压的 99.5%,主要来自溶解于其中的晶体物质,特别是电解质,有 80% 来自 Na^+ 和 Cl^-。由于血浆和组织液中的晶体物质绝大部分不易透过细胞膜,所以细胞外液的晶体渗透压的相对稳定,对于保持细胞内、外的水平衡极为重要。血浆胶体渗透压主要是由血浆中的胶体物质(主要是白蛋白)所形成的渗透压,约占血浆渗透压的 0.5%。血浆蛋白一般不能透过毛细血管壁,所以血浆胶体渗透压虽小,但对于血管内、外的水平衡有重要作用。

5. 酸碱性 动物血浆的 pH 为 7.35～7.45。各种畜禽的血浆平均 pH 种间差别较小,如马为 7.40、牛为 7.50、绵羊为 7.49、猪为 7.47、犬为 7.40、猫为 7.5、鸡为 7.54。血浆的 pH 主要取决于血浆中主要的缓冲对,即 $NaHCO_3/H_2CO_3$。通常 $[NaHCO_3]/[H_2CO_3]$ 值为 20。血浆中除有 $NaHCO_3/H_2CO_3$ 缓冲对外,尚有其他缓冲对。在血浆中有蛋白质钠盐/蛋白质、Na_2HPO_4/NaH_2PO_4,在红细胞内尚有血红蛋白钾盐/血红蛋白、氧合血红蛋白钾盐/氧合血红蛋白、Na_2HPO_4/NaH_2PO_4、$KHCO_3/H_2CO_3$ 等缓冲对,它们都是很有效的缓冲系统。一般酸性或碱性物质进入血液后,由于这些缓冲系统的作用,血浆 pH 的变化很小,特别是在肺和肾不断排出体内过多的酸或碱的情况下。

三、血细胞及其功能

1. 红细胞

(1) 红细胞的形态和数量:正常红细胞呈双凹碟形,圆盘状,平均直径约 8 μm,周边稍厚,这种细胞形态使红细胞表面积与体积的比值较球形时更大,因而气体可通过的面积也较大,由细胞中心到大部分表面的距离较短,因此气体进出红细胞的扩散距离也较短,这种形态也有利于红细胞的可塑性变形。红细胞在全身血管中循环运行,常要挤过口径比它小的毛细血管和血窦间隙,这时红细胞将发生卷曲变形,在通过后又恢复原状,这种变形称为可塑性变形。红细胞表面积与体积的比值愈大,变形能力愈大,故双凹碟形红细胞的变形能力远大于异常情况下可能出现的球形红细胞。

红细胞是血液中数量最多的一种血细胞,不同动物的红细胞数量不同,见表 8-1。红细胞在血液中所占的容积百分比,称为红细胞比容,各种动物的红细胞比容见表 8-2。临床上检测红细胞比容有助于诊断多种疾病,如脱水、贫血和红细胞增多症等。

表 8-1 家畜的红细胞数量		表 8-2 家畜的红细胞比容	
动物	红细胞数量/($\times 10^{12}$/L)	动物	红细胞比容/(%)
马	7.5(5.0~10.0)	马	35(24~44)
牛	7.0(5.0~10.0)	牛	35(24~46)
绵羊	12.0(8.0~12.0)	绵羊	38(24~50)
山羊	13.0(8.0~18.0)	山羊	28(19~38)
猪	6.5(5.0~8.0)	猪	42(32~50)
犬	6.8(5.0~8.0)	犬	45(37~55)
猫	7.5(5.0~10.0)	猫	37(24~45)

(2) 红细胞的功能:成熟的红细胞无细胞核,也无细胞器,胞质内充满血红蛋白(Hb)。血红蛋白是含铁的蛋白质,约占红细胞重量的 33%。红细胞的主要功能是运输氧和二氧化碳,并对酸性、碱性物质具有缓冲作用,这些功能均与血红蛋白有关。

(3) 红细胞的悬浮稳定性:在循环血液中,红细胞在血浆中保持悬浮状态而不易下沉的特性,称为悬浮稳定性。通常以单位时间内红细胞下沉的距离来表示红细胞的沉降速度,称为红细胞沉降率(ESR),简称血沉。沉降速度越快,表示红细胞的悬浮稳定性越小。

(4) 红细胞渗透脆性:在低渗溶液中,水分会渗入红细胞内,红细胞膨胀成球形,胞膜最终破裂并释放出血红蛋白,这一现象称为溶血。红细胞在低渗溶液中抵抗破裂和溶血的特性称为红细胞渗透脆性,简称脆性。红细胞渗透脆性越大,表明红细胞对低渗溶液的抵抗力越小,越容易发生溶血,反之,对低渗溶液的抵抗力就越大。

(5) 红细胞的生成与破坏:红细胞由红骨髓的髓系多能干细胞分化增殖而成,平均寿命因畜种不同而有较大差别,马为 140~150 天,牛为 135~162 天,猪为 75~97 天。衰老的红细胞多在脾、骨髓和肝等处被巨噬细胞吞噬,同时由红骨髓生成和释放同等数量的红细胞进入外周血,维持红细胞数量的相对恒定。

红细胞生成的主要原料是蛋白质和铁,若原料供应或摄取不足,造血将发生障碍,出现营养性贫血。促进红细胞发育成熟的物质主要是维生素 B_{12}、叶酸和铜离子。维生素 B_{12} 和叶酸在核酸(尤其是 DNA)合成中起辅酶的作用,可促进骨髓原红细胞分裂增殖。维生素 B_{12} 和叶酸缺乏会引起巨幼细胞性贫血。铜离子是血红蛋白合成的激动剂。

2. 白细胞

（1）白细胞的分类和数量：白细胞为无色有核的球形细胞,体积比红细胞大,可分为粒细胞、单核细胞和淋巴细胞。按胞质颗粒的嗜色性不同,粒细胞可分为中性粒细胞、嗜酸性粒细胞、嗜碱性粒细胞。

（2）白细胞的特性与功能：白细胞能做变形运动,凭借这种运动白细胞可以穿过血管壁,这一过程称为血细胞渗出。白细胞具有趋向某些化学物质游走的特性,称为趋化性。机体内具有趋化作用的物质包括细菌毒素、细菌或人体细胞的降解产物,以及抗原-抗体复合物等。白细胞按照这些物质的浓度梯度游走到这些物质的周围,将异物包围起来并吞入胞质内,称为吞噬作用。白细胞通过渗出、趋化性和吞噬作用来实现对机体的保护功能。

（3）中性粒细胞：中性粒细胞具有活跃的变形运动和吞噬能力。当机体某一部位受到细菌侵犯时,中性粒细胞对细菌产物及受感染组织释放的某些化学物质具有趋化性,能以变形运动穿出毛细血管,聚集到细菌侵犯部位,大量吞噬细菌,形成吞噬小体。吞噬小体先后与特殊颗粒及溶酶体融合,细菌即被各种水解酶、氧化酶、溶菌酶及其他具有杀菌作用的蛋白质、多肽等成分杀死并分解消化。由此可见,中性粒细胞在机体内起着重要的防御作用。中性粒细胞吞噬细胞后,自身也常坏死,成为脓细胞。中性粒细胞在血液中停留 6～7 h,在组织中存活 1～3 天。

（4）嗜酸性粒细胞：嗜酸性粒细胞能做变形运动,并具有趋化性。它能吞噬抗原-抗体复合物,释放组胺酶,灭活组胺,从而减弱过敏反应。嗜酸性粒细胞还能借助抗体与某些寄生虫的虫体表面结合,释放颗粒内物质,杀灭寄生虫。故而嗜酸性粒细胞具有抗过敏和抗寄生虫作用。当机体发生过敏性疾病或寄生虫病时,血液中嗜酸性粒细胞增多。它在血液中一般仅停留数小时,在组织中可存活 8～12 天。

（5）嗜碱性粒细胞：嗜碱性粒细胞的颗粒内含有肝素和组胺,可被快速释放。肝素具有抗凝血作用,组胺与某些异物（如花粉）引起过敏反应的症状有关。此外,嗜碱性粒细胞被激活时还释放一种被称为嗜酸性粒细胞趋化因子 A 的小肽,这种因子能把嗜酸性粒细胞吸引过来,聚集于局部以限制嗜碱性粒细胞在过敏反应中的作用。嗜碱性粒细胞在组织中可存活 12～15 天。

（6）单核细胞：单核细胞具有活跃的变形运动能力、明显的趋化性和一定的吞噬能力。单核细胞是巨噬细胞的前体,它在血流中停留 1～5 天,再穿出血管进入组织和体腔,分化为巨噬细胞。单核细胞和巨噬细胞都能消灭侵入机体的细菌,吞噬异物颗粒,消除机体内衰老受损的细胞,并参与免疫反应,但单核细胞功能不及巨噬细胞强。

（7）淋巴细胞：淋巴细胞是免疫细胞中的一大类,它们在免疫应答过程中起着核心作用。根据细胞生长发育的过程和功能的不同,淋巴细胞可分成 T 细胞和 B 细胞两类。在功能上 T 细胞主要与细胞免疫有关,B 细胞受抗原刺激后增殖分化为浆细胞,产生抗体,参与体液免疫。

3. 血小板

（1）血小板的形态和数量：血小板是从骨髓中成熟的巨核细胞胞质脱落下来的小块胞质。血小板有质膜,没有细胞核结构,一般呈圆形,体积小于红细胞和白细胞。血小板只存在于哺乳动物血液中。

（2）血小板的功能：血小板在止血、伤口愈合、炎症反应、血栓形成及器官移植排斥反应等生理和病理过程中有重要作用。

四、血液凝固与纤维蛋白溶解

1. 血液凝固过程　血液和组织中直接参与凝血的物质统称为凝血因子。公认的凝血因子共有 12 种,常采用国际命名法,用罗马数字编号。此外,还有前激肽释放酶、激肽原以及来自血小板的磷脂等也都直接参与凝血过程。凝血因子中,因子Ⅳ是钙离子,其余凝血因子均是蛋白质。通常在血液中因子Ⅱ、Ⅸ、Ⅹ、Ⅺ、Ⅻ都是以无活性的酶原形式存在,必须经过激活才具有活性,有活性的酶称为这些因子的活性型,习惯上于该因子代号的右下角标"a"。因子Ⅲ以活性形式存在于血液中,但正常时只存在于血管外的组织中。因子Ⅱ、Ⅶ、Ⅸ、Ⅹ都是在肝脏中合成的,合成时需维生素K的参与。凝血过程分以下几个步骤。

(1)凝血酶原激活物形成:从凝血开始到凝血酶形成之前,由内源性和外源性两个系统参与血液凝固的过程。内源性(血液的内在性)凝血过程,为血液的单独过程。血液与异物表面(血管壁的胶原纤维等)接触时,所谓接触因子的因子Ⅻ和因子Ⅺ就被激活,当因子Ⅵ被激活后,它再使无活性的因子Ⅸ活化。另外,血小板也在异物表面上黏着、凝集,并引起血小板变性,释放血小板第三因子。紧接着血浆中因子Ⅷ、钙离子与这些有活性的因子Ⅺ和血小板第三因子发生反应,将无活性的因子Ⅹ活。因子Ⅴ再和血小板第三因子作用于因子Ⅹ,使凝血酶原转变为凝血酶。以上为内源性凝血过程的第一步、第二步的机制,但第一步的反应速度比较慢。关于第二步,有把凝血酶原被激活为凝血酶作为第二步的,也有把因子Ⅹ被激活以后的变化列为凝血过程第二步的学说。外源性(组织起源性)凝血过程,是组织液进入血液的过程,组织液中的有效成分促凝血酶原激酶和血浆中的因子Ⅶ,使因子Ⅹ活化;因子Ⅴ和钙离子再协同作用,使活化的因子Ⅹ作用于凝血酶原。

(2)凝血酶形成:凝血酶原转变为凝血酶的过程。凝血过程第一步中被激活的因子Ⅹ、因子Ⅴ以及钙离子作用于凝血酶原,使凝血酶原分子中的精氨酸-异亮氨酸键发生断裂而形成凝血酶。这一步的反应较迅速。

(3)纤维蛋白形成:在凝血酶的作用下,纤维蛋白原转变成纤维蛋白凝块的过程。由于凝血酶的作用,纤维蛋白原分子中α键与β键间的精氨酸-甘氨酸键发生断裂,并释放纤维蛋白肽A和B,生成纤维蛋白单体。纤维蛋白单体聚合成为纤维蛋白多聚体,在凝血酶和钙离子的作用下活化的因子Ⅷ(转谷氨酰胺酶),再与钙离子共同作用,使纤维蛋白分子中的谷氨酰胺和赖氨酸间产生横键,进而形成强固的纤维蛋白块。此外,在凝血过程第三步中,血液发生凝固而形成血饼,但随着时间的推移,由于血小板的血栓收缩蛋白的作用,血饼收缩。

2. 影响血液凝固的因素

(1)抗凝血酶:抗凝血酶Ⅲ是血浆中一种丝氨酸蛋白酶抑制物。因子Ⅱa、Ⅸa、Ⅹa、Ⅻa等的活性中心均含有丝氨酸残基,都属于丝氨酸蛋白酶。抗凝血酶Ⅲ分子上的精氨酸残基,可以与这些酶活性中心的丝氨酸残基结合,这样就"封闭"了这些酶的活性中心而使之失活。

(2)肝素:肝素是一种酸性黏多糖,主要由肥大细胞和嗜碱性粒细胞产生,存在于大多数组织中,在肝、肺、心等组织中更为丰富。肝素在体内和体外都具有抗凝作用。肝素抗凝的主要机制在于它能结合血浆中的一些抗凝蛋白,如抗凝血酶Ⅲ和肝素辅助因子Ⅱ等,使这些抗凝蛋白的活性大为增强。

3. 体外延缓或阻止血液凝固的因素

(1)温度:当反应系统的温度降低至10 ℃以下时,很多参与凝血过程的酶的活性下降,因此可延缓血液凝固,但不能完全阻止凝血的发生。

(2)接触表面:光滑的表面可减少血小板的聚集和解体,减弱对凝血过程的触发,因而延缓了凝血酶的形成。例如,将血液盛放在内表面涂有硅胶或石蜡的容器内,可延缓血液凝固。

(3)Ca^{2+}:血液凝固的多个环节需要Ca^{2+}的参加,因此,在体外向血液中加入某些能与Ca^{2+}结合而形成不易解离但可溶解的络合物,可减少血浆中的Ca^{2+},防止血液凝固。少量枸橼酸钠进入血液循环不致产生毒性,因此常用它作为抗凝剂来处理输血用的血液。此外,实验室可使用草酸铵、草酸钾和螯合剂乙二胺四乙酸作为抗凝剂,它们能与Ca^{2+}结合而形成不易溶解的复合物。但它们对机体有害,因而不能进入机体内。

(4)纤维蛋白溶解:在生理性止血过程中,小血管内的血凝块常可成为血栓,填塞血管。出血停止、血管创伤愈合后,构成血栓的血纤维可逐渐溶解。先形成一些穿过血栓的通道,最后达到基本畅通。血纤维溶解的过程,称为纤维蛋白溶解(简称纤溶)。

纤维蛋白溶解(纤溶)系统包括四种成分,即纤维蛋白溶解酶原(纤溶酶原)、纤维蛋白溶解酶(纤溶酶)、纤溶酶原激活物与纤溶抑制物。

纤溶的基本过程可分两个阶段,即纤溶酶原的激活与纤维蛋白(或纤维蛋白原)的降解。

 在线学习

1.动物解剖生理在线课   2.多媒体课件   3.能力检测

视频:胎儿血液循环的
特点及血液的组成   **PPT:8.3**   习题:8.3

任务实施

一、任务分配

学生任务分配表(此表每组上交一份)

班级		组号		指导教师	
组长		学号			
组员	姓名	学号		姓名	学号
任务分工					

二、工作计划单

工作计划单(此表每人交一份)

项目八		心血管系统结构的识别		学时	6
学习任务		血液的识别		学时	2
计划方式		分组计划(统一实施)			
制订计划	序号	工作步骤		使用资源	
	1				
	2				
	3				
	4				
	5				

制订计划	6		
	7		
制订计划说明	(1) 每个任务中包含若干个知识点,制订计划时要加以详细说明。 (2) 各组工作步骤顺序可不同,任务必须一致,以便于教师准备教学场景。 (3) 先由各组制订计划,交流后由教师对计划进行点评。		

	班级		第 组	组长签字	
	教师签字			日期	
评语					

三、器械、工具、耗材领取清单

器械、工具、耗材领取清单(此表每组上交一份)

班级:　　　小组:　　　组长签字:

序号	名称	型号及规格	单位	数量	备注

回收签字　学生:　　　　　教师:

四、工作实施

工作实施单(此表每人上交一份)

项目八	心血管系统结构的识别		
学习任务	血液的识别	建议学时	2
任务实施过程			

一、实训场景设计

在校内解剖实训室或虚拟仿真实训室进行,要求有计算机、解剖虚拟仿真系统、各种动物新鲜血液、血液标本等。将全班学生分成8组,每组4~5人,由组长带头,制订任务分配、工作计划,领取器械、工具和耗材,并认真记录。

二、材料与用品

解剖虚拟仿真系统、各种动物新鲜血液、血液标本等。

三、任务实施过程

了解本学习任务需要掌握的内容,组内同学按任务分配收集相关资料,完成各自任务,并分享给组内同学,共同完成学习任务。

实施步骤:

(1) 学生分组,填写分组名单。

续表

（2）制订并填写工作（学习）计划，小组讨论计划实施的可行性，由教师进行决策和点评。

（3）按组分配动物模型、解剖虚拟仿真系统，把模型、计算机编号，填写在表格中，在任务结束回收时核实，再签字确认。

（4）打开计算机，登录解剖虚拟仿真系统，调整牛的3D模型，显示和隐藏所需观察的内容，对比各种动物新鲜血液、血液标本，一一对照，逐一观察和学习。

（5）更换其他动物模型和虚拟动物血液，再进行观察和学习。

观察结果记录如下。

1号血液动物名称为_____，2号血液动物名称为_____，3号血液动物名称为_____，4号血液动物名称为_____，5号血液动物名称为_____，6号血液动物名称为_____。

（6）按要求回答下列引导问题。

引导问题1：血细胞是由哪三种细胞组成的？

引导问题2：请写出禽类动物的红细胞特点。

引导问题3：请写出白细胞的特点。

引导问题4：请简要叙述血小板的特点。

引导问题5：请绘出犬各种血细胞的形态。

五、评价反馈

学生进行自评，评价自己能否完成学习任务、完成引导问题，在完成过程中有无遗漏等。教师对学生进行评价的内容如下：工作实施是否科学、完整，所填内容是否正确、翔实，学习态度是否端正，学习过程中的认识和体会等。

学生自评表

班级：　　　姓名：　　　学号：

学习任务	血液的识别		
评价内容	评价标准	分值	得分
完成引导问题1	能正确说出三种血细胞	10	
完成引导问题2	正确写出禽类动物的红细胞特点	10	
完成引导问题3	正确叙述白细胞的特点	10	
完成引导问题4	正确回答血小板的特点	10	
完成引导问题5	能通过查找资料，正确回答问题	10	

Note

续表

任务分工	本次任务分工合理	5	
工作态度	态度端正,无缺勤、迟到、早退等现象	5	
工作质量	能按计划完成工作任务	10	
协调能力	与小组成员间能合作交流、协调工作	10	
职业素质	能做到安全操作,文明交流,保护环境,爱护动物,爱护实训器材和公共设施	10	
创新意识	通过学习,建立空间概念,举一反三	5	
思政收获和体会	完成任务有收获	5	

学生互评表

班级: 姓名: 学号:				
学习任务	血液的识别			
序号	评价内容	组内互评	组间评价	总评
1	任务是否按时完成			
2	器械、工具等是否放回原位			
3	任务完成度			
4	语言表达能力			
5	小组成员合作情况			
6	创新内容			
7	思政目标达成度			

教师评价表

班级: 姓名: 学号:			
学习任务	血液的识别		
序号	评价内容	教师评价	综合评价
1	学习准备情况		
2	计划制订情况		
3	引导问题的回答情况		
4	操作规范情况		
5	环保意识		
6	完成质量		
7	参与互动讨论情况		
8	协调合作情况		
9	展示汇报		
10	思政收获		
总分			

项目九　免疫系统结构的识别

项目概述

　　免疫系统也称淋巴系统,是机体保护自身的防御性结构,由免疫器官、免疫组织和免疫细胞(核心成分是淋巴细胞)组成。淋巴细胞经血液和淋巴液周游全身,从一处的淋巴器官或淋巴组织到另一处的淋巴器官或淋巴组织,使分散各处的淋巴器官和淋巴组织连成一个功能整体。免疫系统是生物在长期进化过程中与各种致病因子不断斗争而逐渐形成的,需抗原的刺激才能发育完善。

　　免疫系统产生的免疫作用是机体的一种保护性反应,通过免疫防御、免疫稳定和免疫监视等抵抗病原微生物的入侵和维持机体内环境的稳定。

项目目标

　　知识目标:熟知免疫系统的组成及免疫系统的功能,掌握中枢和周围免疫器官的结构、位置、形态及功能。熟知免疫细胞的分类及功能,掌握淋巴管的结构,掌握淋巴循环的路径。

　　能力目标:能在活体上识别畜体浅表淋巴结,能在活体或离体标本上识别各免疫器官;能理解淋巴循环与心血管系统的关系。

　　思政目标:免疫是机体的一种保护性反应,对维持机体内、外环境的平衡和内环境的稳定、预防传染病和寄生虫病有很重要的意义。根据免疫的特征,免疫可分为特异性免疫和非特异性免疫。非特异性免疫是动物机体免疫过程中的第一道防线。我们要增强对外界疾病的抵抗能力,必须要提高免疫力,只有多参加体育锻炼,增强体质,才能增强我们的非特异性免疫能力,阻止病原菌的入侵。同时在思想上教育学生,要加强学习,主动抵御各种不良思想对我们的侵袭。

任务一　中枢免疫器官的识别

任务导入

　　免疫是机体的一种保护性反应,对维持机体内、外环境的平衡和内环境的稳定、预防传染病和寄生虫病有很重要的意义。免疫器官是免疫细胞发生、分化成熟、定居和增殖以及产生免疫应答的场所。根据其功能不同,可分为中枢免疫器官和外周免疫器官。中枢免疫器官又称一级免疫器官,发育较早,包括骨髓、胸腺、腔上囊。中枢免疫器官主导免疫活性细胞的产生、增殖和分化成熟,对外周免疫器官的发育和全身免疫功能起调节作用。

Note

→ **学习目标**

在本任务中，重点要熟练掌握胸腺、骨髓及家禽腔上囊的结构、位置、形态，能在标本上正确识别，在解剖动物时能正确地识别。本任务的难点是骨髓、胸腺及家禽腔上囊的组织结构及功能，这在后续课程的学习中尤为重要。

→ **工作准备**

（1）根据任务要求，识别中枢免疫器官。
（2）收集中枢免疫器官相关资料。
（3）本学习任务需要准备中枢免疫器官挂图、模型、标本等。

→ **任务资讯**

任务一　　中枢免疫器官的识别	学时	1

一、骨髓

骨髓位于骨髓腔和骨松质间隙内（图9-1），是动物体最重要的造血器官。动物出生后，一切血细胞都来源于骨髓，各种免疫细胞也是从骨髓多能干细胞发育而来的。骨髓多能干细胞可增殖、分化为髓样干细胞和淋巴样干细胞。髓样干细胞是颗粒白细胞和单核-巨噬细胞的前体细胞，淋巴样干细胞则演变为淋巴细胞。哺乳动物的 B 细胞直接在骨髓内分化、成熟，然后进入血液和淋巴中发挥免疫作用（图9-2）。

扫码看彩图

9-1

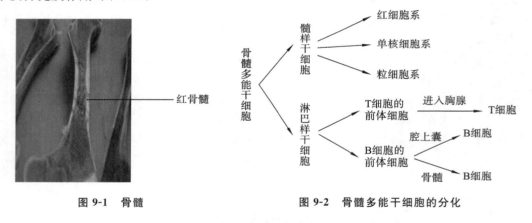

图 9-1　骨髓

图 9-2　骨髓多能干细胞的分化

骨髓的主要功能是产生血细胞，近来证明，骨髓还是腔上囊的同功器官。在骨髓发生异常时，不仅造血功能严重受损，免疫功能也会发生障碍。

二、胸腺

（一）胸腺的形态、位置

胸腺位于胸腔的心前纵隔内并延伸至颈部。幼畜的胸腺发达，呈粉红色或红色，胸腺的大小和结构随年龄增长有很大变化，性成熟后逐渐退化，被脂肪组织取代。

1. 牛、羊的胸腺　　牛的胸腺呈粉红色，犊牛的胸腺（图9-3）很发达，位于心前纵隔内。颈部胸腺分左、右两叶，自胸前口沿气管、食管向前延伸至甲状腺附近，4～5 岁开始退化。羊的胸腺呈淡黄色，由心脏附近延伸至甲状腺，1～2 岁开始退化。

2. 猪的胸腺 仔猪的胸腺发达,呈灰红色,在颈部沿左、右颈总动脉向前延伸至枕骨下方。

3. 马的胸腺 幼驹的胸腺发达,呈灰白色,位于胸前纵隔内,向前延伸至颈部。

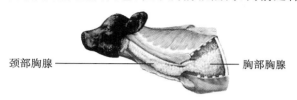

颈部胸腺 —————— ———————— 胸部胸腺

图 9-3 犊牛的胸腺

扫码看彩图
9-3

（二）胸腺的组织构造

胸腺外包结缔组织被膜;被膜伸入胸腺实质内形成隔膜,将胸腺分成许多小叶;小叶的外周部分称为皮质,中央部分称为髓质;相邻的小叶髓质彼此相连。

皮质以上皮性网状细胞为支架,间隙内有大量的淋巴细胞和少量的巨噬细胞。

髓质的结构与皮质相似,但胸腺细胞数量较少。

胸腺的细胞分为淋巴细胞和非淋巴细胞两类。淋巴细胞包括原始 T 细胞向成熟 T 细胞分化过程中各种不同阶段的细胞,统称为胸腺细胞。胸腺细胞是胸腺内的主体细胞,其分布从皮质到髓质逐渐减少。非淋巴细胞包括上皮细胞、巨噬细胞、树突状细胞、成纤维细胞和网状细胞等。这些细胞一方面构成胸腺组织的支架,另一方面构成胸腺细胞营养和分化的微环境,统称为基质细胞。

胸腺皮质的毛细血管内皮细胞连接紧密,与网状细胞共同形成的结构具有屏障作用,称为血-胸腺屏障。血-胸腺屏障使血液循环中的抗原物质不能进入胸腺,从而使淋巴细胞在没有抗原物质存在的条件下完成增殖分化。

（三）胸腺的免疫功能

1. 分化 T 细胞 在骨髓初步发育的 T 细胞经血液循环迁移至胸腺,定位于胸腺的皮质外层,并在胸腺分化成熟。

2. 分泌胸腺激素 胸腺上皮细胞能产生多种激素,如胸腺素、胸腺生成素和胸腺体液因子等。这些激素可以诱导活化未成熟胸腺细胞的末端脱氧核苷酸转移酶,促进 T 细胞的分化成熟;不同的激素作用于不同的细胞发育阶段,有选择地发挥免疫调节功能。胸腺激素的作用没有种属特异性,所以目前临床应用的胸腺素都是从动物胸腺中提取出来的。

3. 其他 胸腺还可促进肥大细胞发育,调节机体的免疫平衡,维持自身的免疫稳定性。新生动物摘除胸腺,可引起严重的细胞免疫缺陷和总体免疫功能降低。

在线学习

1. 动物解剖生理在线课

视频:中枢性免疫器官

2. 多媒体课件

PPT:9.1

3. 能力检测

习题:9.1

任务实施

一、任务分配

学生任务分配表(此表每组上交一份)

班级		组号		指导教师	
组长		学号			
组员					

	姓名	学号	姓名	学号

任务分工

二、工作计划单

工作计划单(此表每人上交一份)

项目九		免疫系统结构的识别		学时	4
学习任务		中枢免疫器官的识别		学时	1
计划方式		分组计划(统一实施)			
制订计划	序号	工作步骤		使用资源	
	1				
	2				
	3				
	4				
	5				
	6				
	7				
制订计划说明	(1)每个任务中包含若干个知识点,制订计划时要加以详细说明。 (2)各组工作步骤顺序可不同,任务必须一致,以便于教师准备教学场景。 (3)先由各组制订计划,交流后由教师对计划进行点评。				

	班级		第 组		组长签字	
	教师签字				日期	
评语						

三、器械、工具、耗材领取清单

器械、工具、耗材领取清单（此表每组上交一份）

班级：　　　　小组：　　　　组长签字：

序号	名称	型号及规格	单位	数量	回收	备注

回收签字　学生：　　　　　　　教师：

四、工作实施

工作实施单（此表每人上交一份）

项目九	免疫系统结构的识别		
学习任务	中枢免疫器官的识别	建议学时	1
任务实施过程			

一、实训场景设计

在校内解剖实训室或虚拟仿真实训室进行，要求有计算机、解剖虚拟仿真系统、各种动物免疫器官，将全班学生分成 8 组，每组 4～5 人，由组长带头，制订任务分配、工作计划，领取器械、工具和耗材，并认真记录。

二、材料与用品

免疫器官图片、免疫器官模型或标本。

三、任务实施过程

（1）在图片上识别各种动物的胸腺，观察胸腺的形态与位置，并描述胸腺的功能。

（2）在图片上识别骨髓的位置及功能。

（3）按要求回答下列引导问题。

引导问题 1：中枢免疫器官有哪些？

引导问题 2：请描述骨髓的位置及功能。

引导问题 3：请描述胸腺的形态与位置。

引导问题 4：请描述胸腺的功能。

五、评价反馈

学生进行自评,评价自己能否完成学习任务、完成引导问题,在完成过程中有无遗漏等。教师对学生进行评价的内容如下:工作实施是否科学、完整,所填内容是否正确、翔实,学习态度是否端正,学习过程中的认识和体会等。

学生自评表

班级: 姓名: 学号:			
学习任务	中枢免疫器官的识别		
评价内容	评价标准	分值	得分
完成引导问题1	回答全面,准确无误	10	
完成引导问题2	位置标识正确,功能描述准确	20	
完成引导问题3	正确描述胸腺的形态与位置	10	
完成引导问题4	胸腺功能描述准确	10	
任务分工	本次任务分工合理	5	
工作态度	态度端正,无缺勤、迟到、早退等现象	5	
工作质量	能按计划完成工作任务	10	
协调能力	与小组成员间能合作交流、协调工作	10	
职业素质	能做到安全操作,文明交流,保护环境,爱护动物,爱护实训器材和公共设施	10	
创新意识	通过学习,建立空间概念,举一反三	5	
思政收获和体会	完成任务有收获	5	

学生互评表

班级: 姓名: 学号:			
学习任务	中枢免疫器官的识别		
序号	评价内容	组内互评	组间评价	总评
1	任务是否按时完成			
2	器械、工具等是否放回原位			
3	任务完成度			
4	语言表达能力			
5	小组成员合作情况			
6	创新内容			
7	思政目标达成度			

教师评价表

班级: 姓名: 学号:			
学习任务	中枢免疫器官的识别		
序号	评价内容	教师评价	综合评价
1	学习准备情况		
2	计划制订情况		
3	引导问题的回答情况		
4	操作规范情况		

续表

5	环保意识		
6	完成质量		
7	参与互动讨论情况		
8	协调合作情况		
9	展示汇报		
10	思政收获		
	总分		

任务二 外周免疫器官的识别

任务导入

免疫是机体的一种保护性反应,对维持机体内、外环境的平衡和内环境稳定、预防传染病和寄生虫病有很重要的意义。免疫器官是免疫细胞发生、分化成熟、定居和增殖以及产生免疫应答的场所。根据其功能不同,可分为中枢免疫器官和外周免疫器官。外周免疫器官发育较迟,包括脾、淋巴结、扁桃体等。外周免疫器官中的淋巴细胞由中枢淋巴器官迁移而来,定居在特定区域内,就地繁殖,再进入淋巴和血液循环,参与机体免疫,是 T 细胞、B 细胞定居和对抗原进行免疫应答的场所。

学习目标

在本任务中,重点要掌握脾、淋巴结、扁桃体等的结构、位置和形态,能在标本上和动物解剖时正确识别。本任务的难点是脾、淋巴结的组织结构及免疫功能。

工作准备

(1)根据任务要求,识别外周免疫器官。
(2)收集外周免疫器官相关资料。
(3)本学习任务需要准备外周免疫器官挂图、模型、标本等。

任务资讯

任务二 外周免疫器官的识别	学时	1

一、淋巴结

(一)淋巴结的形态和位置

淋巴结是体内重要的防御关口,沿着淋巴管的路径分布。淋巴结大小不一,直径从 1 mm 到几厘米不等,形状多样,有球形、卵圆形、肾形、扁平状等。淋巴结在活体上呈微红色,在动物尸体上略呈黄灰白色。淋巴结分为凹、凸两面,凹面是淋巴结门,是血管、神经和输出淋巴管出入的部位,凸面有 3~4 条输入淋巴管与淋巴结相连(图 9-4)。猪的淋巴结结构与其他动物不同,猪淋巴结输入淋巴管和输出淋巴管的位置正好相反。

Note

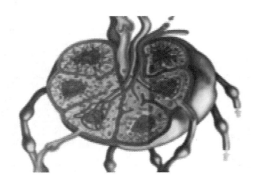

图9-4　牛淋巴结示意图

（二）淋巴结的组织结构

淋巴结为近乎圆形的网状结构,表面有一层结缔组织被膜,被膜向外延伸,向内伸入实质,形成许多小梁,将淋巴结分成许多小叶。淋巴结的外周部分为皮质,中央部分为髓质(图9-5)。

1. 皮质区　位于淋巴结的外周,由淋巴小结、副皮质区和皮质淋巴窦组成。淋巴小结为圆形或椭圆形,由密集的B细胞和少量的巨噬细胞构成。淋巴小结受抗原刺激后增大,产生生发中心。淋巴小结为B细胞的主要分化、增殖区。副皮质区为弥散淋巴组织,位于皮质和髓质交界处及淋巴小结之间,是T细胞的主要分布区域。

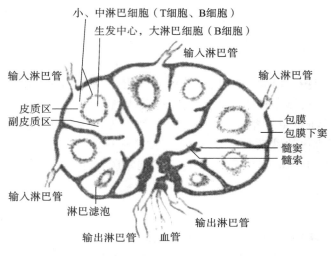

图9-5　淋巴结的组织结构

2. 髓质区　位于淋巴结的中央,由髓索和髓质淋巴窦(简称髓窦)组成。髓索为索状的淋巴组织,由B细胞、浆细胞及巨噬细胞组成。髓质淋巴窦接受来自皮质淋巴窦的淋巴,并将淋巴送入输出淋巴窦,此区是滤过淋巴液的场所。

（三）淋巴结的功能

机体淋巴结常单个或成群分布,多位于凹窝或隐蔽之处,如腋窝、关节屈侧、内脏器官门及大血管附近。畜体每一个较大的器官或局部均有一个主要的淋巴结群。局部淋巴结肿大,常反映其收集区域有病变,对兽医卫生检验及临床诊断有重要实践意义。

淋巴结的功能是产生淋巴细胞,清除侵入体内的细菌等异物以及产生抗体等,是机体的防卫器官。其主要作用如下。

1. 滤过和净化作用　淋巴结是淋巴液的有效滤器,通过淋巴窦内吞噬细胞的吞噬作用以及体液中抗体等分子的免疫作用,可以杀伤病原微生物,清除异物,从而起到净化淋巴液,防止病原微生物扩散的作用。

2. 免疫应答场所　淋巴结中富含各种类型的免疫细胞,利于捕捉抗原、传递抗原信息和细胞活化增殖。不管发生哪种免疫应答,都会引起局部淋巴结肿大。

3. 淋巴细胞再循环基地　正常情况下,只有少数淋巴细胞在淋巴结内分裂增殖,大部分淋巴细胞是再循环的淋巴细胞。血液中的淋巴细胞通过毛细血管后微静脉进入淋巴结副皮质区,返回淋巴结,有些淋巴细胞则从一个淋巴器官转移到另一个淋巴器官或淋巴组织中,这种现象不断重复,称为淋巴细胞再循环。淋巴细胞再循环有利于发现和识别抗原,在机体免疫活动中具有重要意义。

(四)淋巴结的分布

牛、羊淋巴结的体积大,但数量少,马的淋巴结很小,但数量多,常集合成淋巴结群。

1. 动物的主要浅表淋巴结 动物的浅表淋巴结多位于皮下,用手可摸到(图9-6、图9-7)。

扫码看彩图
9-6

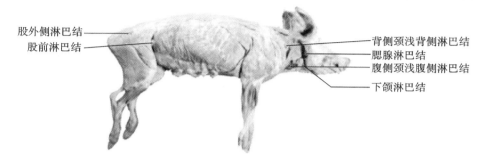

股外侧淋巴结
股前淋巴结

背侧颈浅背侧淋巴结
腮腺淋巴结
腹侧颈浅腹侧淋巴结
下颌淋巴结

图9-6 猪的浅表淋巴结

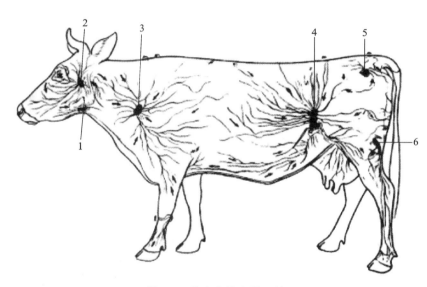

图9-7 牛全身浅表淋巴结

1.下颌淋巴结　2.腮腺淋巴结　3.颈浅淋巴结　4.髂下淋巴结　5.坐骨淋巴结　6.腘淋巴结

①下颌淋巴结:位于下颌间隙。牛的下颌淋巴结在下颌间隙后部,其外侧与颌下腺前端相邻。猪下颌淋巴结的位置更加靠后,表面有腮腺覆盖。马的下颌淋巴结则与血管切迹相对。下颌淋巴结是兽医卫生检验和临床诊断的重要淋巴结。

②腮腺淋巴结:位于颞下颌关节后下方,部分或全部被腮腺覆盖。

③颈浅淋巴结:又称肩前淋巴结,位于肩前,在肩关节上方,被臂头肌和肩胛横突肌(牛)覆盖。猪的颈浅淋巴结分背侧和腹侧两组,背侧颈浅淋巴结相当于其他家畜的颈浅淋巴结,腹侧颈浅淋巴结则位于腮腺后缘和胸头肌之间。

④髂下淋巴结:又称股前淋巴结,位于膝关节上方,在股阔筋膜张肌前缘皮下。

⑤腹股沟浅淋巴结:位于腹底壁皮下、大腿内侧、腹股沟皮下环附近。公畜的腹股沟浅淋巴结位于阴茎两侧,称阴茎背侧淋巴结;母畜的位于乳房的后上方,称乳房上淋巴结。母猪的腹股沟浅淋巴结位于倒数第2对乳头的外侧。

⑥腘淋巴结:位于臀股二头肌与半腱肌之间,腓肠肌外侧头的脂肪中。

Note

2. 动物的主要深部淋巴结 动物的深部淋巴结多位于血管干附近、内脏器官附近或系膜上。

①咽后淋巴结:每侧均有内、外两组,内侧组位于咽的背侧壁,外侧组位于腮腺深面,颈后部气管的腹侧,表面被覆颈皮肌和胸头肌。

②颈深淋巴结:分为前、中、后三组。颈前淋巴结位于咽、喉的后方,甲状腺附近,前与咽淋巴结相连;颈中淋巴结分散在颈部气管的中部;颈后淋巴结与颈前淋巴结无明显界限。

③肺淋巴结:位于肺门附近,气管的周围。

④肝淋巴结:位于肝门附近。

⑤脾淋巴结:位于脾门附近。

⑥肠淋巴结:位于各段肠管的肠系膜内。

⑦肠系膜前淋巴结:位于肠系膜前动脉起始部附近。

⑧髂内淋巴结:位于髂外动脉起始部附近。

⑨髂外淋巴结:位于旋髂深动脉前、后支分叉处。

二、脾

(一)脾的形态、位置和功能

脾是机体内最大的淋巴器官,位于腹前部、胃的左侧。脾也是由淋巴组织构成的,没有输入淋巴管和淋巴窦,而有输出淋巴管和大量血窦。脾在胚胎期是重要的造血器官。机体出生后脾的造血功能停止,但仍然是血细胞尤其是淋巴细胞再循环池的最大储库和强有力的过滤器,脾有造血、灭血、滤血、储血及参与机体免疫活动等功能。不同动物脾的差异很大。

各种动物脾的形态、位置如图9-8、图9-9所示。

(1)猪脾狭而长,上宽下窄,呈紫红色,质软,以胃脾韧带与胃大弯相连。

(2)牛脾呈长而扁的椭圆形,蓝紫色,质硬,位于瘤胃背囊左前方。

(3)羊脾扁平,略呈钝三角形,红紫色,质软,位于瘤胃左侧。

(4)马脾扁平,呈镰刀形,上宽下窄,蓝红色或铁青色,位于胃大弯左侧。

(5)家禽的脾位于腺胃与肌胃交界处的右腹侧,棕红色,鸡脾呈球形,鸭脾呈三角形。

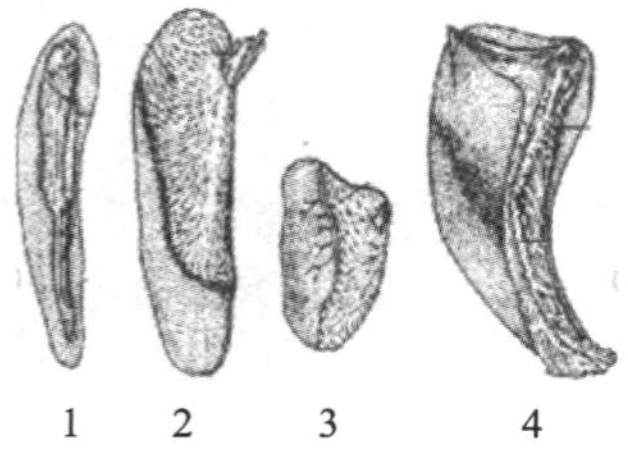

扫码看彩图
9-9

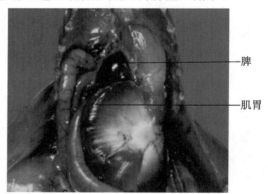
脾

肌胃

图9-9 鸡脾

图9-8 家畜脾示意图
1.猪脾 2.牛脾 3.羊脾 4.马脾

(二)脾的组织结构

脾的表面有结缔组织被膜,实质比较柔脆,分为白髓和红髓。

白髓是淋巴细胞聚集之处,沿中央小动脉呈鞘状分布,富含T细胞,相当于淋巴结的副皮质区。白髓中还有淋巴小结,是B细胞居留之处,受抗原刺激后可出现生发中心。脾中T细胞占淋巴细胞总数的35%～50%,B细胞占50%～65%。

红髓位于白髓周围,可分为脾索和血窦。脾索为网状结缔组织形成的条索状分支结构;血窦为迂曲的血管,其分支吻合成网。红髓与白髓之间的区域称为边缘区,中央小动脉分支由此进入,是再循环淋巴细胞入脾之处。与淋巴结不同,脾没有输入淋巴管,只有一条平时关闭的输出淋巴管与中央小动脉并行,发生免疫应答时,淋巴细胞由此进入再循环池。

三、其他淋巴器官

1. 血淋巴结　常见于牛、羊等动物动脉循环的通路上、瘤胃表面和空肠系膜中,灵长类和马属动物也偶有发现。一般呈圆球形,如豌豆大小,暗红色,构造似淋巴结,但无输入淋巴管和输出淋巴管,结内空隙容纳血液,以血管加入血液循环。血淋巴结具有一定的造血和免疫功能。

2. 扁桃体　位于舌、软腭和咽的黏膜下组织内,形状和大小因动物种类不同而不同,仅有输出淋巴管,注入附近的淋巴结,没有输入淋巴管。根据扁桃体存在的部位不同,家畜的扁桃体可分为腭扁桃体、舌扁桃体和咽扁桃体。咽扁桃体位于口咽部两侧,舌扁桃体位于舌根部。腺样体位于咽喉的最上部和鼻腔最后端的交界处。在鸡盲肠基部的壁内有发达的淋巴组织,称为盲肠扁桃体。在抗原刺激下,扁桃体可产生淋巴细胞,参与机体免疫应答。

在线学习

1. 动物解剖生理在线课

视频:周围免疫器官

2. 多媒体课件

PPT:9.2

3. 能力检测

习题:9.2

任务实施

一、任务分配

学生任务分配表(此表每组上交一份)

班级		组号		指导教师	
组长		学号			
组员		姓名	学号	姓名	学号
任务分工					

二、工作计划单

工作计划单（此表每人上交一份）

项目九	免疫系统结构的识别		学时	4
学习任务	外周免疫器官的识别		学时	1
计划方式	分组计划（统一实施）			
制订计划	序号	工作步骤	使用资源	
	1			
	2			
	3			
	4			
	5			
	6			
	7			
制订计划说明	（1）每个任务中包含若干个知识点，制订计划时要加以详细说明。 （2）各组工作步骤顺序可不同，任务必须一致，以便于教师准备教学场景。 （3）先由各组制订计划，交流后由教师对计划进行点评。			
评语	班级		第　组	组长签字	
	教师签字			日期	

三、器械、工具、耗材领取清单

器械、工具、耗材领取清单（此表每组上交一份）

班级：　　　小组：　　　组长签字：

序号	名称	型号及规格	单位	数量	回收	备注

回收签字　学生：　　　　教师：

四、工作实施

工作实施单（此表每人上交一份）

项目九	免疫系统结构的识别		
学习任务	外周免疫器官的识别	建议学时	1

续表

任务实施过程

一、实训场景设计

在校内解剖实训室或虚拟仿真实训室进行,要求有计算机、解剖虚拟仿真系统、外周免疫器官,将全班学生分成 8 组,每组 4～5 人,由组长带头,制订任务分配、工作计划,领取器械、工具和耗材,并认真记录。

二、材料与用品

外周免疫器官图片或模型、标本。

三、任务实施过程

(1)在图片或模型上识别猪脾,观察其形态、位置,并描述脾的功能。

(2)在图片或模型上识别淋巴结的位置及功能。

(3)在图片或模型上识别鸡脾,观察其形态、位置,并描述其功能。

(4)按要求回答下列引导问题。

引导问题 1:动物常检浅表淋巴结有哪些?

引导问题 2:请描述不同动物脾的形态特征。

引导问题 3:简述脾的功能。

五、评价反馈

学生进行自评,评价自己能否完成学习任务、完成引导问题,在完成过程中有无遗漏等。教师对学生进行评价的内容如下:工作实施是否科学、完整,所填内容是否正确、翔实,学习态度是否端正,学习过程中的认识和体会等。

学生自评表

班级: 姓名: 学号:			
学习任务	外周免疫器官的识别		
评价内容	评价标准	分值	得分
完成引导问题 1	回答完整,描述正确	20	
完成引导问题 2	回答完整,描述正确	20	
完成引导问题 3	回答完整、准确	10	
任务分工	本次任务分工合理	5	
工作态度	态度端正,无缺勤、迟到、早退等现象	5	
工作质量	能按计划完成工作任务	10	
协调能力	与小组成员间能合作交流、协调工作	10	
职业素质	能做到安全操作,文明交流,保护环境,爱护动物,爱护实训器材和公共设施	10	

续表

创新意识	通过学习,建立空间概念,举一反三	5	
思政收获和体会	完成任务有收获	5	

学生互评表

班级: 姓名: 学号:				
学习任务	外周免疫器官的识别			
序号	评价内容	组内互评	组间评价	总评
1	任务是否按时完成			
2	器械、工具等是否放回原位			
3	任务完成度			
4	语言表达能力			
5	小组成员合作情况			
6	创新内容			
7	思政目标达成度			

教师评价表

班级: 姓名: 学号:			
学习任务	外周免疫器官的识别		
序号	评价内容	教师评价	综合评价
1	学习准备情况		
2	计划制订情况		
3	引导问题的回答情况		
4	操作规范情况		
5	环保意识		
6	完成质量		
7	参与互动讨论情况		
8	协调合作情况		
9	展示汇报		
10	思政收获		
总分			

任务三　免疫细胞的识别及淋巴的生成

→　任务导入

　　免疫是机体的一种保护性反应,对维持机体内、外环境的平衡和内环境的稳定、预防传染病和寄生虫病有很重要的意义。由中枢免疫器官产生的淋巴细胞是通过血液循环路径进入各外周免疫器官的,而各外周免疫器官则分布在淋巴循环的路径上,通过淋巴管,免疫细胞可以在不同免疫器官内流动,参与机体免疫应答。

→ **学习目标**

掌握免疫细胞的分类及功能,掌握淋巴管的分类及结构。了解淋巴的生成过程,掌握淋巴循环路径。理解淋巴生成的生理意义。

→ **工作准备**

(1)根据任务要求,识别免疫细胞,掌握淋巴循环路径。

(2)收集免疫细胞、淋巴循环相关资料。

(3)本学习任务需要准备免疫细胞挂图、淋巴循环模型等。

→ **任务资讯**

任务三　免疫细胞的识别及淋巴的生成	学时	2

一、免疫细胞的识别

凡能参与免疫反应的细胞统称为免疫细胞,主要有以下几种。

(一)淋巴细胞

淋巴细胞是种类繁多、分工极细,并有不同分化阶段和功能表现的一个细胞群体。各种淋巴细胞的寿命长短不一,如效应淋巴细胞仅 1 周左右,而记忆淋巴细胞可长达数年,甚至终生。淋巴细胞的主要类群如下。

1. T 细胞　淋巴细胞中数量最多、功能复杂的一类。T 细胞是骨髓内形成的淋巴干细胞在胸腺内分化、成熟的淋巴细胞,也称胸腺依赖淋巴细胞。T 细胞体积较小,胞质很少,成熟后进入血液和淋巴循环,参与细胞免疫。T 细胞的再循环有利于广泛接触进入机体内的抗原物质,加强免疫应答,较长期保持免疫记忆。

2. B 细胞　由骨髓中的淋巴干细胞直接在骨髓分化、成熟而来,也称骨髓依赖淋巴细胞。与 T 细胞相比,B 细胞的体积略大。B 细胞受抗原刺激后增殖分化形成大量浆细胞,分泌抗体,从而清除相应的抗原,此为体液免疫应答。

3. 杀伤细胞(K 细胞)　K 细胞又称抗体依赖淋巴细胞,直接从骨髓的多能干细胞分化而来,发挥杀伤靶细胞作用时必须有靶细胞的相应抗体存在。靶细胞表面抗原与相应抗体结合后,再结合到 K 细胞的相应受体上,从而触发 K 细胞的杀伤作用。凡结合有 IgG 抗体的靶细胞,均有被 K 细胞杀伤的可能性。

4. 自然杀伤细胞(NK 细胞)　它不需抗体的存在,也不需抗原的刺激即能杀伤某些肿瘤细胞、病毒感染细胞、较大的病原体(如真菌和寄生虫)及同种异体移植的器官、组织等。

(二)抗原呈递细胞

抗原呈递细胞是免疫应答起始阶段的重要辅佐细胞,有多种类型,是处理抗原的主要细胞。抗原呈递细胞摄取、处理、传递抗原给 B 细胞群和 T 细胞群的过程称抗原呈递。有抗原呈递作用的细胞主要有巨噬细胞、树突状细胞等。

(三)单核-巨噬细胞系统

该系统包括结缔组织的巨噬细胞、肝的库普弗细胞、肺的尘细胞、神经组织的小胶质细胞、脾和淋巴结中固定和游走的巨噬细胞、骨组织的破骨细胞、表皮的朗格汉斯细胞和淋巴组织内的交错突细胞等,它们均来源于骨髓干细胞。骨髓内的幼单核细胞分化为单核细胞进入血流,然后从不同部位穿出血管壁,进入其他组织内,分别分化为上述各种细胞。

Note

单核-巨噬细胞系统在机体内分布广,细胞数量也很多,当细菌等异物侵入机体时,体内各处的吞噬细胞可吞噬并清除异物,这是机体最原始的一种防御方式,至今仍具有重要的意义。

二、淋巴的生成

(一)淋巴管道

淋巴管道为淋巴液通过的管道,家畜的淋巴管道根据汇集顺序、口径大小及管壁厚薄,可分为毛细淋巴管、淋巴管、淋巴干和淋巴导管。家禽组织内毛细淋巴管逐渐汇合成较大的淋巴管,再由淋巴管汇合成胸导管。家禽有一对胸导管。从骨盆起始,向前沿主动脉延伸,最后注入两条前腔静脉。

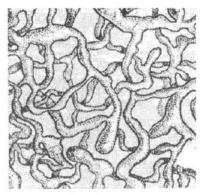

图 9-10 毛细淋巴管

1. 毛细淋巴管 毛细淋巴管(图 9-10)以盲端起始于组织间隙,其结构类似于毛细血管,毛细淋巴管的管径较毛细血管的大,粗细不一,通透性也比毛细血管大,因此一些不能透过毛细血管壁的大分子物质,如蛋白质、脂肪、细菌等,由毛细淋巴管收集后回流。除无血管分布的组织器官(如上皮、角膜、晶状体等)以及中枢神经和骨髓外,机体其余部位均有毛细淋巴管分布。

2. 淋巴管 毛细淋巴管汇集成淋巴管。淋巴管的形态结构与静脉相似,但管壁较薄,常呈串珠状,瓣膜较多。按所在位置,淋巴管可分为浅层淋巴管和深层淋巴管。前者收集皮肤及皮下组织的淋巴液,多与浅静脉伴行;后者收集肌肉、骨和内脏的淋巴液。根据淋巴液对淋巴结的流向,淋巴管还可分成输入淋巴管和输出淋巴管。

3. 淋巴导管 淋巴导管包括胸导管和右淋巴导管。

胸导管为全身最大的淋巴管道,起始于乳糜池,穿过膈上的主动脉裂孔进入胸腔,沿胸主动脉的右上方、右奇静脉的右下方向前行,然后越过食管和气管的左侧向下行,在胸腔前口处注入。胸导管收集除右淋巴导管以外的全身淋巴液。

右淋巴导管短而粗,为右侧气管干的延续,收集右侧头颈、右前肢、右肺、心脏右半部及右侧胸下壁的淋巴液。

(二)淋巴的生成过程

血液经动脉输送到毛细血管时,其中一部分液体经毛细血管动脉端滤出,进入组织间隙形成组织液。组织液与周围组织细胞进行物质交换后,大部分渗入毛细血管静脉端,小部分(大约10%)则渗入毛细淋巴管,成为淋巴液。淋巴液在淋巴管内流动(只能向心流动),最后注入静脉,形成淋巴回流,以协助体液回流。因此,可将淋巴回流看作血液循环的辅助部分(图 9-11)。

淋巴进入血液循环系统具有很重要的生理意义,主要有以下几个方面。

(1)调节血浆和组织间液的液体平衡。每天生成的淋巴液有 2～4 L 回到血浆,大致相当于全身的血浆量。如果淋巴回流受阻,可引起淋巴淤积而组织液增多。

(2)发挥免疫、防御、屏障作用。淋巴流动还可以清除进入组织的异物,并参与免疫反应,产生抗体,对动物机体起着防御作用。

(3)回收蛋白质。组织间液中的蛋白质分子不能通过毛细血管壁进入血液,只能通过毛细淋巴管壁而形成淋巴液的组成部分。

(4)运输脂肪。由肠道吸收的脂肪 80%～90% 是由小肠绒毛和毛细淋巴管吸收的,经乳糜池—胸导管回流入血。

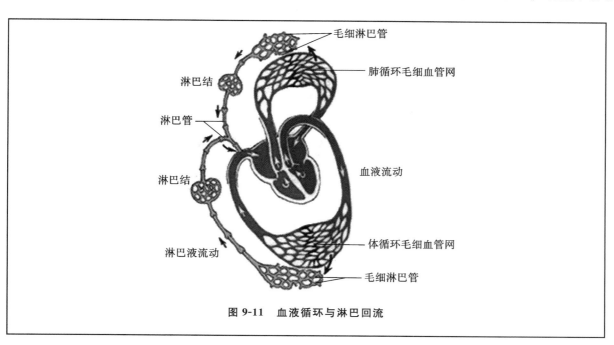

图 9-11　血液循环与淋巴回流

在线学习

1.动物解剖生理在线课

视频:免疫细胞

2.多媒体课件

PPT:9.3

3.能力检测

习题:9.3

任务实施

一、任务分配

学生任务分配表(此表每组上交一份)

班级		组号		指导教师	
组长		学号			
组员	姓名	学号	姓名	学号
任务分工					

二、工作计划单

工作计划单（此表每人上交一份）

项目九		免疫系统结构的识别		学时	4
学习任务		免疫细胞的识别及淋巴的生成		学时	2
计划方式		分组计划（统一实施）			
制订计划	序号	工作步骤		使用资源	
	1				
	2				
	3				
	4				
	5				
	6				
	7				
制订计划说明	（1）每个任务中包含若干个知识点，制订计划时要加以详细说明。 （2）各组工作步骤顺序可不同，任务必须一致，以便于教师准备教学场景。 （3）先由各组制订计划，交流后由教师对计划进行点评。				
	班级		第　组	组长签字	
	教师签字			日期	
评语					

三、器械、工具、耗材领取清单

器械、工具、耗材领取清单（此表每组上交一份）

班级：　　　小组：　　　组长签字：

序号	名称	型号及规格	单位	数量	回收	备注

回收签字　学生：　　　　　教师：

四、工作实施

工作实施单(此表每人上交一份)

项目九	免疫系统结构的识别		
学习任务	免疫细胞的识别及淋巴的生成	建议学时	2
任务实施过程			

一、实训场景设计

在校内解剖实训室或虚拟仿真实训室进行,要求有计算机、解剖虚拟仿真系统、显微镜,将全班学生分成8组,每组4~5人,由组长带头,制订任务分配、工作计划,领取器材、工具和耗材,并认真记录。

二、材料与用品

图片或模型、标本、显微镜。

三、任务实施过程

(1)在模型或标本上识别免疫细胞,观察其形态,并描述其功能。

(2)观察淋巴循环模型,绘制淋巴循环的路径。

(3)按要求回答下列引导问题。

引导问题1:淋巴细胞主要有哪些?

引导问题2:单核-巨噬细胞系统有什么功能?

引导问题3:简述淋巴回流的路径。

引导问题4:淋巴回流有什么生理意义?

五、评价反馈

学生进行自评,评价自己能否完成学习任务、完成引导问题,在完成过程中有无遗漏等。教师对学生进行评价的内容如下:工作实施是否科学、完整,所填内容是否正确、翔实,学习态度是否端正,学习过程中的认识和体会等。

学生自评表

班级: 姓名: 学号:

学习任务	免疫细胞的识别及淋巴的生成		
评价内容	评价标准	分值	得分
完成引导问题1	正确叙述淋巴细胞的分类	10	
完成引导问题2	正确叙述单核-巨噬细胞系统的功能	20	
完成引导问题3	正确叙述淋巴回流的路径	10	
完成引导问题4	正确叙述淋巴回流的生理意义	10	

Note

任务分工	本次任务分工合理	5	
工作态度	态度端正,无缺勤、迟到、早退等现象	5	
工作质量	能按计划完成工作任务	10	
协调能力	与小组成员间能合作交流、协调工作	10	
职业素质	能做到安全操作,文明交流,保护环境,爱护动物,爱护实训器材和公共设施	10	
创新意识	通过学习,建立空间概念,举一反三	5	
思政收获和体会	完成任务有收获	5	

学生互评表

班级:	姓名:	学号:			
学习任务	免疫细胞的识别及淋巴的生成				
序号	评价内容	组内互评	组间评价	总评	
1	任务是否按时完成				
2	器械、工具等是否放回原位				
3	任务完成度				
4	语言表达能力				
5	小组成员合作情况				
6	创新内容				
7	思政目标达成度				

教师评价表

班级:	姓名:	学号:	
学习任务	免疫细胞的识别及淋巴的生成		
序号	评价内容	教师评价	综合评价
1	学习准备情况		
2	计划制订情况		
3	引导问题的回答情况		
4	操作规范情况		
5	环保意识		
6	完成质量		
7	参与互动讨论情况		
8	协调合作情况		
9	展示汇报		
10	思政收获		
总分			

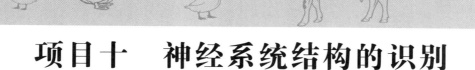

项目十　神经系统结构的识别

项目概述

　　神经系统是动物体内起主导作用的调节系统。动物生活中,运动与平衡、内脏的活动和血液的供应、代谢产物的排放等均受神经系统的控制和调节。一旦神经系统发生异常,机体会立即平衡失调,出现肌肉松弛或代谢障碍等,甚至危及生命。

项目目标

　　知识目标:熟知神经系统、血脑屏障等的概念,脑的分部及各部的形态、位置、构造及功能,外周神经的分布及生理功能。掌握脊髓的形态和结构。熟知反射、条件反射、非条件反射的概念,神经系统对内脏活动的调节机制,大脑皮质的功能。掌握神经系统活动的基本形式,神经纤维的功能,皮质下各级中枢的功能,神经纤维和神经系统对机体活动的调节作用。了解条件反射和非条件反射对机体生理活动的意义。

　　技能目标:能在显微镜下观察脑、脊髓组织的构造,并结合畜禽生产解决实际问题;能在生产中合理应用条件反射和非条件反射;能准确找到坐骨神经的解剖位置。

　　思政目标:非条件反射是动物生下来就有的反射。条件反射建立在非条件反射基础上,是逐渐培养而形成的反射。通过对条件反射形成过程的讲解,学生能明白良好生活习惯的养成是一个长期的过程,应该从身边小事做起,从自己力所能及的事情做起,逐渐养成良好的品行。另外,外周神经和中枢神经必须紧密配合,外周神经服从中枢神经的支配,才能使机体活动自如。通过学习,学生能从自身的特点进行分析,能够在生活中找到正确的定位,学会服从管理。

任务一　神经组织的识别

任务导入

　　神经组织(NT)是构成神经系统的主要部分,神经组织由神经元和神经胶质细胞组成。神经元是神经组织的主要成分,具有接受刺激和传导兴奋的功能,也是神经活动的基本功能单位;神经胶质细胞在神经组织中起支持、保护和营养神经元的作用。神经元又称神经细胞,包括细胞体和突起两个部分。一般每个神经元都有一条长而分支少的轴突、几条短而呈树状分支的树突。神经元的突起又称神经纤维。神经纤维末端的细小分支称神经末梢,分布到所支配的组织。神经元受刺激后能产生兴奋,并沿神经纤维传导兴奋。

→ 学习目标

　　熟记神经组织的结构和功能,神经元及神经纤维的分类,准确理解神经冲动的传导与递质之间的关系。能根据神经元及神经纤维的结构进行分类,识别不同类型神经元,并描述其功能。培养学生的团队协作意识。

→ 工作准备

　　(1)根据任务要求,了解神经组织的结构和功能。
　　(2)查阅神经冲动的传导与递质的相关资料。
　　(3)本学习任务需要准备计算机、神经组织切片等。

→ 任务资讯

任务一　神经组织的识别	学时	2

　　神经组织(NT)是构成神经系统的主要部分,由神经细胞和神经胶质细胞组成。神经细胞亦称神经元,神经胶质细胞是神经组织中的辅助成分,数量多,无传导功能,对神经元起支持、保护、营养等作用。

一、神经元

(一)神经元的结构

　　神经元是一种有突起的细胞,其形态多种多样,但结构都由细胞体和突起两个部分构成。突起

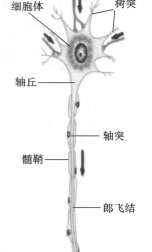

图 10-1　神经元结构示意图

分树突和轴突两种,每个神经元有一个或多个树突,而轴突只有一个(图 10-1)。

　　1. 细胞体　细胞体又称核周体,包括细胞核和周围的细胞质。
　　(1)细胞膜为单位膜,能够接受刺激,产生及传导神经冲动。
　　(2)细胞质:位于细胞核周围的细胞质称核周质。其内含有尼氏体和神经原纤维等特征性结构。
　　①尼氏体(嗜染质):光镜下所见胞质内呈颗粒状或斑块状的嗜碱性物质,电镜下可见尼氏体由许多平行排列的粗面内质网和分布于其间的游离核糖体组成。
　　②虎斑:脊髓腹角的运动神经元的尼氏体数量较多,呈斑块状分布,如虎皮花纹,习惯上称虎斑。尼氏体只分布在核周质及树突内,不分布在轴突或其起始部轴丘内,光镜下以此区别树突和轴突。
　　③神经原纤维:光镜下观察银染切片,可见核周质内相互交织成网的棕褐色的细丝,并深入突起内。
　　(3)细胞核只有一个,大而圆,位于细胞体中央,常染色质多,着色浅,核仁大而明显。
　　2. 突起
　　(1)树突:形如树枝。树突的功能是接受信息刺激,并将冲动传向细胞体。
　　(2)轴突:除个别神经元外,其余神经元都有一个轴突。自细胞体发出轴突的部位呈圆锥状,称轴丘。轴丘和延续的轴突内无尼氏体,有神经原纤维,可借此在光镜下区别树突与轴突。在生理条件下,蛋白质、神经递质及酶等不断在细胞体内合成并顺向运输到轴突,与此同时,衰老的细胞器和代谢产物不断在轴突内分解为多泡体且逆向运输到细胞体,这种方向不同、速度不一的轴浆流动方式称轴突运输。

（二）神经元的分类

神经元有以下三种分类法。

（1）按突起数目分类。

神经元 { 多极神经元：一个轴突和多个树突。
双极神经元：有两个突起，一个是轴突，另一个是树突。
假单极神经元：从细胞体发出一个突起，在距细胞体不远处分为两支，一支进入中枢（中枢突，轴突），另一支伸向周围器官（周围突，树突）。

（2）根据功能分类。

神经元 { 感觉神经元（传入神经元）：多为假单极和双极神经元。
运动神经元（传出神经元）：为多极神经元。
联络神经元（中间神经元）：为多极神经元。

（3）根据神经元释放的神经递质分类。

神经元 { 胆碱能神经元。
胺能神经元。

二、突触

突触是神经元与神经元之间，或神经元与效应细胞（如肌细胞、腺细胞）之间的一种特化的细胞连接，是神经元传递信息的重要结构。根据突触传递信息的方式不同，突触可分为化学性突触和电突触两大类。

1. 化学性突触　神经元轴突末端以释放神经递质为媒介传导神经冲动的突触为化学性突触。其结构分为突触前膜、突触间隙、突触后膜三个部分。

2. 电突触　两个神经元之间通过缝隙连接直接传递电信息。

三、神经胶质细胞

神经胶质细胞简称神经胶质。神经胶质细胞与神经元比较，有以下几个特点：数量多而细胞体小，突起不分树突和轴突；细胞质内无尼氏体和神经原纤维；不与其他细胞构成突触；无传导冲动的作用；终生保持分裂能力。功能：支持、营养、隔离、保护。HE 染色只能显示细胞核，可用银染法或免疫细胞化学法显示细胞形态。

四、神经纤维

神经纤维由神经元的长突起和包绕在其外面的神经胶质细胞构成。在中枢神经系统内，神经纤维由轴突外包少突胶质细胞构成，周围神经系统的神经纤维由轴突外包神经膜细胞构成。神经纤维的主要功能是传导冲动。根据有无髓鞘，神经纤维可分为有髓神经纤维和无髓神经纤维。

五、周围神经系统的组织结构

1. 神经　周围神经系统中走行一致的神经纤维集合在一起，与结缔组织、毛细血管、毛细淋巴管共同构成神经。每条神经纤维周围的结缔组织称神经内膜。若干条神经纤维集合成束，包绕在神经束周围的结缔组织称神经束膜。许多粗细不等的神经束聚集成一根神经，其外周的结缔组织称神经外膜。

2. 神经节　神经节是指周围神经系统中神经元细胞体集中的部位，外包有致密的结缔组织被膜。神经节分为脑脊神经节、植物性神经节。

3. 神经末梢　周围神经纤维的终末部分（轴突）终止于其他组织形成的特殊结构，称神经末梢。按其功能，神经末梢可分为感觉神经末梢和运动神经末梢。

六、中枢神经系统的组织结构

在中枢神经系统，神经元细胞体集中的部分为灰质，不含细胞体只有神经纤维的部分为白质，大脑和小脑的灰质位于脑的表层，又称皮质，皮质下是白质。脊髓的灰质位于中央，周围是白质。

动画：兴奋性突触传递

动画：抑制性突触传递

Note

在线学习

1.动物解剖生理在线课　　　2.多媒体课件　　　3.能力检测

视频：神经系统的基本结构及功能　　　PPT：10.1　　　习题：10.1

 任务实施

一、任务分配

学生任务分配表（此表每组上交一份）

班级		组号		指导教师	
组长		学号			
组员	姓名	学号	姓名	学号	
任务分工					

二、工作计划单

工作计划单（此表每人上交一份）

项目十		神经系统结构的识别		学时	10
学习任务		神经组织的识别		学时	2
计划方式		分组计划（统一实施）			
制订计划	序号	工作步骤		使用资源	
	1				
	2				
	3				
	4				
	5				
	6				
	7				
制订计划说明	（1）每个任务中包含若干个知识点，制订计划时要加以详细说明。 （2）各组工作步骤顺序可不同，任务必须一致，以便于教师准备教学场景。 （3）先由各组制订计划，交流后由教师对计划进行点评。				

续表

	班级		第　组	组长签字	
	教师签字			日期	
评语					

三、器械、工具、耗材领取清单

器械、工具、耗材领取清单(此表每组上交一份)

班级：　　　小组：　　　组长签字：

序号	名称	型号及规格	单位	数量	回收	备注

回收签字　学生：　　　　教师：

四、工作实施

工作实施单(此表每人上交一份)

项目十	神经系统结构的识别		
学习任务	神经组织的识别	建议学时	2
任务实施过程			

一、场景设计

在校内解剖实训室或显微镜实训室进行,要求有计算机、显微镜。将全班学生分成8组,每组4~5人,由组长带头,制订任务分配、工作计划,领取器械、工具和耗材,并认真记录。

二、材料与用品

脊髓灰质涂片、脊髓横切片、神经横切片、神经纵切片、肠系膜上的环层小体切片、皮肤切片、大脑皮质切片、小脑皮质切片,神经元细胞体、突触、有髓神经纤维及运动终板的电镜图片,载玻片、盖玻片、眼科镊、显微镜等。

三、任务实施过程

了解本学习任务需要掌握的内容,组内同学按任务分配,收集相关资料,按下述实施步骤完成各自任务,并分享给组内同学,共同完成学习。

实施步骤:

(1) 学生分组,填写分组名单。

(2) 制订并填写工作(学习)计划,小组讨论计划实施的可行性,由教师进行决策和点评。

(3) 观察。

①观察牛的脊髓灰质涂片;②观察神经元细胞体的电镜结构;③观察猫脊髓横切片(Cajal 银染色);④观察突触的透射电镜图片;⑤观察有髓神经纤维及兔的坐骨神经纵切片和横切片(HE 染色)。

引导问题1:简述神经元的形态结构。

引导问题2:简述神经元及神经纤维的分类。

五、评价反馈

学生进行自评,评价自己能否完成学习任务、完成引导问题,在完成过程中有无遗漏等。教师对学生进行评价的内容如下:工作实施是否科学、完整,所填内容是否正确、翔实,学习态度是否端正,学习过程中的认识和体会等。

学生自评表

班级: 姓名: 学号:

学习任务	神经组织的识别		
评价内容	评价标准	分值	得分
完成引导问题1	正确描述神经元的形态结构	20	
完成引导问题2	正确描述神经元及神经纤维的分类	30	
任务分工	本次任务分工合理	5	
工作态度	态度端正,无缺勤、迟到、早退等现象	5	
工作质量	能按计划完成工作任务	10	
协调能力	与小组成员间能合作交流、协调工作	10	
职业素质	能做到安全操作,文明交流,保护环境,爱护动物,爱护实训器材和公共设施	10	
创新意识	通过学习,建立空间概念,举一反三	5	
思政收获和体会	完成任务有收获	5	

学生互评表

班级: 姓名: 学号:

学习任务	神经组织的识别		
序号	评价内容	组内互评	组间评价	总评
1	任务是否按时完成			
2	器械、工具等是否放回原位			
3	任务完成度			
4	语言表达能力			
5	小组成员合作情况			
6	创新内容			
7	思政目标达成度			

教师评价表

班级：	姓名：	学号：		
学习任务	神经组织的识别			
序号	评价内容	教师评价	综合评价
1	学习准备情况		
2	计划制订情况		
3	引导问题的回答情况		
4	操作规范情况		
5	环保意识		
6	完成质量		
7	参与互动讨论情况		
8	协调合作情况		
9	展示汇报		
10	思政收获		
总分			

任务二 中枢神经系统的识别

任务导入

中枢神经系统包括位于颅腔内的脑和位于椎管内的脊髓,脑是各种反射弧的中枢部分。

学习目标

熟知中枢神经系统的构造,脊髓和脑的基本结构、位置和功能。能独立完成脊髓和脑的结构识别,并准确描述脊髓和脑的不同部位的功能。培养学生的团队协作意识。

工作准备

本学习任务需准备计算机、脑标本、实验动物羊、家禽、解剖虚拟仿真系统等。

任务资讯

任务二 中枢神经系统的识别	学时	2

一、脑

脑是中枢神经系统的高级部分,位于颅腔内,向后在枕骨大孔处与脊髓相延续。脑可分为脑干、间脑、小脑和大脑四个部分。

1. 脑干 脑干由后向前依次分为延髓、脑桥、中脑(图10-2),是脊髓向前的直接延续。脑干上发出第Ⅲ～Ⅻ对脑神经,大脑皮质与小脑、脊髓之间的联系,要经过脑干。另外,在脑干的网状结构中有许多重要的生命中枢。

Note

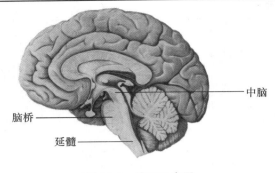

中脑

脑桥

延髓

图 10-2　脑干示意图

（1）延髓为脑干的末端，后部在枕骨大孔处与脊髓相连，两者之间没有明显的分界，前端连脑桥，背侧被小脑覆盖，呈前宽后窄的楔形。延髓腹侧有一浅沟，称腹正中裂，为脊髓腹正中裂的连续。在腹正中裂的两侧各有一条纵行隆起，称为锥体，它是由大脑皮质发出的运动纤维束（锥体束）构成的，锥体在后端大部分交叉到对侧，称为锥体交叉，交叉后的纤维在脊髓的外侧束下行。延髓后半部的形态与脊髓相似，中央也有一中央管，称为闭合部。但前半部中央管向背侧开放，称开放部，构成第四脑室的后半部，称为第四脑室底，其两侧有绳状体。绳状体是一对粗大的纤维束，由来自脊髓和延髓的纤维组成，向前延伸进入小脑，形成小脑后脚。

（2）脑桥位于延髓的前方，可分为腹侧部（基底部）和背侧部（被盖部），腹侧部呈横向隆起，由大量横行纤维和部分纵行纤维以及分散在其中的神经核（脑桥核）组成。横行纤维从两侧进入小脑，形成小脑中脑（又称脑桥臂）。背侧部与延髓相似，内有网状结构和上、下行传导束。在背侧部的前端两侧有连接小脑的小脑前脚（又称结合臂），它是由小脑到中脑和丘脑的纤维构成的。

（3）中脑位于脑桥和间脑之间，内有一管，称中脑导水管，后端与第四脑室相通，前方与第三脑室相通，中脑导水管将中脑分为背侧的四叠体（顶盖）和腹侧的大脑脚。

2. 间脑　前外侧接大脑的基底核，内有第三脑室，呈环状，主要分为丘脑和丘脑下部。丘脑占据间脑的大部分，为一对卵圆形的灰质团块，左、右两侧丘脑内部相连，断面呈圆形，丘脑粘合块周围的环状裂隙为第三脑室，前方以一对室间孔通侧脑室。丘脑大部分核团是上行纤维的总联络站，接受来自脊髓、脑干、小脑各种感觉核的纤维，由此发出纤维至大脑皮质，是皮质下的主要感觉中枢。丘脑后部背外侧有两对隆起，外侧的称外膝状体，接受视束发来的纤维，发出纤维至大脑皮质视觉区，是视觉冲动传至大脑皮质的联络站。内侧的称内膝状体，较小，位于外膝状体的后下方，接受听觉中继核团发来的纤维，发出纤维到大脑皮质，是听觉冲动传至大脑的联络站。

丘脑下部位于丘脑的下方，是植物性神经系统的皮质下中枢，从脑底面看，由前向后依次为两侧视神经构成视交叉、灰结节（漏斗）、乳头体。视上核分泌抗利尿激素，室旁核分泌催产素。

3. 小脑　略呈球形，位于大脑后方，在延髓和脑桥的背侧构成第四脑室顶壁。小脑被两条纵沟分为中间的蚓部和两侧的小脑半球。

4. 大脑　大脑又称端脑，位于脑干前方，后端借大脑横裂与小脑分开，背侧被大脑纵裂分为左、右两侧大脑半球，大脑的纵裂底部有胼胝体将两侧半球联系在一起。每侧大脑半球包括大脑皮质、髓质、嗅脑、基底核和侧脑室。

（1）大脑新皮质分布于背面及周侧面，可分为前部的额叶、后部的枕叶（视觉区）、外侧部的颞叶（听觉区）、背侧部的顶叶（一般感觉区）。

（2）嗅脑底面为构成嗅脑的各组成部分，包括嗅球、嗅回、嗅三角、梨状叶、海马回、海马和齿状回等。嗅球呈卵圆形，位于大脑底面的最前端，接受来自鼻腔嗅区的嗅神经传来的神经冲动。嗅球向后延续为嗅回，分内侧嗅回和外侧嗅回，内、外侧嗅回间为嗅三角。梨状叶是海马回的前部，表面为灰质前端，内部有杏仁核，位于侧脑室的底壁上。海马回内侧部转向深部、卷至侧脑室成为海马。齿状回呈长条状，位于海马回内侧。海马发出纤维，向前聚集成海马伞，两侧海马伞向前延伸合并形成穹隆。穹隆在中线上位于胼胝体腹侧的前下方，终止于上丘脑的乳头体。

（3）边缘叶是指大脑半球和间脑之间的过渡部分，包括扣带回、海马回、齿状回等。边缘叶与附近的皮质及有关的皮质下结构，包括扣带回前端的隔区、杏仁核、下丘脑、丘脑内侧核、丘脑前核和中脑被盖背侧部等,在功能、结构上密切联系,构成一个边缘系统,与内脏活动、情绪、记忆有关,功能十分复杂。

(4)基底神经节由大脑内部的各种神经纤维中一些灰质团构成,是大脑皮质下运动中枢,主要由尾状核和豆状核构成。豆状核位于内囊的外侧,尾状核位于前背侧,构成侧脑室前部的底壁。尾状核、豆状核和位于其间的内囊,外观上是灰质、白质相间的条纹状,故合称纹状体。

(5)白质:大脑半球的白质含有以下三种纤维。①连合纤维:连接左、右大脑半球皮质的纤维,主要为胼胝体。②联络纤维:连接同侧半球各脑回、各叶之间的纤维。③投射纤维:连接大脑皮质与中枢其他各部分之间的上、下行纤维,内囊就是由投射纤维构成的。

(6)侧脑室位于大脑半球内部,每侧各有一个,分别称为第一脑室、第二脑室,通过室间孔与第三脑室相通,在侧脑室底前内侧可见尾状核,后外侧可见海马,它们之间有侧脑室脉络丛。

二、脊髓

1. 形态、位置 脊髓位于椎管内,呈上、下略扁的圆柱状;前端在枕骨大孔与延髓相连,后端达荐骨中部,逐渐变细,呈圆锥形,称为脊髓圆锥。脊髓又可分为颈、胸、腰、荐4段,各段粗细不一。在颈后部和胸前部较粗,称颈膨大,在腰荐部也较粗大,称为腰膨大。脊髓的背侧正中有一浅沟,称背正中沟,腹侧正中有纵向的深沟裂,称腹正中裂,在背正中沟的两侧各有一背外侧沟,脊神经的背根由此进入脊髓。脊神经的腹根由腹外侧沟出脊髓。在后部脊髓,脊柱比脊髓生长快,故脊髓比椎管短,荐神经和尾神经由脊髓发出后要在椎管内向后延伸一段,才能到达相应的椎间孔,这些荐神经、尾神经、脊髓圆锥及终丝共同形成马尾。

2. 脊髓内部结构 在脊髓的横断面上,可见中央有一中央管,中央管向前与脑室相通,贯穿整个脊髓,横断面的内部为灰质,外围为白质。

(1)灰质位于中央管周围,断面呈蝶形,每侧灰质有两个显著的突出部,分别称背侧角(腹柱)和腹侧角(背柱),在胸段和前部腰段脊髓的腹侧角的基部外侧还有稍突出的外侧角(柱)。背侧角内含有各种类型的中间神经元细胞体,接受脊神经节内感觉神经元中枢突传来的冲动。腹侧角内含有运动神经元细胞体,外侧角内含有植物性神经元细胞体。每段脊髓接受来自脊神经的感觉纤维,这些纤维组成背侧根,背侧根上有脊神经节,是感觉神经元细胞体的所在处。腹侧角运动神经元发出的轴突,组成腹侧根,从腹侧沟发出来,背侧根和腹侧根在椎管之前,合并成脊神经。

(2)白质位于灰质的周围,由纵行的神经纤维构成,为脊髓上、下行纤维传导冲动的传导路径。白质被灰质角分为三对索:①背侧索,位于背正中沟与背侧角之间,由感觉神经元纤维构成;②腹侧索,位于腹侧角与腹正中裂之间;③外侧索,位于背侧角和腹侧角之间。它们均由来自背侧角的中间神经元的上行纤维束及来自大脑、脑干的中间神经元的下行纤维束组成。

3. 脊髓的功能

(1)传导功能:全身(除头部外)深、浅部的感觉以及大部分内脏器官的感觉,都要通过脊髓白质才能传导到脑,产生感觉。而脑对躯干、四肢横纹肌的运动调节以及部分内脏器官的支配调节,也要通过脊髓白质的传导才能实现。若脊髓受损,其上传、下达功能便发生障碍,引起一定的感觉障碍和运动失调。

(2)反射功能:许多低级反射中枢,如肌肉的牵张反射中枢、排尿排粪中枢及性功能活动的低级反射中枢,均存在于脊髓。

4. 脊膜 脊髓外面被覆三层结缔组织膜,称脊膜,由内向外依次为脊软膜、脊蛛网膜和脊硬膜。脊硬膜由一层致密的结缔组织构成,与椎骨之间有一定的腔隙,称为硬膜外腔,内含脂肪组织和大的静脉。脊蛛网膜由一层薄而透明的结缔组织膜组成。脊软膜是一层紧贴在脊髓外面的疏松结缔组织膜。脊蛛网膜与脊软膜之间形成相当大的腔隙,称为脊蛛网膜下腔。脊硬膜与脊蛛网膜之间形成狭窄的硬膜下腔。生理状态下,硬膜外腔充满淋巴,脊蛛网膜下腔充满脑脊液。

在线学习

1.动物解剖生理在线课   2.多媒体课件   3.能力检测

视频:脑的结构   视频:脊髓的结构   视频:中枢神经系统   PPT:10.2   习题:10.2
及功能   及功能   的功能

 任务实施

一、任务分配

学生任务分配表(此表每组上交一份)

班级		组号		指导教师	
组长		学号			
组员	姓名	学号	姓名	学号	
任务分工					

二、工作计划单

工作计划单(此表每人交一份)

项目十		神经系统结构的识别	学时	10
学习任务		中枢神经系统的识别	学时	2
计划方式		分组计划(统一实施)		
制订计划	序号	工作步骤	使用资源	
	1			
	2			
	3			
	4			
	5			
	6			
	7			

制订计划说明	(1) 每个任务中包含若干个知识点,制订计划时要加以详细说明。 (2) 各组工作步骤顺序可不同,任务必须一致,以便于教师准备教学场景。 (3) 先由各组制订计划,交流后由教师对计划进行点评。			
评语	班级		第 组	组长签字	
	教师签字		日期		

三、器械、工具、耗材领取清单

器械、工具、耗材领取清单(此表每组上交一份)

班级: 小组: 组长签字:

序号	名称	型号及规格	单位	数量	备注

回收签字 学生: 教师:

四、工作实施

工作实施单(此表每人上交一份)

项目十	神经系统结构的识别		
学习任务	中枢神经系统的识别	建议学时	2
任务实施过程			

一、实训场景设计

在校内解剖实训室或农牧文化馆进行,要求有计算机、脑和脊髓标本等。将全班学生分成 8 组,每组 4～5 人,由组长带头,制订任务分配、工作计划,领取器械、工具和耗材,并认真记录。

二、材料与用品

脑和脊髓标本,脑正中矢状面显示脑各部构造和脑室的标本,脑干标本,脑、脊髓形态构造挂图等。

三、任务实施过程

了解本学习任务需要掌握的内容,组内同学按任务分配,收集相关资料,完成各自任务,并分享给组内同学,共同完成学习任务。

实施步骤:

(1) 学生分组,填写分组名单。

(2) 制订并填写工作(学习)计划,小组讨论计划实施的可行性,由教师进行决策和点评。

(3) 按组领取脑标本、实验动物羊等,并填写表格,在任务结束回收时,除耗材外,按领取数量核实后,签字确认。

（4）脑、脊髓形态构造识别。

（5）小组成员相互讨论，把看到的内容与同学分享，描述所看到的内容；在牛脑、脊髓标本或模型上，指出脑、脊髓的各部结构。

（6）在观察过程中，如有问题，随时与组长或老师沟通，并完成下列引导问题。

引导问题1：请简述中枢神经系统的组成。

引导问题2：请简述脊髓的分段。

引导问题3：请简述脑的外部结构。

引导问题4：请简述小脑的功能。

引导问题5：请简述延髓的功能。

五、评价反馈

学生进行自评，评价自己能否完成学习任务、完成引导问题，在完成过程中有无遗漏等。教师对学生进行评价的内容如下：工作实施是否科学、完整，所填内容是否正确、翔实，学习态度是否端正，学习过程中的认识和体会等。

学生自评表

班级：　　姓名：　　学号：

学习任务	中枢神经系统的识别		
评价内容	评价标准	分值	得分
完成引导问题1	正确叙述中枢神经系统的组成	10	
完成引导问题2	正确叙述脊髓的分段	10	
完成引导问题3	正确叙述脑的外部结构	10	
完成引导问题4	正确叙述小脑的功能	10	
完成引导问题5	正确叙述延髓的功能	10	
任务分工	本次任务分工合理	5	
工作态度	态度端正，无缺勤、迟到、早退等现象	5	
工作质量	能按计划完成工作任务	10	
协调能力	与小组成员间能合作交流、协调工作	10	

职业素质	能做到安全操作,文明交流,保护环境,爱护动物,爱护实训器材和公共设施	10	
创新意识	通过学习,建立空间概念,举一反三	5	
思政收获和体会	完成任务有收获	5	

学生互评表

班级：　　　姓名：　　　学号：

学习任务	中枢神经系统的识别		
序号	评价内容	组内互评	组间评价	总评
1	任务是否按时完成			
2	器械、工具等是否放回原位			
3	任务完成度			
4	语言表达能力			
5	小组成员合作情况			
6	创新内容			
7	思政目标达成度			

教师评价表

班级：　　　姓名：　　　学号：

学习任务	中枢神经系统的识别	
序号	评价内容	教师评价	综合评价
1	学习准备情况		
2	计划制订情况		
3	引导问题的回答情况		
4	操作规范情况		
5	环保意识		
6	完成质量		
7	参与互动讨论情况		
8	协调合作情况		
9	展示汇报		
10	思政收获		
总分			

任务三　外周神经系统的识别

任务导入

外周神经是联系中枢和各器官的神经纤维。动物医学专业、宠物临床诊疗技术专业学生在今后开展疫苗接种、手术等工作中,必须掌握神经分布。

Note

→ **学习目标**

知识目标:熟记脑神经、脊神经、内脏神经的名称、分布及生理功能。

能力目标:能准确说出脑神经、脊神经和内脏神经的分布和生理功能,准确找出重点部位神经的具体位置。

思政目标:培养学生的团队协作意识。

→ **工作准备**

(1) 根据任务要求,熟知脑神经、脊神经、内脏神经的知识。

(2) 收集外周神经系统的相关资料。

(3) 本学习任务需要准备计算机,脑神经、脊神经、内脏神经标本,实验动物等。

→ **任务资讯**

任务三　　外周神经系统的识别	学时	2

根据外周神经分布的不同,外周神经可分为分布于体表和骨骼肌的躯体神经,分布于内脏血管平滑肌、心脏和腺体的内脏神经。内脏神经又可分为交感神经、副交感神经。躯体神经:从脑发出的称脑神经,共 12 对;从脊髓发出的称脊神经。

一、脑神经

脑神经共 12 对,多数从脑干发出,通过颅腔的一些孔出颅腔,其中有的是纯感觉神经,有的是纯运动神经,有的是混合神经。如表 10-1 所示。

表 10-1　12 对脑神经分布表

顺　　序	名　　称	纤 维 成 分	分　　布
Ⅰ	嗅神经	感觉神经	嗅黏膜
Ⅱ	视神经	感觉神经	视网膜
Ⅲ	动眼神经	运动神经	眼球肌
Ⅳ	滑车神经	运动神经	眼球肌
Ⅴ	三叉神经	混合神经	面部皮肤,口、鼻腔黏膜,咀嚼肌
Ⅵ	外展神经	运动神经	眼球肌
Ⅶ	面神经	混合神经	面、耳、睑肌和部分味蕾
Ⅷ	前庭耳蜗神经	感觉神经	前庭、耳蜗和半规管
Ⅸ	舌咽神经	混合神经	舌、咽和部分味蕾
Ⅹ	迷走神经	混合神经	咽、喉、食管、气管和胸、腹腔内脏
Ⅺ	副神经	运动神经	咽、喉、食管以及胸头肌和斜方肌
Ⅻ	舌下神经	运动神经	舌肌和舌骨肌

二、脊神经

脊神经为混合神经,既含有感觉纤维又含有运动纤维。在椎间孔附近由背侧根(感觉根)和腹侧根(运动根)合并而成。自椎间孔或椎外侧孔穿出后,分为背侧支和腹侧支。脊神经按发出的部位又分为颈、胸、腰、荐、尾神经,数目和椎骨数目一致。如表 10-2 所示。

表 10-2 脊神经分布数目表

名　　称	牛	马	猪	兔
颈神经	8	8	8	8
胸神经	13	18	14～15	12
腰神经	6	6	7	7
荐神经	5	5	4	4
尾神经	5～6	5～6	5	6
合计	37～38	42～43	38～39	37

1. 脊神经背侧支 每支脊神经都发出背侧支和腹侧支,背侧支又分为内侧支和外侧支,分布于颈部、背部、腰部、荐部和尾部的背侧部的皮肤和肌肉。

2. 脊神经腹侧支 较粗,分布于脊柱腹侧、胸腹壁、四肢肌肉和皮肤。

（1）颈神经腹侧支:第 1 颈神经腹侧支分布于肩胛舌骨肌和胸骨甲状舌骨肌。第 2～6 颈神经腹侧支分布于脊柱腹侧及胸前部肌肉和皮肤;第 2 颈神经腹侧支还分布于外耳、腮腺及下颌间隙皮肤;第 7、8 颈神经的腹侧支较粗,几乎全部参与构成臂神经丛;膈神经为膈的运动神经,由第 5～7 颈神经腹侧支的部分纤维组成。

（2）胸神经腹侧支:主要形成肋间神经,伴随肋间动脉、静脉在肋间隙中沿肋骨的后缘向下延伸分布于肋间肌、腹肌和皮肤。第 1、2 胸神经的腹侧支粗大,参与形成臂神经丛。

（3）腰神经腹侧支:前 3 对腹侧支分别如下。①髂腹下神经,来自第 1 腰神经的腹侧支,分布于腹下壁、膝关节外侧的皮肤,腹直肌、腹横肌及腹内斜肌。②髂腹股沟神经,来自第 2 腰神经的腹侧支,分布于腹外侧及其下的后肢。③生殖股神经,来自第 2～4 腰神经腹侧支,向下延伸穿过腹股沟管,公畜分布于阴囊和包皮,母畜分布于乳房。

（4）荐神经腹侧支:第 1、2 荐神经腹侧支较粗,参与构成腰荐神经丛,第 3、4 荐神经的腹侧支构成阴部神经、直肠后神经和盆神经丛。

①阴部神经:来自第 3、4 荐神经腹侧支,沿荐结节阔韧带向后下方延伸(先在内侧向后穿出至外侧面),分布于尿道、肛门、阴门及附近股内侧。公畜的阴部神经可绕过坐骨到达阴茎的背侧,变为阴茎背神经,分布于阴茎、包皮。母畜的分布到阴唇和阴蒂。

②直肠后神经:来自第 3、4(马)(第 4、5(牛))荐神经腹侧支,分布于直肠、肛门,母畜还分布于阴唇。

（5）臂神经丛:由第 6～8 颈神经腹侧支和第 1、2 胸神经腹侧支构成,位于肩关节的内侧,发出下列主要神经。

①肩胛上神经:由臂神经丛的前部发出,分布于冈上肌和冈下肌。

②腋神经:由臂神经丛的中部发出,经肩胛下肌与大圆肌之间,在肩关节后方发出数支分布于大圆肌、小圆肌、三角肌、臂头肌、前臂和胸浅肌表面的皮肤。

③桡神经:由臂神经丛的后部发出,在臂内侧中部经臂三头肌长头与内侧头之间进入螺旋肌沟,发出分支分布于臂三头肌,在臂三头肌深面分为深、浅两支,分布于伸肘、伸腕及伸指的肌肉。

④正中神经:在臂内侧与肌皮神经合成一总干,于臂中部发出肌皮神经支后,沿肘关节内侧进入前臂正中沟,发出分支分布于桡侧腕屈肌和指深屈肌,主干向下通过腕管,在掌下 1/3 处分为内侧支和外侧支(牛)分布于第 3、4 指。

⑤肌皮神经:与正中神经合为一总干,分布于臂二头肌、臂肌及前臂背侧的皮肤。

（6）腰荐神经丛:由第 4～6 腰神经的腹侧支和第 1、2 荐神经的腹侧支构成,位于腰荐部的腹侧,由此神经丛发出下列神经。

①股神经:走行于腰大肌和腰小肌之间,进入股四头肌,发出隐神经分布于缝匠肌、股部内侧和跖内侧的皮肤。

②闭孔神经:分出后向后下方延伸穿出闭孔,分布于闭孔肌、耻骨肌、内收肌、股薄肌。

③坐骨神经:全身最粗、最长的神经,扁而宽,自坐骨大孔穿出盆腔,沿荐结节阔韧带的外侧向后下方延伸,在大转子与坐骨结节之间绕过髋关节后方入股后部,继续沿股二头肌和半膜肌、半腱肌之间下行,并分为腓神经和胫神经。

三、内脏神经

内脏神经存在于中枢神经系统和周围神经系统中,分布于内脏血管平滑肌、心脏和腺体,分为感觉神经和运动神经。它主要调节内脏、心血管、腺体分泌,不受意识控制和支配,又称自主神经或植物神经。内脏神经可分为交感神经和副交感神经,它们的作用是相互拮抗的。当交感神经兴奋时,心脏兴奋,机体会出现心肌收缩力加强,心率加快,支气管扩张,胃肠道活动减慢,新陈代谢加快,瞳孔扩大。

1. 内脏神经与躯体神经比较

(1) 所支配的器官(对象)不同:内脏神经支配平滑肌、心肌、腺体,躯体神经支配骨骼肌。

(2) 躯体神经的运动神经元从中枢到外周只需要一级(个)神经元,而内脏神经则需要经过两级(个)神经元。第一级神经元位于中枢(脑和脊髓)内,称节前神经元,其轴突称节前纤维,第二级神经元位于外周神经节内,称节后神经元,其轴突称节后纤维,支配心肌、平滑肌、腺体的活动。

(3) 躯体神经纤维一般是较粗的有髓神经纤维,而内脏神经的节前纤维是有髓神经纤维,节后纤维则是无髓神经纤维。

(4) 躯体神经受意识支配,而内脏神经在一定程度上不受意识支配。

(5) 内脏神经分为交感神经和副交感神经,二者在器官上是双重分布的,二者的作用(对同一种器官)是相互拮抗的(对抗的)。

2. 交感神经 节前神经元位于脊髓的胸腰段(灰质外侧柱内),节后神经元位于椎旁神经节或椎下神经节,节后纤维分布于内脏、所有血管的平滑肌、腺体。

(1) 胸部交感干:每节椎骨有一对胸神经节(椎旁节),位于椎体的两侧,同侧的胸神经节之间借节间支相连成链状结构,即为胸部交感干。每对胸神经节均有与胸神经相连的灰、白交通支。

(2) 颈部交感干:连于颈前神经节与胸神经节之间,沿气管的两侧、颈总动脉的背侧向前分布至寰椎下方,在颈段通常与迷走神经合并为迷走交感干。颈部交感干上仅有3～4个椎旁神经节。颈前神经节:呈梭形,位于枕骨颈静脉突的内侧,鼓泡的腹内侧,发出节后纤维分布于唾液腺、泪腺及头部的血管、汗腺、竖毛肌。颈中神经节:与第1、2胸神经节合并为星芒状神经节,位于第1肋椎关节的腹侧,发出节后纤维形成心支、食管支、气管支,参与构成心丛、肺丛、食管丛。

(3) 腰部交感干:结构类似于胸部交感干,前3个椎旁神经节具有白交通支,其余的只有灰交通支,并发出腰内脏神经连于肠系膜后神经节,发出节后纤维分布到精索、睾丸、附睾或卵巢、输卵管和子宫角。还分出一对腹下神经,自后伸到盆腔内,参与构成盆神经丛。

(4) 荐尾部交感干:其神经节逐渐变小,数目少,节后纤维组成灰支连于荐神经和尾神经。

3. 副交感神经 节前神经元位于脑干和荐部脊髓,分颅部和荐部副交感神经。

(1) 动眼神经内的副交感神经纤维:起自中脑的缩瞳核至眼眶,分出睫状短神经到睫状神经节换元,节后纤维支配瞳孔开大肌。

(2) 面神经内的副交感神经纤维:起自脑桥的上泌涎核。一部分到上颌神经的翼腭神经节换元,节后纤维伴随上颌神经,分布于泪腺、腭腺、颊腺及鼻黏膜;另一部分经鼓索神经到下颌神经节换元,分布于舌下腺和颌下腺。

(3) 舌咽神经内的副交感神经纤维:起自延髓的下泌涎核,到下颌神经节换元,节后纤维分布于腮腺。

(4) 迷走神经内的副交感神经纤维:含有80％以上的副交感神经纤维,节前纤维分布十分广泛,分布于食管、胃、升结肠之前(包括升结肠)的所有肠道、肝、胰、肺、心、肾等。

荐部副交感神经：节前神经元位于荐髓的第3、4节段，经第3、4荐神经分出盆神经，节后神经元位于盆神经节内，节后纤维分布于盆腔器官。

在线学习

1. 动物解剖生理在线课

视频：外周神经系统的识别

2. 多媒体课件

PPT：10.3

3. 能力检测

习题：10.3

任务实施

一、任务分配

学生任务分配表（此表每组上交一份）

班级		组号		指导教师	
组长		学号			
组员	姓名	学号	姓名	学号	
任务分工					

二、工作计划单

工作计划单（此表每人上交一份）

项目十		神经系统结构的识别		学时	10
学习任务		外周神经系统的识别		学时	2
计划方式		分组计划（统一实施）			
制订计划	序号	工作步骤		使用资源	
	1				
	2				
	3				
	4				
	5				

续表

制订计划	6		
	7		
制订计划说明	(1) 每个任务中包含若干个知识点,制订计划时要加以详细说明。 (2) 各组工作步骤顺序可不同,任务必须一致,以便于教师准备教学场景。 (3) 先由各组制订计划,交流后由教师对计划进行点评。		

评语	班级		第　组	组长签字	
	教师签字			日期	

三、器械、工具、耗材领取清单

器械、工具、耗材领取清单(此表每组上交一份)

班级:　　　　小组:　　　　组长签字:

序号	名称	型号及规格	单位	数量	回收	备注

回收签字　学生:　　　　　教师:

四、工作实施

工作实施单(此表每人上交一份)

项目十	神经系统结构的识别		
学习任务	外周神经系统的识别	建议学时	2
任务实施过程			

一、实训场景设计

在校内解剖实训室或农牧文化馆进行,要求有计算机,猪、牛、羊显示神经塑化标本。将全班学生分成8组,每组4~5人,由组长带头,制订任务分配、工作计划,领取器械、工具和耗材,认真记录。

二、材料与用品

猪、牛、羊显示神经塑化标本等。

三、任务实施过程

了解本学习任务需要掌握的内容,组内同学按任务分配收集相关资料,按下述实施步骤完成各自任务,并分享给组内同学,共同完成学习。

实施步骤:

(1) 学生分组,填写分组名单。

续表

（2）制订并填写工作计划，小组讨论计划实施的可行性，由教师进行决策和点评。

（3）根据学生分组，填写表格，确定在农牧文化馆内每组观察的神经塑化标本的位置、名称，在学习任务结束时，按小组学习神经塑化标本动物名称、位置，检查标本是否损坏，核实后签字确认。

（4）外周神经系统的识别。

①观察脑神经：脑神经共 12 对（图 10-3），小组内部相互讨论每对神经的分布及功能；熟记脑神经名称的记忆口诀：1 嗅 2 视 3 动眼，4 滑 5 叉 6 外展，7 面 8 听 9 舌咽，10 迷 11 副舌下全。

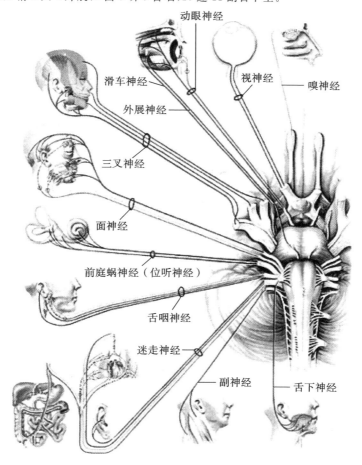

图 10-3　脑神经的分布图

②观察脊神经：脊神经分为颈、胸、腰、荐、尾神经。小组内部相互讨论每对神经的分布及功能，脊神经数目和椎骨数目的关系；注意颈神经的分布及名称。家畜颈部肌内注射时要避开神经。

③找到躯体最大的神经——坐骨神经。

引导问题 1：简述内脏神经的分布。

引导问题 2：简述家畜颈神经的分布及名称。

扫码看彩图
10-3

引导问题3:坐骨神经位于哪两块肌肉之间?

引导问题4:简述交感神经的功能。

五、评价反馈

学生进行自评,评价自己能否完成学习任务、完成引导问题,在完成过程中有无遗漏等。教师对学生进行评价的内容如下:工作实施是否科学、完整,所填内容是否正确、翔实,学习态度是否端正,学习过程中的认识和体会等。

学生自评表

班级:　　姓名:　　学号:

学习任务	外周神经系统的识别		
评价内容	评价标准	分值	得分
完成引导问题1	正确叙述内脏神经的分布	10	
完成引导问题2	正确叙述家畜颈神经的分布及名称	20	
完成引导问题3	正确叙述坐骨神经的位置	10	
完成引导问题4	正确叙述交感神经的功能	10	
任务分工	本次任务分工合理	5	
工作态度	态度端正,无缺勤、迟到、早退等现象	5	
工作质量	能按计划完成工作任务	10	
协调能力	与小组成员间能合作交流、协调工作	10	
职业素质	能做到认真观察,文明交流,保护标本,讲究卫生和爱护公共设施	10	
创新意识	通过学习,建立空间概念,举一反三	5	
思政收获和体会	完成任务有收获	5	

学生互评表

班级:　　姓名:　　学号:

学习任务	外周神经系统的识别		
序号	评价内容	组内互评	组间评价	总评
1	任务是否按时完成			
2	器械、工具等是否放回原位			
3	任务完成度			
4	语言表达能力			
5	小组成员合作情况			
6	创新内容			
7	思政目标达成度			

教师评价表

班级：	姓名：	学号：		
学习任务	外周神经系统的识别			
序号	评价内容	教师评价	综合评价	
1	学习准备情况			
2	计划制订情况			
3	引导问题的回答情况			
4	操作规范情况			
5	环保意识			
6	完成质量			
7	参与互动讨论情况			
8	协调合作情况			
9	展示汇报			
10	思政收获			
总分				

任务四　神经对机体的调节

任务导入

动物生命活动的一切行为,如摄食、饮水,母性行为中的分娩、泌乳,群体行为中的争斗等,应激状态中的断奶、拥挤、母子分离等行为,都是在神经的调节下产生的。

学习目标

熟知神经对机体的调节作用,探究神经传导的机理和神经对机体的调节机理。能准确描神经冲动传导的机理和机体反射活动对机体的调节作用。熟记神经递质在兴奋传导中的作用。培养学生的团队协作意识。

工作准备

蛙类手术器械、铁支架、电刺激器、刺激电极、秒表、棉球、纱布、培养皿 2 个、烧杯、0.5%硫酸溶液、1%硫酸溶液等。

任务资讯

任务四　神经对机体的调节	学时	2

一、神经系统对躯体运动的调节

（一）脊髓对躯体运动的调节

躯体运动最基本的反射中枢位于脊髓,基本的脊髓反射包括牵张反射、屈肌反射和对侧伸肌

Note

动画:单突触
反射

动画:多突触
反射

反射。

1. 牵张反射　无论是屈肌还是伸肌,当其被牵拉时,肌肉内的肌梭就受到刺激,将感觉冲动传入脊髓,引起被牵拉的肌肉发生反射性收缩,从而解除被牵拉状态,称为牵张反射。牵张反射包括腱反射和肌紧张两种类型。

(1)腱反射:快速牵拉肌腱时发生的牵张反射。例如,敲击股四头肌腱时,股四头肌发生收缩,膝关节伸直,称为膝反射;敲击跟腱时,腓肠肌发生收缩,跗关节伸直,称为跟腱反射。

(2)肌紧张:缓慢、持续牵拉肌腱时所发生的牵张反射。

牵张反射是通过脊髓中枢的兴奋性突触和抑制性突触的双重作用完成的。

①兴奋性突触的作用:位于骨骼肌纤维间的肌梭,因突然被牵拉,所产生的冲动沿传入神经进入脊髓,其中一部分纤维和脊髓腹角 α 运动神经元发生兴奋性突触联系,使 α 运动神经元产生大量冲动传到肌纤维,使之猛烈收缩,因而整条肌肉缩短。

②抑制性突触的作用:包括直接(传入侧支性抑制)和间接(回返性抑制)两种抑制方式。

2. 屈肌反射和对侧伸肌反射　以伤害性刺激作用于一侧后肢的下部,如针刺激左侧(或右侧)后肢跗部皮肤时,就可引起该肢屈曲,这种现象称为屈肌反射。如果刺激很强,可引起本侧肢体屈曲,同时引起对侧肢体伸直,以支持体重,这种对侧肢体伸直的反射称为对侧伸肌反射。

上述三种反射的生理意义:被刺激侧肢体屈曲,以躲避伤害,对侧肢体伸直,以维持机体重心而不致跌倒。这些都是比较原始的防御性反射。

(二)脑干对肌紧张的调节

脑干包括延髓、脑桥和中脑。脑干有较多的神经核及与这些神经核相联系的前行和后行神经传导通路,还有纵贯脑干中心的网状结构。脑干网状结构是中枢神经系统中重要的皮质下整合调节结构,有多种重要功能。其对牵张反射和姿势反射等躯体运动就有着重要的整合调节作用。

1. 脑干网状结构对牵张反射的调节　脑干网状结构对脊髓运动神经元具有易化和抑制两个方面的作用,尤其是对伸肌的牵张反射的调节作用。

2. 脑干对姿势反射的调节

(1)状态反射:当动物头部在空间的位置改变或头部与躯干的相对位置改变时,躯体肌肉的紧张性反射性地发生改变,从而形成各种形式的状态,称为状态反射。

(2)翻正反射:动物摔倒时,自行翻转起立,恢复正常站立姿势,称为翻正反射。这种反射比状态反射复杂。例如,猫四脚朝天从空中坠下时,首先是头颈扭转,然后前肢和躯干也扭转过来,最后后肢扭转过来,当其坠落到地面时,其四肢先着地。

(三)大脑皮质对躯体运动的调节

1. 大脑皮质运动区　大脑皮质的某些区域与骨骼肌运动有着密切关系。

2. 锥体系　锥体系是指由大脑皮质发出并经延髓锥体而后行达脊髓的传导束。锥体系统是大脑皮质后行控制躯体运动的直接通路,可调节单个肌肉的精细动作。

3. 锥体外系　皮质下某些核团有后行通路,可控制脊髓运动神经元的活动。这些通路位于延髓锥体之外,故称锥体外系。锥体外系的主要功能是协调全身各肌肉群的运动,使机体保持正常姿势。

二、神经系统对内脏活动的调节

(一)交感神经和副交感神经的特征

支配内脏器官的交感神经和副交感神经与支配骨骼肌的躯体神经相比,具有以下结构和生理上的特征。

(1)交感神经起自脊髓胸腰段侧角,经相应的腹根传出,通过白交通支进入交感神经节。副交感神经的起源比较分散,其中一部分起自脑干的副交感神经核(动眼神经中的副交感神经纤维起自中脑缩瞳核;面神经和舌咽神经中的副交感神经纤维分别起自延髓上唾液核和下唾液核;迷走神经中的副交感神经纤维起自延髓迷走背核和疑核),另一部分起自脊髓骶部,相当于侧角的部位。

(2)内脏神经的纤维离开中枢神经系统后,不直接到达所支配的器官,其先终止于神经节并换神经元,再发出轴突到达相应器官。因此,中枢的兴奋通过内脏神经传到效应器,必须经过两个神经元,由中枢发出到神经节的纤维,称为节前纤维;由神经节到效应器的纤维,称为节后纤维。交感神经节离效应器较远。其节前纤维短,节后纤维长。

(3)当刺激交感神经节前纤维时,效应器发生反应的潜伏期长。刺激停止后,它的作用可持续几秒或几分钟,刺激副交感神经节前纤维引起效应器活动时,其潜伏期短。刺激停止后,作用持续时间也短。

(二)交感神经和副交感神经的功能

交感神经和副交感神经的功能比较如表 10-3 所示。

表 10-3　交感神经和副交感神经的功能比较

项　　目	交　感　神　经	副交感神经
循环系统	心率加快,心肌收缩加强	心率减慢,心肌收缩减弱
	腹腔内脏血管、皮肤血管、唾液腺血管等收缩,肌肉血管可收缩(肾上腺素能)或舒张(胆碱能)	部分血管(软脑膜动脉及外生殖器血管等)舒张
呼吸系统	支气管平滑肌舒张	支气管平滑肌收缩
消化系统	抑制胃运动,促进括约肌收缩	增强胃运动,促进消化腺分泌,使括约肌舒张
	分泌少量黏稠唾液,含酶多,促进肝糖原分解	促进肝糖原合成
泌尿系统	膀胱平滑肌舒张,括约肌收缩	膀胱平滑肌收缩,括约肌舒张
眼	瞳孔扩大(扩瞳肌收缩)	瞳孔缩小(缩瞳肌收缩)
皮肤	竖毛肌收缩,汗腺分泌	—
肾上腺髓质	促进分泌	—

在具有双重神经支配的器官中,交感神经和副交感神经对同一器官的作用,往往具有相互拮抗的性质。例如,对于心脏,迷走神经具有抑制作用,而交感神经则具有兴奋作用;对胃肠活动,迷走神经具有兴奋作用,而交感神经则具有抑制作用。这两种神经从正、反两个方面调节器官的活动,使器官的活动适应机体的需要。

(三)内脏活动的中枢性调节

1. 脊髓　交感神经和部分副交感神经起源于脊髓灰质的侧角内,因此,脊髓是调节内脏活动的最基本中枢,通过它可以完成简单的内脏反射活动。如排粪、排尿、血管舒缩以及出汗和竖毛等活动。但是这种反射调节功能是初级的,不能很好地适应生理功能的需要,在正常情况下,脊髓受高级中枢的调节。

2. 脑干　部分副交感神经由脑干发出,支配头部的腺体、心脏、支气管、食管、胃肠道等。同时在延髓中还有许多重要的调节内脏活动的基本中枢,如调节呼吸运动的呼吸中枢,调节心血管活动的心血管运动中枢,调节消化管运动和消化腺活动的中枢等,可完成比较复杂的内脏反射活动。延髓一旦受到损伤,可导致各种生理活动失调,严重时可引起呼吸或心搏停止,因此延髓被称为"生命中枢"。

3. 下丘脑　下丘脑是大脑皮质下调节内脏活动的较高级中枢,它能够通过细微和复杂的整合作用,使内脏活动和其他生理活动相联系,以调节体温、水平衡、摄食等主要生理过程。

（1）体温调节：下丘脑是体温调节的主要中枢。当体内、外环境温差发生变化时，机体可通过体温调节中枢对产热或散热功能进行调节，使体温恢复正常，并经常保持相对稳定状态。

（2）水平衡调节：下丘脑的视上核和室旁核是水平衡调节中枢。其调节水平衡的作用包括两个方面。一方面是控制抗利尿激素的合成和分泌，另一方面是控制饮水。当血浆渗透压异常升高时，垂体后叶释放抗利尿激素进入血液，随血液循环到达肾脏，促进远曲小管和集合管对水分的重吸收，同时产生渴感，驱使动物大量饮水，共同调节水平衡。

（3）摄食行为调节：下丘脑存在摄食中枢和饱中枢。如果破坏摄食中枢，动物拒绝摄食；若破坏饱中枢，动物食欲大增，逐渐肥胖。实验证明，血糖水平可能调节摄食中枢和饱中枢的活动，这主要取决于神经元对葡萄糖的利用程度。

（4）内分泌腺活动的调节：下丘脑有许多神经元具有分泌功能，可分泌多种激素进入血液，并通过垂体门脉循环到腺垂体，促进或抑制腺垂体各种激素的合成和分泌，进而调节其他内分泌腺的活动。

4. 大脑边缘系统　大脑半球内侧面皮质与脑干连接部和胼胝体旁的环周结构称为"边缘叶"。大脑边缘系统不仅是内脏活动的重要调节中枢，还与情绪、记忆功能有关。

动画：下丘脑-垂体功能

在线学习

1. 动物解剖生理在线课

视频：神经对机体的调节

2. 多媒体课件

PPT：10.4

3. 能力检测

习题：10.4

任务实施

一、任务分配

学生任务分配表（此表每组上交一份）

班级		组号		指导教师	
组长		学号			
组员	姓名	学号	姓名	学号	
任务分工					

二、工作计划单

工作计划单（此表每人交一份）

项目十	神经系统结构的识别		学时	10
学习任务	神经对机体的调节		学时	2
计划方式	分组计划（统一实施）			
制订计划	序号	工作步骤	使用资源	
	1			
	2			
	3			
	4			
	5			
	6			
	7			
制订计划说明	（1）每个任务中包含若干个知识点，制订计划时要加以详细说明。 （2）各组工作步骤顺序可不同，任务必须一致，以便于教师准备教学场景。 （3）先由各组制订计划，交流后由教师对计划进行点评。			
评语	班级		第 组	组长签字	
	教师签字			日期	

三、器械、工具、耗材领取清单

器械、工具、耗材领取清单（此表每组上交一份）

班级： 小组： 组长签字：

序号	名称	型号及规格	单位	数量	备注

回收签字 学生： 教师：

四、工作实施

工作实施单（此表每人上交一份）

项目十	神经系统结构的识别		
学习任务	神经对机体的调节	建议学时	2

Note

任务实施过程

一、实训场景设计

在校内解剖实训室或虚拟仿真实训室进行,要求有计算机、实验动物青蛙等。将全班学生分成 8 组,每组 4～5 人,由组长带头,制订任务分配、工作计划,领取器械、工具和耗材,并认真记录。

二、材料与用品

蛙类手术器械、铁支架、电刺激器、刺激电极、秒表、棉球、纱布、培养皿 2 个、烧杯、0.5%硫酸溶液、1%硫酸溶液等。

三、任务实施过程

了解本学习任务需要掌握的内容,组内同学按任务分配收集相关资料,完成各自任务,并分享给组内同学,共同完成学习任务。

实施步骤:

(1)学生分组,填写分组名单。

(2)制订并填写工作(学习)计划,小组讨论计划实施的可行性,由教师进行决策和点评。

(3)按组领取蛙类手术器械、铁支架、电刺激器、刺激电极、实验动物青蛙等,并填写表格,在任务结束回收时,除耗材外,按领取数量核实,再签字确认。

(4)动物反射弧分析和脊髓反射活动的观察。

①制备脊动物:取青蛙 1 只,用剪刀横向插入口腔,从鼓膜后缘处剪去颅脑部,保留下颌部分。以棉球压迫创口止血,然后用止血钳夹住下颌,悬挂在铁支架上。

②正常脊髓反射的观察:

a.搔扒反射:将一块浸有 0.5%硫酸溶液的小滤纸片,贴在青蛙腹部下段的皮肤上,可见四肢向此处搔扒,直到去掉滤纸片,之后用清水冲洗皮肤。

b.反射时的测定:用培养皿分别盛 0.5%硫酸溶液和 1%硫酸溶液,将青蛙左侧后肢的脚趾尖浸入硫酸溶液中,同时用秒表记录从浸入到发生屈腿反射所花的时间。观察后立即将该脚趾放入清水中浸洗几次,然后用纱布拭干。按此法重复三次,求其平均值。

③将两对电极连接到刺激器。

④反射弧的分析:

a.剥去左肢皮肤:在左侧后肢趾关节上方,在皮肤上做一环状切口,将足部皮肤剥掉。

b.用 1%硫酸溶液刺激左脚趾尖,观察腿部活动情况。

c.用 1%硫酸溶液刺激右脚趾尖,观察腿部活动情况。

d.将浸有 1%硫酸溶液的滤纸片贴在左侧后肢切口上面的皮肤上,观察腿部活动情况。

⑤分离右腿背侧坐骨神经干,两侧结扎,中间剪断,用 1%硫酸溶液刺激右脚趾尖,观察腿部活动情况。

⑥刺激神经两端:以连续方式分别刺激右侧坐骨神经中枢端和外周端,捣毁青蛙脊髓后,以连续方式分别刺激右侧坐骨神经中枢端和外周端,观察腿部反应。

⑦刺激腓肠肌:直接刺激右侧腓肠肌,观察有何反应。

完成下列引导问题。

引导问题 1:简述正常脊髓的反射情况。

引导问题 2:请对反射弧进行分析。

五、评价反馈

学生进行自评,评价自己能否完成学习任务、完成引导问题,在完成过程中有无遗漏等。教师对学生进行评价的内容如下:工作实施是否科学、完整,所填内容是否正确、翔实,学习态度是否端正,学习过程中的认识和体会等。

学生自评表

班级: 姓名: 学号:			
学习任务	神经对机体的调节		
评价内容	评价标准	分值	得分
完成引导问题1	正确叙述正常脊髓的反射情况	25	
完成引导问题2	正确分析反射弧	25	
任务分工	本次任务分工合理	5	
工作态度	态度端正,无缺勤、迟到、早退等现象	5	
工作质量	能按计划完成工作任务	10	
协调能力	与小组成员间能合作交流、协调工作	10	
职业素质	能做到安全操作,文明交流,保护环境,爱护实训器材和公共设施	10	
创新意识	通过学习,建立空间概念,举一反三	5	
思政收获和体会	完成任务有收获	5	

学生互评表

班级: 姓名: 学号:				
学习任务	神经对机体的调节			
序号	评价内容	组内互评	组间评价	总评
1	任务是否按时完成			
2	器械、工具等是否放回原位			
3	任务完成度			
4	语言表达能力			
5	小组成员合作情况			
6	创新内容			
7	思政目标达成度			

教师评价表

班级: 姓名: 学号:			
学习任务	神经对机体的调节		
序号	评价内容	教师评价	综合评价
1	学习准备情况		
2	计划制订情况		
3	引导问题的回答情况		
4	操作规范情况		
5	环保意识		
6	完成质量		

Note

7	参与互动讨论情况		
8	协调合作情况		
9	展示汇报		
10	思政收获		
总分			

任务五　主要感觉器官的识别

→ **任务导入**

在宠物美容工作中对动物眼和耳的清洁护理,需在充分掌握眼和耳主要结构及功能的基础上进行;在动物眼和耳的疾病防治方面,需要掌握眼和耳将感觉信息传导到中枢的机理。

→ **学习目标**

知识目标:熟知主要感觉来自哪些器官,剖析眼和耳的结构,探究眼和耳将感觉信息传导到中枢的机理。

能力目标:能准确描述眼和耳的主要结构及功能,并能准确描述获取感觉信息的机理。

思政目标:培养学生的团队协作意识。

→ **工作准备**

要求有计算机、解剖虚拟仿真系统、实验动物犬。

→ **任务资讯**

任务五　主要感觉器官的识别	学时	2

一、视觉器官

(一)眼球

眼球由眼球壁、折光装置构成。

1. 眼球壁

(1)外膜(纤维膜):由角膜、巩膜构成。角膜无色透明,富含神经末梢,无血管。

(2)中膜(血管膜):富含血管和色素,有供给营养、吸收散光的作用。

(3)视网膜:由虹膜部、视部构成。虹膜部紧贴于虹膜,位于睫状体内面,无感光作用,称盲部。视部衬贴于脉络膜里面,含有感光细胞,有感光作用。感光细胞有两种:一种是视锥细胞,对强光、有色光敏感;另一种是视杆细胞,对弱光敏感。视网膜的神经细胞的轴突汇集于视乳头,形成视神经的起始部。

2. 折光装置　折光装置包括眼房水、晶状体和玻璃体。

(1)眼房水:无色透明的液体,充满于眼房。眼房是晶状体与角膜之间的间隙,它被虹膜分为前房和后房,两房经瞳孔相通。

（2）晶状体：位于虹膜后方，形如双凸透镜，无色透明而有弹性。其周围有睫状小带连于睫状体上，借睫状肌的收缩调节晶状体表面的曲度。

（3）玻璃体：无色透明的胶状物质，充满于晶状体与视网膜之间，能曲折光线。

（二）眼球的辅助装置

1. 眼睑 眼睑俗称眼皮，为覆盖在眼球前方的皮肤褶，有保护作用。眼睑分为上、下眼睑，游离缘上具有睫毛。

2. 结膜 结膜是位于眼球与眼睑之间的一层薄膜，淡红色。

3. 泪器 泪器分为泪腺和泪道两个部分。泪腺略呈卵圆形，位于眼球的背侧，有十余条泪道开口于结膜囊。泪腺分泌的泪液有润滑、清洁和杀菌的作用。

4. 眼肌 眼肌为附着在眼球外面的一小块随意肌，使眼球多方向转动。眼肌具有丰富的血管、神经，活动灵活，不易疲劳。

二、位听器官

耳是听觉感受器，可分为外耳、中耳和内耳。外耳和中耳是收纳和传导声波的装置。内耳藏有听觉感受器和位平衡感受器。

（一）外耳

外耳由耳廓、外耳道、鼓膜三个部分构成。耳廓位于头部两侧，以软骨为基础，被覆皮肤。外耳道为耳廓基部至鼓膜之间的管道，管道皮肤内有由汗腺演变来的耵聍腺，其分泌物称耵聍（耳蜡）。鼓膜位于外耳与中耳之间，是一层坚韧而有弹性的薄膜。

（二）中耳

中耳由鼓室、听小骨、咽鼓管构成。鼓室是位于颞骨内的一个含气的腔隙，内面被覆黏膜。听小骨位于鼓室内，由锤骨、砧骨、镫骨构成。咽鼓管是连接鼓室与咽的管道。

（三）内耳

内耳位于颞骨内，由迷路、位听感受器构成。迷路是曲折迂回的双层套管结构，分为骨迷路和膜迷路。骨迷路为骨质迷路，构成迷路的外层；膜迷路为一层膜性管，构成迷路的内层。迷路内含有听觉感受器和位平衡感受器。

→ **在线学习**

1. 动物解剖生理在线课

视频：主要感觉器官的识别

2. 多媒体课件

PPT：10.5

3. 能力检测

习题：10.5

→ **任务实施**

一、任务分配

学生任务分配表（此表每组上交一份）

班级		组号		指导教师	
组长		学号			

续表

组员		姓名	学号	姓名	学号

任务分工	

二、工作计划单

工作计划单(此表每人上交一份)

项目九		神经系统结构的识别		学时	10
学习任务		主要感觉器官的识别		学时	2
计划方式		分组计划(统一实施)			
制订 计划	序号	工作步骤		使用资源	
	1				
	2				
	3				
	4				
	5				
	6				
	7				
制订计划 说明	(1) 每个任务中包含若干个知识点,制订计划时要加以详细说明。 (2) 各组工作步骤顺序可不同,任务必须一致,以便于教师准备教学场景。 (3) 先由各组制订计划,交流后由教师对计划进行点评。				
评语	班级		第 组	组长签字	
	教师签字			日期	

三、器械、工具、耗材领取清单

器械、工具、耗材领取清单(此表每组上交一份)

班级：　　　小组：　　　组长签字：

序号	名称	型号及规格	单位	数量	回收	备注

回收签字　学生：　　　　　教师：

四、工作实施

工作实施单(此表每人上交一份)

项目十	神经系统结构的识别		
学习任务	主要感觉器官的识别	建议学时	2
任务实施过程			

一、实训场景设计

在校内解剖实训室或虚拟仿真实训室进行,要求有计算机,解剖虚拟仿真系统,实验动物犬、猫。将全班学生分成 8 组,每组 4~5 人,由组长带头,制订任务分配、工作计划,领取器械、工具和耗材,并认真记录。

二、材料与用品

心脏标本,解剖虚拟仿真系统,实验动物犬、猫等。

三、任务实施过程

了解本学习任务需要掌握的内容,组内同学按任务分配收集相关资料,按下述实施步骤完成各自任务,并分享给组内同学,共同完成学习。

实施步骤：

(1)学生分组,填写分组名单。

(2)制订并填写工作计划,小组讨论计划实施的可行性,由教师进行决策和点评。

(3)按组分配计算机和实验动物犬、猫等,并填写表格,在学习任务结束时,除耗材外,检查计算机完好程度,签字确认。

(4)主要感觉器官的识别：

①利用解剖虚拟仿真系统观察犬、猫眼球及辅助装置的结构。

②利用解剖虚拟仿真系统观察犬、猫外耳、中耳、内耳的结构。

③利用实验动物犬,结合解剖虚拟仿真系统,小组内讨论并说出动物眼、耳重要解剖部位的名称。

引导问题1:完成眼构造模式图部位名称的填写(图10-4)。

1(　　) 2(　　) 3(　　) 4(　　) 5(　　)

6(　　) 7(　　) 8(　　) 9(　　) 10(　　)

11(　　) 12(　　) 13(　　) 14(　　)

15(　　) 16(　　) 17(　　) 18(　　)

引导问题2:完成耳构造模式图部位名称的填写(图10-5)。

1(　　) 2(　　) 3(　　) 4(　　) 5(　　)

6(　　) 7(　　) 8(　　) 9(　　) 10(　　)

11(　　) 12(　　) 13(　　)

Note

续表

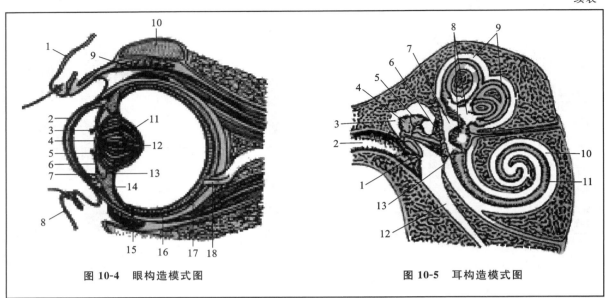

图 10-4　眼构造模式图　　　　　　　图 10-5　耳构造模式图

五、评价反馈

学生进行自评,评价自己能否完成学习任务、完成引导问题,在完成过程中有无遗漏等。教师对学生进行评价的内容如下:工作实施是否科学、完整,所填内容是否正确、翔实,学习态度是否端正,学习过程中的认识和体会等。

学生自评表

班级:　　　　姓名:　　　　学号:			
学习任务	主要感觉器官的识别		
评价内容	评价标准	分值	得分
完成引导问题 1	完成眼构造模式图部位名称的填写	25	
完成引导问题 2	完成耳构造模式图部位名称的填写	25	
任务分工	本次任务分工合理	5	
工作态度	态度端正,无缺勤、迟到、早退等现象	5	
工作质量	能按计划完成工作任务	10	
协调能力	与小组成员间能合作交流、协调工作	10	
职业素质	能做到安全操作,文明交流,保护环境,爱护动物,爱护实训器材和公共设施	10	
创新意识	通过学习,建立空间概念,举一反三	5	
思政收获和体会	完成任务有收获	5	

学生互评表

班级:　　　　姓名:　　　　学号:			
学习任务	主要感觉器官的识别		
序号	评价内容	组内互评	组间评价	总评
1	任务是否按时完成			
2	器械、工具等是否放回原位			
3	任务完成度			

续表

4	语言表达能力			
5	小组成员合作情况			
6	创新内容			
7	思政目标达成度			

教师评价表

班级：		姓名：	学号：	
学习任务		主要感觉器官的识别		
序号	评价内容		教师评价	综合评价
1	学习准备情况			
2	计划制订情况			
3	引导问题的回答情况			
4	操作规范情况			
5	环保意识			
6	完成质量			
7	参与互动讨论情况			
8	协调合作情况			
9	展示汇报			
10	思政收获			
总分				

Note

项目十一 内分泌系统结构的识别

项目概述

内分泌系统是动物神经系统以外的另一个重要的调节系统,由散布在身体各部的内分泌腺(器官)和内分泌组织构成。它们分泌激素,调节动物的新陈代谢、生长发育和性活动等。内分泌功能过盛或降低均可引起机体的功能紊乱。内分泌腺(器官)为独立的器官,包括甲状腺、甲状旁腺、脑垂体、肾上腺和松果腺(体)等;内分泌组织则以细胞群的方式存在于其他器官内,如胰腺内的胰岛,卵巢内的卵泡、黄体,睾丸内的间质细胞,胃肠道和中枢神经系统内一些具备内分泌功能的细胞和组织等。

项目目标

知识目标:掌握内分泌系统中,脑垂体、甲状腺、甲状旁腺、肾上腺、胰岛、性腺的形态、结构、位置,探究它们分泌的激素的种类及功能。利用解剖虚拟仿真系统、动物标本或模型、组织切片及解剖实验动物等,进一步了解内分泌器官的结构与功能。

能力目标:能熟练指出脑垂体、甲状腺、甲状旁腺、肾上腺、胰岛、性腺的体表投影位置、大体结构特点;描述它们分泌的激素的种类和功能;能够说出常见的内分泌系统疾病。

思政目标:尽管激素在机体中的含量非常少,但其能发挥巨大的生理作用。通过对激素的作用特点及作用原理的学习,让学生懂得,在日常生活中,许多微小的技术变革直接影响着生产力的发展。培养学生善于观察细节,敢于对传统的技术环节进行大胆的改革和创新的精神。

任务一 脑垂体的识别

任务导入

脑垂体是动物机体最重要的内分泌腺,其结构复杂,分泌的激素种类很多,作用广泛,并与其他内分泌腺关系密切。按其发生和结构特点,脑垂体可分为腺垂体和神经垂体两个部分。

学习目标

重点掌握脑垂体的形态、结构、位置,探究脑垂体分泌的激素的种类及功能。能正确识别脑垂体的解剖结构和显微结构,准确描述脑垂体所分泌的激素的功能。内分泌功能过盛或降低均可引起机体功能紊乱。例如,垂体瘤、巨大症和侏儒症等疾病的发生,都与内分泌系统功能障碍有关,因此,需掌握这部分知识,为后续课程的学习奠定基础。

Note

→ **工作准备**

（1）根据任务要求，认识脑垂体。
（2）收集脑垂体的相关资料。
（3）本学习任务需要准备计算机、解剖虚拟仿真系统、脑标本或模型、实验动物等。

→ **任务资讯**

任务一　脑垂体的识别	学时	1

脑垂体是动物机体最重要的内分泌腺，其结构复杂，分泌的激素种类很多，作用广泛，并与其他内分泌腺关系密切，在中枢神经系统的作用下，还可调节其他内分泌腺的功能活动。脑垂体是一个卵圆形小体，呈褐色或灰白色，位于蝶骨体颅腔面的垂体窝内，借漏斗部与丘脑下部相连，其表面被覆结缔组织膜。从脑垂体的重量而言，家畜中牛的最大，为 2～5 g，马 1.4～4 g，猪 0.3～0.5 g。马的脑垂体如蚕豆大，远侧部和中间部之间无垂体腔；牛的脑垂体较大，远侧部和中间部之间有垂体腔；猪的脑垂体较小，与牛一样具有垂体腔。脑垂体依据其发生和结构特点可分为腺垂体和神经垂体两个部分。腺垂体包括远侧部、结节部和中间部，神经垂体包括神经部和漏斗部（图 11-1）。

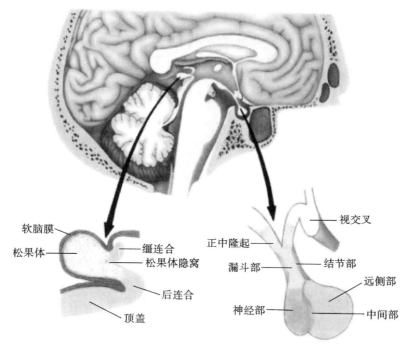

图 11-1　脑垂体结构模式图

（一）腺垂体

1. 远侧部　远侧部是脑垂体中较致密的部分，分泌生长激素、催乳素、促卵泡激素、黄体生成素、促甲状腺激素、促肾上腺皮质激素和促甲状旁腺激素等。

2. 结节部　结节部围绕着神经垂体漏斗部，细胞排列成索状，各索之间有血窦。其中的嗜碱性细胞分泌促卵泡激素和黄体生成素。

3. 中间部　中间部位于远侧部与神经部之间，呈狭长带状，马和犬的腺垂体中间部围绕着神

扫码看彩图
11-1

Note

经部。反刍动物、猪、犬和兔的中间部与远侧部之间有垂体腔,中间部的细胞排列成索状或形成滤泡状,中间部分泌的激素有黑素细胞刺激素。

(二)神经垂体

1. 神经部 神经部位于脑垂体的深部(马和犬)或背侧部(反刍动物、兔和犬),神经部由神经胶质、神经纤维、少量结缔组织和亚体细胞(神经胶质的一种)组成。神经部本身无腺细胞,其分泌物由下丘脑视上核和室旁核的神经细胞分泌。视上核分泌升压素(抗利尿激素),室旁核分泌催产素。这些激素沿丘脑垂体束的神经纤维运送到神经部,并常聚集成大小不等的团块,暂时储存起来,当机体需要时便释放入血液,发挥其生理作用。

2. 漏斗部 漏斗部包括正中隆起和漏斗柄。正中隆起是围绕漏斗隐窝的隆起部,起始于丘脑下部的灰结节,主要由神经纤维组成,并含有丰富的神经分泌物质和毛细血管网。

(三)脑垂体分泌的激素

1. 腺垂体 脑垂体是体内最重要的内分泌腺,其内有丰富的腺细胞,主要分泌生长激素、催乳素及调节其他内分泌腺的激素,如促性腺激素、促甲状腺激素、促肾上腺皮质激素、促甲状旁腺激素、黑素细胞刺激素等。此外,还可分泌多种神经肽。腺垂体的作用广泛而复杂。腺垂体主要分泌下列六种激素。

①催乳素(PRL):促进妊娠期乳房的发育,维持乳汁的分泌。

②促甲状腺激素(TSH):促进甲状腺细胞增生,促进甲状腺激素的合成和释放。

③促肾上腺皮质激素(ACTH):促进肾上腺皮质细胞增生,促进糖皮质激素的合成和释放。

④促性腺激素(GTH):包括下列两种激素。

a. 促卵泡激素(FSH):生理作用是促进卵巢内卵泡生长发育和卵泡细胞分泌雌激素;在雄性动物,刺激精细胞的形成,又被称为精子生成素。

b. 黄体生成素(LH):生理作用是促进卵泡成熟和排卵,刺激已排卵的卵泡生成黄体并使其分泌孕酮;能刺激雄性动物睾丸间质细胞发育并分泌睾酮,又称为间质细胞刺激素。

⑤生长激素(GH):生长激素的主要生理功能是促进动物的生长发育,同时对动物的物质代谢有着重要的影响。

⑥黑素细胞刺激素(MSH):主要作用是刺激两栖类动物黑素细胞内黑素的生成和扩散,使皮肤的颜色变暗、变黑。

2. 神经垂体 神经垂体不含腺细胞,不能合成激素,因此不具备分泌功能。神经垂体激素是指由下丘脑视上核、室旁核产生而储存于神经垂体的升压素(抗利尿激素)与催产素,在适宜的刺激作用下,由神经垂体释放进入血液循环。

①升压素(又称抗利尿激素):主要作用是使肾远曲小管和集合管上皮对水的通透性增加,促进水分重吸收,从而减小尿量,起到抗利尿的作用。

②催产素(OXT):主要作用是加强妊娠末期的子宫收缩,促进胎儿的排出和产后止血;诱导乳腺导管平滑肌收缩,促进乳汁的排出。

→ 在线学习

1.动物解剖生理在线课	2.多媒体课件	3.能力检测
视频:脑垂体的识别	PPT:11.1	习题:11.1

→ 任务实施

一、任务分配

学生任务分配表(此表每组上交一份)

班级		组号		指导教师	
组长		学号			
组员	姓名	学号		姓名	学号
任务分工					

二、工作计划单

工作计划单(此表每人上交一份)

项目十一		内分泌系统结构的识别		学时	6
学习任务		脑垂体的识别		学时	1
计划方式		分组计划(统一实施)			
制订计划	序号	工作步骤		使用资源	
	1				
	2				
	3				
	4				
	5				
	6				
	7				
制订计划说明	(1)每个任务中包含若干个知识点,制订计划时要加以详细说明。 (2)各组工作步骤顺序可不同,任务必须一致,以便于教师准备教学场景。 (3)先由各组制订计划,交流后由教师对计划进行点评。				
评语	班级		第 组	组长签字	
	教师签字			日期	

Note

三、器械、工具、耗材领取清单

器械、工具、耗材领取清单(此表每组上交一份)

班级：　　　小组：　　　组长签字：

序号	名称	型号及规格	单位	数量	回收	备注

回收签字　学生：　　　　教师：

四、工作实施

工作实施单(此表每人上交一份)

项目十一	内分泌系统结构的识别		
学习任务	脑垂体的识别	建议学时	1
任务实施过程			

一、实训场景设计

在校内解剖实训室或虚拟仿真实训室进行,要求有计算机、脑标本或模型、实验动物猪。将全班学生分成8组,每组4～5人,由组长带头,制订任务分配、工作计划,领取器械、工具和耗材,并认真记录。

二、材料与用品

脑标本或模型、实验动物猪等。

三、任务实施过程

了解本学习任务需要掌握的内容,组内同学按任务分配收集相关资料,按实施步骤完成各自任务,并分享给组内同学,共同完成学习。

实施步骤:

(1)学生分组,填写分组名单。

(2)制订并填写学习计划,小组讨论计划实施的可行性,由教师进行决策和点评。

(3)案例视频导入,了解脑垂体所分泌的激素的种类和功能。

(4)结合实验室标本、解剖虚拟仿真系统,进一步观察家畜脑垂体的形态、结构特征,掌握体表投影位置。

(5)结合动物活体,指出脑垂体体表投影区。

引导问题1:绘制脑垂体结构模式图,并标出各部名称。

引导问题2:简述脑垂体的位置。

引导问题3:脑垂体分泌的激素主要有哪些?

五、评价反馈

学生进行自评,评价自己能否完成学习任务、完成引导问题,在完成过程中有无遗漏等。教师对学生进行评价的内容如下:工作实施是否科学、完整,所填内容是否正确、翔实,学习态度是否端正,学习过程中的认识和体会等。

学生自评表

班级: 姓名: 学号:			
学习任务	脑垂体的识别		
评价内容	评价标准	分值	得分
完成引导问题 1	正确绘制脑垂体结构模式图,并标出各部名称	15	
完成引导问题 2	正确描述脑垂体的位置	15	
完成引导问题 3	正确叙述脑垂体分泌的激素	20	
任务分工	本次任务分工合理	5	
工作态度	态度端正,无缺勤、迟到、早退等现象	5	
工作质量	能按计划完成工作任务	10	
协调能力	与小组成员间能合作交流、协调工作	10	
职业素质	能做到安全操作,文明交流,保护环境,爱护动物,爱护实训器材和公共设施	10	
创新意识	通过学习,建立空间概念,举一反三	5	
思政收获和体会	完成任务有收获	5	

学生互评表

班级: 姓名: 学号:				
学习任务	脑垂体的识别			
序号	评价内容	组内互评	组间评价	总评
1	任务是否按时完成			
2	器械、工具等是否放回原位			
3	任务完成度			
4	语言表达能力			
5	小组成员合作情况			
6	创新内容			
7	思政目标达成度			

教师评价表

班级: 姓名: 学号:			
学习任务	脑垂体的识别		
序号	评价内容	教师评价	综合评价
1	学习准备情况		
2	计划制订情况		
3	引导问题的回答情况		
4	操作规范情况		
5	环保意识		

续表

6	完成质量	
7	参与互动讨论情况	
8	协调合作情况	
9	展示汇报	
10	思政收获	
	总分	

任务二　甲状腺与甲状旁腺的识别

任务导入

甲状腺由左、右两个侧叶和中间的腺峡组成。甲状旁腺位于甲状腺附近或埋于甲状腺实质内。

学习目标

掌握甲状腺与甲状旁腺的形态、结构、位置,探究甲状腺与甲状旁腺分泌的激素的种类及功能。能正确识别甲状腺与甲状旁腺的解剖结构和显微结构,准确描述甲状腺与甲状旁腺分泌的激素的功能。通过小组讨论的形式,培养学生的团队协助意识;通过启发式教学,引导学生自主探究,培养学生主动思考问题的能力,弘扬开拓创新、锐意进取的工匠精神。

工作准备

本学习任务需准备计算机、喉头结构模型或标本、显微镜、甲状腺组织切片和实验动物等。

任务资讯

任务二　甲状腺与甲状旁腺的识别	学时	1

一、甲状腺

甲状腺位于喉后方、气管的两侧及腹面。整个甲状腺由左、右两个侧叶和中间的腺峡组成(图11-2)。

扫码看彩图
11-2

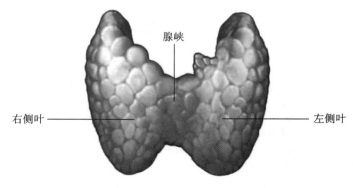

腺峡

右侧叶 ———— ———— 左侧叶

图 11-2　牛甲状腺的模式图

Note

牛甲状腺的侧叶呈扁三角形，腺峡较发达，由腺组织构成；马甲状腺的侧叶呈卵圆形，腺峡细，且被结缔组织代替；猪甲状腺的腺峡与左、右侧叶连成一个整体，位于气管腹侧面。绵羊的甲状腺呈长椭圆形，山羊甲状腺的两侧叶不对称，二者腺峡均较细。

（一）甲状腺的构成

甲状腺主要由滤泡和滤泡旁细胞构成。

1. 滤泡　滤泡为甲状腺的结构和功能单位，为大小不一的囊状腺泡，囊泡壁为单层立方上皮细胞，外面包裹一层薄的结缔组织膜。滤泡周围有丰富的血管和淋巴管，滤泡腔内充满了含有甲状腺激素（TH）的胶质分泌物。甲状腺激素的作用主要表现在以下几个方面。

（1）对代谢的影响：

①产热效应：甲状腺激素可提高绝大多数组织的耗氧量，增加产热量。

②对三大营养物质代谢的作用：甲状腺激素能促进小肠对葡萄糖的吸收，加速肝糖原的分解和糖异生，加速外周组织对糖的利用，但总的效果是升血糖。在生理状况下，甲状腺激素能促进蛋白质合成，当甲状腺激素水平大幅升高时，蛋白质大量分解，机体变得消瘦。甲状腺激素能促进脂肪的分解。

（2）促进生长发育：甲状腺激素是维持动物正常生长发育和成熟所必需的激素，尤其对幼龄动物影响最大。其功能突出表现在促进神经系统发育和促进骨骼的生长。若胎儿或初生幼畜的甲状腺功能低下，则长骨的发育受阻而使骨骼短小，脑的分化受阻。

（3）其他效应：甲状腺激素能提高中枢神经的兴奋性，促进性腺发育，使心率增快。

2. 滤泡旁细胞　滤泡旁细胞又称 C 细胞，成团聚积在滤泡之间，少量镶嵌在滤泡上皮细胞之间，其腔面被滤泡上皮覆盖，细胞体积较大，在 HE 染色标本中，胞质稍淡。

用镀银染色法可见基底部胞质内有嗜银颗粒，颗粒内含有降钙素，以胞吐的方式分泌。降钙素是一种多肽，通过促进成骨细胞分泌类骨质、钙盐沉着和抑制骨质内钙的溶解使血钙降低。

（二）甲状腺功能的调节

甲状腺的功能活动主要受下丘脑和腺垂体的调节。

1. 下丘脑-腺垂体对甲状腺活动的调节　下丘脑分泌的促甲状腺激素释放激素（TRH），刺激腺垂体分泌 TSH，TSH 促使甲状腺细胞增生和 T3、T4 的合成、储存、分泌。神经系统对甲状腺功能的控制，主要就是通过这一途径实现的。

2. 甲状腺的自身调节　甲状腺细胞能根据自身腺体内碘的含量，在一定范围内调整对碘的摄取和浓缩能力及对 TSH 的敏感性，这称为甲状腺的自身调节。

二、甲状旁腺

甲状旁腺为圆形或椭圆形小体，位于甲状腺附近或埋于甲状腺实质内，主要由主细胞和嗜酸性细胞构成（图 11-3）。

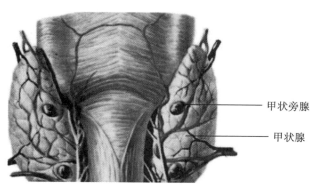

甲状旁腺

甲状腺

扫码看彩图
11-3

图 11-3　牛甲状旁腺

牛甲状旁腺有内、外两对。外甲状旁腺位于甲状腺前方、颈总动脉附近,内甲状旁腺位于甲状腺内侧面的背侧缘附近。猪的甲状旁腺只有一对,通常位于甲状腺前方,有胸腺时则埋于胸腺内,色深、质硬。马的甲状旁腺有前、后两对,前对甲状旁腺呈球形,大部分位于甲状腺前半部与气管之间,小部分位于甲状腺背侧缘或甲状腺内;后对甲状旁腺呈扁椭圆形,常位于颈后部气管的腹侧。

（一）主细胞

主细胞是构成腺实质的主体,呈圆形或多边形,核圆,位于细胞的中央,HE 染色时切片中胞质着色浅。主细胞分泌甲状旁腺激素(PTH),以胞吐方式释放入毛细血管内。

甲状旁腺激素(PTH)的主要功能是调节钙、磷代谢,维持血钙正常水平。若甲状旁腺分泌功能降低,血钙浓度降低,则机体出现手足抽搐症;若功能亢进,血钙水平升高,则引起骨质过度吸收,机体容易发生骨折。机体在甲状旁腺激素和降钙素的共同调节下,维持着血钙的稳定。

（二）嗜酸性细胞

嗜酸性细胞比主细胞大,核小而固缩,染色较深,数量少,常单个或成群存在于主细胞之间。胞质内含密集的嗜酸性颗粒,故有较强的嗜酸性。

在线学习

1.动物解剖生理在线课

视频:甲状腺与甲状旁腺的识别

2.多媒体课件

PPT:11.2

3.能力检测

习题:11.2

任务实施

一、任务分配

学生任务分配表(此表每组上交一份)

班级		组号		指导教师	
组长		学号			
组员		姓名	学号	姓名	学号
任务分工					

二、工作计划单

工作计划单(此表每人交一份)

项目十一	内分泌系统结构的识别		学时	6
学习任务	甲状腺与甲状旁腺的识别		学时	1
计划方式	分组计划(统一实施)			
制订计划	序号	工作步骤	使用资源	
	1			
	2			
	3			
	4			
	5			
	6			
	7			
制订计划说明	(1)每个任务中包含若干个知识点,制订计划时要加以详细说明。 (2)各组工作步骤顺序可不同,任务必须一致,以便于教师准备教学场景。 (3)先由各组制订计划,交流后由教师对计划进行点评。			
评语	班级		第 组	组长签字
	教师签字			日期

三、器械、工具、耗材领取清单

器械、工具、耗材领取清单(此表每组上交一份)

班级:　　小组:　　组长签字:

序号	名称	型号及规格	单位	数量	备注

回收签字　学生:　　　教师:

四、工作实施

工作实施单(此表每人上交一份)

项目十一	内分泌系统结构的识别		
学习任务	甲状腺与甲状旁腺的识别	建议学时	1

任务实施过程

一、实训场景设计

在校内解剖实训室或虚拟仿真实训室进行,要求有计算机、喉头结构模型或标本、显微镜、甲状腺组织切片、实验动物等。将全班学生分成8组,每组4～5人,由组长带头,制订任务分配、工作计划,领取器械、工具和耗材,并认真记录。

二、材料与用品

喉头结构模型或标本、显微镜、甲状腺组织切片和实验动物等。

三、任务实施过程

了解本学习任务需要掌握的内容,组内同学按任务分配收集相关资料,完成各自任务,并分享给组内同学,共同完成学习任务。

实施步骤:

(1)学生分组,填写分组名单。

(2)制订并填写工作(学习)计划,小组讨论计划实施的可行性,由教师进行决策和点评。

(3)按组领取喉头结构模型或标本、显微镜、甲状腺组织切片和实验动物等,并填写表格,在任务结束回收时,除耗材外,按领取数量核实,再签字确认。

(4)结合动物实体和喉头结构模型,掌握甲状腺与甲状旁腺的体表投影位置(图11-4)。

(5)掌握甲状腺与甲状旁腺的大体解剖特点和组织结构特点。

(6)查阅资料,掌握甲状腺与甲状旁腺分泌的激素及其功能。

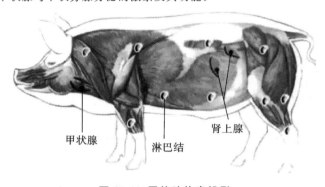

甲状腺　　　淋巴结　　　肾上腺

图11-4　甲状腺体表投影

引导问题1:绘制家畜甲状腺的体表投影位置。

引导问题2:描述不同动物甲状腺的大体结构特点,并绘制出显微镜下的组织结构图。

引导问题3:查阅资料,简述甲状腺与甲状旁腺分泌的激素的种类及功能。

引导问题4:查阅资料,简述常见的甲状腺与甲状旁腺疾病。

五、评价反馈

学生进行自评,评价自己能否完成学习任务、完成引导问题,在完成过程中有无遗漏等。教师对学生进行评价的内容如下:工作实施是否科学、完整,所填内容是否正确、翔实,学习态度是否端正,学习过程中的认识和体会等。

学生自评表

班级:　　　姓名:　　　学号:

学习任务	甲状腺与甲状旁腺的识别		
评价内容	评价标准	分值	得分
完成引导问题1	正确绘制家畜甲状腺的体表投影位置	10	
完成引导问题2	正确描述不同动物甲状腺的大体结构特点,并绘制出显微镜下的组织结构图	10	
完成引导问题3	查阅资料,正确叙述甲状腺与甲状旁腺分泌的激素的种类及功能	10	
完成引导问题4	查阅资料,正确叙述常见的甲状腺与甲状旁腺疾病	20	
任务分工	本次任务分工合理	5	
工作态度	态度端正,无缺勤、迟到、早退等现象	5	
工作质量	能按计划完成工作任务	10	
协调能力	与小组成员间能合作交流、协调工作	10	
职业素质	能做到安全操作,文明交流,保护环境,爱护动物,爱护实训器材和公共设施	10	
创新意识	通过学习,建立空间概念,举一反三	5	
思政收获和体会	完成任务有收获	5	

学生互评表

班级:　　　姓名:　　　学号:

学习任务	甲状腺与甲状旁腺的识别		
序号	评价内容	组内互评	组间评价	总评
1	任务是否按时完成			
2	器械、工具等是否放回原位			
3	任务完成度			
4	语言表达能力			
5	小组成员合作情况			
6	创新内容			
7	思政目标达成度			

教师评价表

班级:　　　姓名:　　　学号:

学习任务	甲状腺与甲状旁腺的识别		
序号	评价内容	教师评价	综合评价
1	学习准备情况		
2	计划制订情况		

Note

续表

3	引导问题的回答情况		
4	操作规范情况		
5	环保意识		
6	完成质量		
7	参与互动讨论情况		
8	协调合作情况		
9	展示汇报		
10	思政收获		
总分			

任务三　肾上腺与胰岛的识别

任务导入

肾上腺成对，位于左、右肾脏的前缘。胰岛位于胰腺内，由不规则的细胞团组成。

学习目标

通过学习掌握肾上腺与胰岛的形态、结构、位置，探究肾上腺与胰岛分泌的激素的种类及功能。正确识别肾上腺与胰岛的解剖结构和显微结构，准确描述肾上腺与胰岛分泌的激素的功能。通过教学设计，培养学生吃苦耐劳、爱岗敬业的劳动精神，严谨务实、认真负责的工作精神，开拓创新、锐意进取的工匠精神，以及良好的沟通能力和团队合作意识。

工作准备

本学习任务需准备计算机、肾脏的标本或模型、实验动物、解剖虚拟仿真系统等。

任务资讯

任务三　肾上腺与胰岛的识别	学时	2

一、肾上腺

肾上腺成对，分别位于左、右肾脏的前缘。牛的右肾上腺呈心形，位于右肾前端内侧，左肾上腺呈肾形，位于左肾前方(图11-5)；猪肾上腺长而窄，表面有沟，位于肾内侧缘的前方；马的肾上腺呈扁椭圆形，位于肾内侧缘稍前上方，一般右肾上腺较大；羊的左、右肾上腺均为扁椭圆形。

（一）肾上腺皮质

肾上腺皮质颜色较淡，呈黄色、红色。肾上腺皮质分泌的激素统称为皮质激素，为固醇类激素。皮质激素分为三类，即盐皮质激素（由球状带分泌）、糖皮质激素（由束状带分泌）和性激素（由网状带分泌）。临床上常用的皮质激素指的是糖皮质激素。

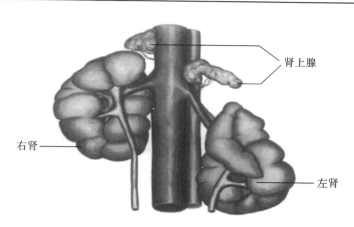

图 11-5　牛肾上腺模式图

1. 球状带　球状带约占皮质厚度的 15%,紧靠被膜,细胞呈低柱状或立方形排列,形成球形细胞团,核小而圆,染色深;胞质少,呈弱嗜碱性,含少量脂滴。电镜下最明显的特征是含有大量的滑面内质网、粗面内质网、游离核糖体和高尔基复合体。

球状带细胞分泌盐皮质激素,主要是醛固酮,可调节水、盐代谢和电解质平衡。作用机理如下:①促进肾小管重吸收钠,从而增加水的重吸收,保钠储水。②钠的重吸收会抑制钾的重吸收,保钠排钾。

2. 束状带　束状带约占皮质厚度的 78%,由多边形的细胞排列成束,细胞体积大,核染色浅,位于中央,胞质内充满脂滴。在普通染色标本中,脂滴被溶去,留下许多小空泡,束状带细胞呈泡沫状。电镜下,束状带的滑面内质网较球状带更多,常环绕脂滴和线粒体排列,粗面内质网也比较发达。

束状带分泌糖皮质激素,主要是可的松和氢化可的松。糖皮质激素与胰岛素的效应正好相反,其主要生理功能为调节葡萄糖的合成与利用、脂肪的动员及蛋白质的合成。主要表现为促进糖异生,促进肝糖原的合成,抑制组织对葡萄糖的利用,提高血糖浓度,促进肝外组织的蛋白质分解为氨基酸进入肝,促进脂肪分解和脂肪酸氧化。

3. 网状带　网状带约占皮质厚度的 7%,其紧靠髓质,细胞排列成不规则的条索状,交织成网。网状带的细胞比束状带的细胞小,核也小,染色较深,胞质呈弱嗜酸性,含有少量脂滴和较多的脂褐素。电镜下,网状带细胞含有大量的滑面内质网,细胞分泌少量雄激素,生理意义不大。

(二)肾上腺髓质

肾上腺髓质较皮质颜色略深,呈红褐色。其主要分泌肾上腺素和去甲肾上腺素,可引起动物兴奋激动,具体表现为小动脉收缩,心跳加快,血压升高,代谢率提高,耗氧量增加,胃肠运动减弱,瞳孔放大,脾红细胞大量进入血液循环等。

二、胰岛

胰岛位于胰腺内,是胰腺的内分泌部,由不规则的细胞团组成。动物胰岛主要有 A、B、D、PP 四种细胞,某些动物的胰岛内还有少量 D1 细胞和 C 细胞等(图 11-6)。A 细胞分泌胰高血糖素,可促进糖原分解,升高血糖;B 细胞分泌胰岛素,促进糖原合成,降低血糖,与胰高血糖素的作用相反;D 细胞分泌生长抑素;PP 细胞分泌多肽,具有抑制胰液分泌和胃肠蠕动的作用。

(一)胰岛素

胰岛素为蛋白质激素,其生理作用主要有三个方面。

1. 对糖代谢的调节　胰岛素促进组织细胞对葡萄糖的摄取和利用,促进葡萄糖合成糖原,储

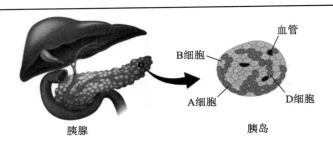

图 11-6 胰腺及胰岛细胞模式图

存于肝脏和肌肉中，并抑制糖异生，促进葡萄糖转化为脂肪酸，储存于脂肪组织，导致血糖水平下降。胰岛素缺乏时血糖水平升高，如果超过肾糖阈，将出现糖尿。

2．对脂肪代谢的调节　胰岛素可促进肝合成脂肪酸，然后转运到脂肪细胞储存起来。

3．对蛋白质代谢的调节　胰岛素可促进蛋白质的合成与储存，抑制蛋白质分解。

（二）胰高血糖素

胰高血糖素与胰岛素的作用相反，其主要生理作用是促进糖原分解和糖异生，使血糖水平明显升高。

→ 在线学习

1.动物解剖生理在线课

2.多媒体课件

3.能力检测

视频：肾上腺与胰岛的识别　　　　　PPT：11.3　　　　　　习题：11.3

→ 任务实施

一、任务分配

学生任务分配表（此表每组上交一份）

班级		组号		指导教师	
组长		学号			
组员	姓名	学号		姓名	学号
任务分工					

二、工作计划单

工作计划单（此表每人交一份）

项目十一		内分泌系统结构的识别		学时	6
学习任务		肾上腺与胰岛的识别		学时	2
计划方式		分组计划（统一实施）			
制订计划	序号	工作步骤		使用资源	
	1				
	2				
	3				
	4				
	5				
	6				
	7				
制订计划说明	（1）每个任务中包含若干个知识点，制订计划时要加以详细说明。 （2）各组工作步骤顺序可不同，任务必须一致，以便于教师准备教学场景。 （3）先由各组制订计划，交流后由教师对计划进行点评。				
评语	班级		第　组	组长签字	
	教师签字			日期	

三、器械、工具、耗材领取清单

器械、工具、耗材领取清单（此表每组上交一份）

班级：　　　小组：　　　组长签字：

序号	名称	型号及规格	单位	数量	备注

回收签字　学生：　　　　　教师：

四、工作实施

工作实施单（此表每人上交一份）

项目十一		内分泌系统结构的识别		
学习任务		肾上腺与胰岛的识别	建议学时	2

任务实施过程

一、实训场景设计

在校内解剖实训室或虚拟仿真实训室进行,要求有计算机、肾脏模型或标本、胃模型或标本、显微镜、组织切片、实验动物等。将全班学生分成 8 组,每组 4～5 人,由组长带头,制订任务分配、工作计划,领取器械、工具和耗材,并认真记录。

二、材料与用品

肾脏模型或标本、胃模型或标本、显微镜、组织切片和实验动物等。

三、任务实施过程

了解本学习任务需要掌握的内容,组内同学按任务分配收集相关资料,完成各自任务,并分享给组内同学,共同完成学习任务。

实施步骤:

(1)学生分组,填写分组名单。

(2)制订并填写工作(学习)计划,小组讨论计划实施的可行性,由教师进行决策和点评。

(3)按组分配肾脏模型或标本、胃模型或标本、显微镜、组织切片、实验动物等,并填写表格,在任务结束回收时,除耗材外,按领取数量核实,再签字确认。

(4)借助标本掌握动物肾上腺与胰岛的体表投影位置。

(5)掌握肾上腺与胰岛的大体解剖特点和组织结构特点。

(6)查阅资料,掌握肾上腺与胰岛分泌的激素的种类及功能。

引导问题 1:绘制肾上腺与胰岛的体表投影位置。

引导问题 2:描述肾上腺与胰岛的大体结构特点,并绘制出显微镜下的组织结构图。

引导问题 3:查阅资料,简述肾上腺与胰岛分泌的激素的种类及功能。

引导问题 4:查阅资料,简述肾上腺与胰岛功能障碍时引发的疾病。

五、评价反馈

学生进行自评,评价自己能否完成学习任务、完成引导问题,在完成过程中有无遗漏等。教师对学生进行评价的内容如下:工作实施是否科学、完整,所填内容是否正确、翔实,学习态度是否端正,学习过程中的认识和体会等。

学生自评表

班级: 姓名: 学号:			
学习任务	肾上腺与胰岛的识别		
评价内容	评价标准	分值	得分
完成引导问题 1	正确绘制肾上腺与胰岛的体表投影位置	10	

续表

完成引导问题 2	正确描述肾上腺与胰岛的大体结构特点,并绘制出显微镜下的组织结构图	10	
完成引导问题 3	正确叙述肾上腺与胰岛分泌的激素的种类及功能	10	
完成引导问题 4	正确叙述肾上腺与胰岛功能障碍时引发的疾病	20	
任务分工	本次任务分工合理	5	
工作态度	态度端正,无缺勤、迟到、早退等现象	5	
工作质量	能按计划完成工作任务	10	
协调能力	与小组成员间能合作交流、协调工作	10	
职业素质	能做到安全操作,文明交流,保护环境,爱护动物,爱护实训器材和公共设施	10	
创新意识	通过学习,建立空间概念,举一反三	5	
思政收获和体会	完成任务有收获	5	

学生互评表

班级: 姓名: 学号:

学习任务	肾上腺与胰岛的识别			
序号	评价内容	组内互评	组间评价	总评
1	任务是否按时完成			
2	器械、工具等是否放回原位			
3	任务完成度			
4	语言表达能力			
5	小组成员合作情况			
6	创新内容			
7	思政目标达成度			

教师评价表

班级: 姓名: 学号:

学习任务	肾上腺与胰岛的识别		
序号	评价内容	教师评价	综合评价
1	学习准备情况		
2	计划制订情况		
3	引导问题的回答情况		
4	操作规范情况		
5	环保意识		
6	完成质量		
7	参与互动讨论情况		
8	协调合作情况		
9	展示汇报		
10	思政收获		
总分			

Note

任务四 性腺的识别

→ **任务导入**

性腺指雄性动物的睾丸和雌性动物的卵巢。

→ **学习目标**

通过学习掌握性腺的形态、结构和位置，探究性腺分泌激素的种类及功能。正确识别性腺的解剖结构和显微结构，准确描述性腺分泌的激素的功能。通过教学设计，培养学生吃苦耐劳、爱岗敬业的劳动精神，严谨务实、认真负责的工作精神，开拓创新、锐意进取的工匠精神，以及良好的沟通能力和团队合作意识。

→ **工作准备**

本学习任务需准备计算机、实验动物、解剖虚拟仿真系统等。

→ **任务资讯**

任务四 性腺的识别	学时	2

雄性动物的睾丸和雌性动物的卵巢除了可以产生生殖细胞外，还具有内分泌功能。

一、睾丸的内分泌组织

睾丸的内分泌组织由间质细胞构成，分布在曲细精管（又称精曲小管）之间的结缔组织中。间质细胞体积大，通常三五成群，能分泌雄激素（主要是睾酮），有促进雄性生殖器官发育和第二性征出现的作用。此外，还可促进生殖细胞的分裂和分化。间质细胞的数量与家畜种类及年龄有关，马、猪的间质细胞数量较多，牛则较少。

雄激素的主要生理作用如下。

①促进雄性生殖器官的发育和成熟，促进雄性第二性征的出现。

②促进精子的生成和成熟。

③维持正常的性行为和性欲。

④促进蛋白质的合成，促进肌肉的生长发育。

畜牧业中对幼龄动物进行阉割，使其性器官停止发育，动物缺乏性欲，物质代谢率下降，有利于脂肪的沉积和肉质的改善。

二、卵泡的内分泌组织

（一）卵泡膜

当卵泡生长时，周围的结缔组织也发生变化，形成由卵泡膜包围的卵泡。卵泡膜分为内、外两层。内层细胞多，富含毛细血管，能分泌雌激素，有促进雌性生殖器官和乳腺发育的作用。

（二）黄体

黄体由排卵后卵泡壁的卵泡细胞和内膜细胞在黄体生成素作用下演变而成，可分泌黄体酮（孕酮）和雌激素，刺激子宫腺体分泌和乳腺的发育，并保证胚胎的附植和着床，同时可抑制卵泡生长。

牛、马的黄体呈黄色,猪、羊的黄体为肉色。牛、羊、猪的黄体有一部分突出于卵巢的表面,马的黄体则完全埋于卵巢基质中。黄体的发育程度和存在时间,取决于排出的卵是否受精。如果排出的卵受精并妊娠,则黄体继续生长,可持续存在到妊娠后期,称为妊娠黄体或真黄体。如果排出的卵没有受精,黄体持续存在两周左右便开始退化,称为发情黄体或假黄体。

1. 雌激素 　在畜牧业中,雌激素可用于促使动物增重、诱导发情、人工刺激泌乳和人工流产等,其主要生理作用如下。

（1）促进雌性生殖器官的发育和第二性征的出现。

（2）促使动物发情,促进乳腺发育。

（3）促进排卵,促使输卵管上皮细胞增生、分泌与输卵管运动。

（4）促进蛋白质合成,促进骨骼生长。

2. 孕激素 　在畜牧业中,孕激素可用于诱导同期发情,其主要生理作用如下。

（1）使子宫内膜增厚,有利于胚胎着床,抑制子宫收缩,同时抑制卵泡的继续成熟,防止动物在妊娠期排卵发情。

（2）促进乳腺的发育和分泌。

→ 在线学习

1.动物解剖生理在线课　　　　2.多媒体课件　　　　　　3.能力检测

视频:性腺的识别　　　　　　　**PPT:11.4**　　　　　　　习题:11.4

→ 任务实施

一、任务分配

学生任务分配表(此表每组上交一份)

班级		组号		指导教师	
组长		学号			
组员		姓名	学号	姓名	学号
任务分工					

二、工作计划单

工作计划单（此表每人交一份）

项目十一	内分泌系统结构的识别		学时	6
学习任务	性腺的识别		学时	2
计划方式	分组计划（统一实施）			
制订计划	序号	工作步骤	使用资源	
	1			
	2			
	3			
	4			
	5			
	6			
	7			
制订计划说明	（1）每个任务中包含若干个知识点，制订计划时要加以详细说明。 （2）各组工作步骤顺序可不同，任务必须一致，以便于教师准备教学场景。 （3）先由各组制订计划，交流后由教师对计划进行点评。			
评语	班级		第　组	组长签字	
	教师签字		日期		

三、器械、工具、耗材领取清单

器械、工具、耗材领取清单（此表每组上交一份）

班级：　　　小组：　　　组长签字：

序号	名称	型号及规格	单位	数量	备注

回收签字　学生：　　　　教师：

四、工作实施

工作实施单（此表每人上交一份）

项目十一	内分泌系统结构的识别		
学习任务	性腺的识别	建议学时	2

续表

任务实施过程

一、实训场景设计

在校内解剖实训室或虚拟仿真实训室进行,要求有计算机、显微镜、组织切片、实验动物等。将全班学生分成8组,每组4~5人,由组长带头,制订任务分配、工作计划,领取器械、工具和耗材,并认真记录。

二、材料与用品

显微镜、组织切片和实验动物等。

三、任务实施过程

了解本学习任务需要掌握的内容,组内同学按任务分配收集相关资料,完成各自任务,并分享给组内同学,共同完成学习任务。

实施步骤:

(1)学生分组,填写分组名单。

(2)制订并填写工作(学习)计划,小组讨论计划实施的可行性,由教师进行决策和点评。

(3)按组分配显微镜、组织切片、实验动物等,并填写表格,在任务结束回收时,除耗材外,按领取数量核实,再签字确认。

(4)借助标本掌握动物性腺的体表投影位置。

(5)掌握性腺的大体解剖特点和组织结构特点。

(6)查阅资料,掌握性腺分泌的激素的种类及功能。

引导问题1:绘制出性腺的体表投影位置。

引导问题2:描述性腺的大体结构特点,并绘制出显微镜下的组织结构图。

引导问题3:查阅资料,简述性腺分泌的激素的种类及功能。

引导问题4:查阅资料,简述性腺功能障碍引发的疾病。

五、评价反馈

学生进行自评,评价自己能否完成学习任务、完成引导问题,在完成过程中有无遗漏等。教师对学生进行评价的内容如下:工作实施是否科学、完整,所填内容是否正确、翔实,学习态度是否端正,学习过程中的认识和体会等。

学生自评表

班级: 姓名: 学号:			
学习任务	性腺的识别		
评价内容	评价标准	分值	得分
完成引导问题1	正确绘制性腺的体表投影位置	10	

269

续表

完成引导问题2	正确描述性腺的大体结构特点,并绘制出显微镜下的组织结构图	10	
完成引导问题3	正确叙述性腺分泌的激素的种类及功能	10	
完成引导问题4	正确叙述性腺功能障碍引发的疾病	20	
任务分工	本次任务分工合理	5	
工作态度	态度端正,无缺勤、迟到、早退等现象	5	
工作质量	能按计划完成工作任务	10	
协调能力	与小组成员间能合作交流、协调工作	10	
职业素质	能做到安全操作,文明交流,保护环境,爱护动物,爱护实训器材和公共设施	10	
创新意识	通过学习,建立空间概念,举一反三	5	
思政收获和体会	完成任务有收获	5	

学生互评表

班级: 　　姓名: 　　学号:

学习任务	性腺的识别			
序号	评价内容	组内互评	组间评价	总评
1	任务是否按时完成			
2	器械、工具等是否放回原位			
3	任务完成度			
4	语言表达能力			
5	小组成员合作情况			
6	创新内容			
7	思政目标达成度			

教师评价表

班级: 　　姓名: 　　学号:

学习任务	性腺的识别		
序号	评价内容	教师评价	综合评价
1	学习准备情况		
2	计划制订情况		
3	引导问题的回答情况		
4	操作规范情况		
5	环保意识		
6	完成质量		
7	参与互动讨论情况		
8	协调合作情况		
9	展示汇报		
10	思政收获		
总分			

项目十二 体温的测定

项目概述

低温对畜禽具有不良影响。低温会使畜禽对饲料的消化率降低。体温过高,对许多畜禽的繁殖功能也有不良作用。高温会引起公畜睾丸温度升高,是造成繁殖力下降的主要原因。动物机体通过产热或散热来调节体温,机体可以利用肌肉的颤抖产热;还可以利用扩张毛孔,加强热量散失来散热。

项目目标

知识目标:熟知各类常见家畜的正常体温以及测量体温的部位。

能力目标:学习体温的测定方法,让学生了解到体温的变化是有规律可循的,只有找到这些规律,才能为疾病的诊断奠定理论基础。

思政目标:体温的测定必须精确,体温检测结果偏差可能影响疾病的诊断,通过学习,帮助学生养成准确测量数据的良好习惯。

任务 体温的测定

➡ 任务导入

体温是衡量动物健康状况的重要标志。畜禽的体温因动物种类不同而异,还受年龄、性别、机体状况、昼夜变化等因素的影响。

➡ 学习目标

体温的病理变化是诊断疾病的依据,只有掌握本学习任务内容,才能更好地诊断疾病。例如,健康动物的体温,清晨较低,午后略高;幼龄动物较成年动物的体温略高;妊娠母畜较空怀母畜的体温略高;动物兴奋、运动、劳役后体温比安静时略高。体温的生理性波动,一般在 0.5 ℃内,最高不超过 1 ℃。

➡ 工作准备

(1)根据任务要求,掌握各种动物的正常体温。

(2)收集体温的相关资料。

Note

（3）本学习任务需要准备计算机、解剖虚拟仿真系统、体温计、模型或实验动物等。

→ 任务资讯

任务　　体温的测定		学时	2

一、家畜的体温及其正常变动

体温是指动物体内的温度。动物体内各部的温度不完全相同，代谢旺盛的器官（如肝脏）温度高，深部组织温度较浅部组织高，皮肤温度较低，四肢末端温度最低。在生产实践中，人们常用家畜的直肠温度来代表体温，因为此处接近有机体深部的温度，又便于测定。健康畜禽的体温如表12-1所示。

表 12-1　健康畜禽的体温

畜　禽	体温/℃	畜　禽	体温/℃
黄牛	37.5～39.0	猪	38.0～40.0
水牛	37.5～39.5	狗	37.5～39.0
乳牛	38.0～39.3	兔	38.5～39.5
绵羊	38.5～40.5	马	37.5～38.5
山羊	37.6～40.0	骡	38.0～39.0
鸡	40.0～42.0	驴	37.0～38.0
鸭	41.0～43.0	骆驼	36.0～38.5

家畜的体温受个体、品种、年龄、性别等因素的影响，如幼畜的体温比成年家畜的体温略高，公畜的体温较母畜高，母畜在发情和妊娠时体温升高。

动物摄食后体温升高，长期饥饿时体温可降低 2～2.5 ℃；动物在劳动后，体温可显著升高。动物在一昼夜内的体温变化规律：白天较夜间高，午后最高，早晨最低。每天体温波动范围不超过 1 ℃。

二、体温相对恒定的意义

体温的相对恒定是保证机体新陈代谢正常进行和维持机体生命活动的重要条件。机体进行各种生理活动所需要的能量都来自体内的各种生物化学反应，而这些反应需要各种酶的参与。酶正常发挥作用需要适宜的温度，家畜的正常体温可满足各种酶的温度需求。如果体温过低，酶的活性将降低或丧失，使代谢减弱或停止；体温过高，酶的活性也会因蛋白质变性而降低，引起新陈代谢障碍。新陈代谢障碍将直接影响各器官正常生理活动的进行。哺乳动物体温超过 41 ℃或低于 25 ℃时，各系统（特别是神经系统）的功能活动将受到影响，甚至危及生命。因此，在工作中，应加强饲养管理，维持家畜体温的相对恒定。

三、机体的产热和散热过程

机体在进行物质代谢时，不断产生热量，同时不断把热量散发到周围环境中去。如果产热增多而散热减少，体温就升高；散热增多而产热减少，体温就降低。体温的相对恒定是机体产热和散热取得相对平衡的结果。

（一）产热过程

三大营养物质在代谢过程中通过氧化分解可以产生大量热能。在机体内，每克糖完全氧化分解可产生 17.16 kJ 的热能，每克脂肪完全氧化分解可产生 37.68 kJ 的热能，每克蛋白质完全氧化分解可产生 18.21 kJ 的热能。由于机体内不同组织器官的代谢强度不同，所产生的热量也有差别。

肌肉是主要的产热器官。另外,肝、肾和许多腺体的活动,也能产生一定量的热能。饲料在草食动物消化管内发酵,也产生大量热。

（二）散热过程

机体内的热量被血液循环带到身体表面,由体表向外散发,因此,皮肤是主要的散热器官。此外,少部分热量通过呼吸、排出大小便的途径散发出去。皮肤散热主要通过下列两种方式进行。

1. 皮肤表面直接散热 当机体表面温度高于环境温度时,热量可通过以下三种方式直接向外界散发。

（1）辐射散热:以发射红外线的形式把体热直接传给外界。

（2）对流散热:借机体周围冷空气的流动而将热量带走。

（3）传导散热:把热量直接传给与皮肤接触的较冷物体。

2. 蒸发散热 当外界温度等于或高于机体温度时,蒸发成为散热的主要形式。每克水蒸发时可散失 2257.2 J 热能。因此,对于汗腺发达的家畜(如马属动物),出汗是重要的散热途径。汗腺不发达的动物(如牛、猪),则通过呼吸直接散热。

四、体温的调节

（一）神经调节

1. 温度感受器

（1）外周感受器:在皮肤、某些黏膜及腹腔内脏等处分布有热感受器和冷感受器。它们能接受内、外环境温度变化的刺激,并把这种刺激转变为神经冲动,传向体温调节中枢,使体温发生相应变化。

（2）中枢感觉神经元:在脊髓、延髓、脑干网状结构以及下丘脑等部位存在对温度变化敏感的神经元,有热敏感神经元和冷敏感神经元。它们可感受血温的变化,控制体温调节中枢的兴奋性。

2. 体温调节中枢——调节温度的神经元群 调节体温的基本中枢在下丘脑。

切除动物大脑皮质及部分皮质下结构后,只要保持丘脑及其下的神经结构完整,这种动物的体温就能够在冷环境中保持恒定,即仍具有维持体温恒定的能力。如进一步破坏下丘脑,动物就不再能维持相对恒定的体温,如果将这种动物暴露在温度较低的环境中,直肠温度就迅速下降,证明动物已失去调节体温的能力。这些事实说明,调节体温的基本中枢在下丘脑。

机体的体温调节中枢通过对产热和散热过程的调节,可以使体温保持在某一水平。生理学中,体温调定点学说认为,PO/AH 中的热敏感神经元可能在体温调节中起着调定点的作用,它们类似于仪器的恒温调节装置,可控制体温于一定水平。热敏感神经元对温度的感受有一定的阈值,这个阈值就是体温的稳定点。当体内温度超过阈值(如 37 ℃)时,热敏感神经元兴奋,发放的冲动频率增加,促使散热活动加强,同时冷敏感神经元放电频率减小,使产热活动受到抑制,体温不致上升。当体内温度低于阈值时,则发生相反的变化,于是机体产热增加,骨骼肌紧张性增加,皮肤血管收缩,结果体温回升。

体温调节中枢的调定点不是固定不变的。当机体处在高温环境时,皮肤温度感受器受到皮温上升的刺激而兴奋,冲动传入体温调节中枢,可使调定点下移,此时,即使体温调节中枢温度仍在阈值,也会使散热过程加强,但在正常情况下,调定点上下移动的范围很窄。

（二）体液调节

1. 甲状腺激素 甲状腺激素是由甲状腺分泌的含碘化合物,这种激素能加速细胞内的氧化进程,促进分解代谢,使机体产热增加。

2. 肾上腺素 肾上腺素是肾上腺髓质分泌的胺类激素,其主要作用为促进糖和脂肪的分解代谢,促使产热增加。

3. 缓激肽 当外界温度升高时,汗腺一方面分泌汗液,增加蒸发散热,另一方面腺细胞中的激肽原酶被激活，使组织液中的球蛋白分解，产生激肽作用，局部血管舒张，局部血流量增加，加强散热。

（三）机体的体温调节过程

1. 对寒冷环境的调节过程　寒冷环境可使皮肤温度降低，皮肤感受器兴奋，发出冲动，沿传入神经传至下丘脑前区的热敏感神经元，使之抑制。于是机体出现产热增加，散热减少，来维持正常体温。生理反应如下：①外周血管收缩，血流量减少，散热减少；②汗腺分泌汗液减少；③肌肉出现不协调收缩，出现寒战，产热增加；④肾上腺素、甲状腺激素分泌增加，产热增加，非寒战性产热。

2. 对炎热环境的调节过程　当体内、外温度升高，尤其是体内温度升高时，皮肤和内脏的感受器感受刺激，产生冲动，沿传入神经传入丘脑下部，或当血温升高时，热敏感神经元的冲动增加，通过丘脑下部的体温调节中枢，使机体产热减少，散热增加。生理反应如下：①皮肤血管舒张，血流量增加，机体深部的热量通过血流传导到皮肤，使皮肤温度升高，以辐射、传导、对流方式散热。②汗腺活动增加，大量分泌汗液。③热性喘息：高温环境下，机体呼吸急促，使散热增强。

3. 行为调节

（1）寒冷环境：机体蜷缩，减少与环境的接触面积。若动物长期处在寒冷环境中，则被毛增加，皮下脂肪增加，使体表的绝热作用增强。

（2）炎热环境：机体逃避阳光照射，躲到阴凉处。

➡ **在线学习**

1. 多媒体课件	2. 能力检测
PPT：12.1	习题：12.1

➡ **任务实施**

一、任务分配

学生任务分配表（此表每组上交一份）

班级		组号		指导教师	
组长		学号			

组员	姓名	学号	姓名	学号

任务分工

二、工作计划单

工作计划单（此表每人上交一份）

项目十二	体温的测定			学时	2
学习任务	体温的测定			学时	2
计划方式	分组计划（统一实施）				
制订计划	序号	工作步骤		使用资源	
	1				
	2				
	3				
	4				
	5				
	6				
	7				
制订计划说明	（1）每个任务中包含若干个知识点，制订计划时要加以详细说明。 （2）各组工作步骤顺序可不同，任务必须一致，以便于教师准备教学场景。 （3）先由各组制订计划，交流后由教师对计划进行点评。				
评语	班级		第 组	组长签字	
	教师签字		日期		

三、器械、工具、耗材领取清单

器械、工具、耗材领取清单（此表每组上交一份）

班级：　　　小组：　　　组长签字：

序号	名称	型号及规格	单位	数量	回收	备注

回收签字　学生：　　　　教师：

四、工作实施

工作实施单（此表每人上交一份）

项目十二	体温的测定		
学习任务	体温的测定	建议学时	2

Note

275

续表

任务实施过程

一、实训场景设计

在校内解剖实训室或虚拟仿真实训室进行,要求有计算机、体温计、模型或实验动物犬或猫。将全班学生分成 8 组,每组 4～5 人,由组长带头,制订任务分配、工作计划,领取器械、工具和耗材,并认真记录。

二、材料与用品

体温计、模型或实验动物等。

三、任务实施过程

了解本学习任务需要掌握的内容,组内同学按任务分配收集相关资料,按下述实施步骤完成各自任务,并分享给组内同学,共同完成学习。

实施步骤:

(1) 学生分组,填写分组名单。

(2) 制订并填写工作计划,小组讨论计划实施的可行性,由教师进行决策和点评。

(3) 案例视频导入,了解各种动物不同的体温。

(4) 结合实验室标本、解剖虚拟仿真系统,进一步观察各种动物不同的体温,掌握体温的测量方法。

(5) 结合动物活体,指出各种动物的体温。

引导问题 1:简述体温的检查方法。

引导问题 2:简述机体的产热过程。

引导问题 3:简述机体的散热过程。

五、评价反馈

学生进行自评,评价自己能否完成学习任务、完成引导问题,在完成过程中有无遗漏等。教师对学生进行评价的内容如下:工作实施是否科学、完整,所填内容是否正确、翔实,学习态度是否端正,学习过程中的认识和体会等。

学生自评表

班级:　　　姓名:　　　学号:

学习任务	体温的测定		
评价内容	评价标准	分值	得分
完成引导问题 1	正确叙述体温的检查方法	15	
完成引导问题 2	正确叙述机体的产热过程	15	
完成引导问题 3	正确叙述机体的散热过程	20	
任务分工	本次任务分工合理	5	
工作态度	态度端正,无缺勤、迟到、早退等现象	5	

工作质量	能按计划完成工作任务	10	
协调能力	与小组成员间能合作交流、协调工作	10	
职业素质	能做到安全操作,文明交流,保护环境,爱护动物,爱护实训器材和公共设施	10	
创新意识	通过学习,建立空间概念,举一反三	5	
思政收获和体会	完成任务有收获	5	

学生互评表

班级:	姓名:	学号:		
学习任务	体温的测定			
序号	评价内容	组内互评	组间评价	总评
1	任务是否按时完成			
2	器械、工具等是否放回原位			
3	任务完成度			
4	语言表达能力			
5	小组成员合作情况			
6	创新内容			
7	思政目标达成度			

教师评价表

班级:	姓名:	学号:	
学习任务	体温的测定		
序号	评价内容	教师评价	综合评价
1	学习准备情况		
2	计划制订情况		
3	引导问题的回答情况		
4	操作规范情况		
5	环保意识		
6	完成质量		
7	参与互动讨论情况		
8	协调合作情况		
9	展示汇报		
10	思政收获		
总分			

项目十三 犬、猫的解剖生理

项目概述

犬、猫在运动、消化、泌尿、生殖和体温调节等方面有自己的解剖生理特点,与家禽等动物之间存在着明显的差异。本项目主要讲述犬、猫的主要解剖生理特征。

项目目标

知识目标:熟知犬、猫的牙齿、消化系统等的特点。

能力目标:掌握犬、猫运动系统、被皮系统、消化系统、呼吸系统、泌尿系统、生殖系统、免疫系统、内分泌系统、神经系统等主要器官的形态结构特点及生理特点。

思政目标:通过对犬、猫各系统器官差异的学习,开阔学生的视野,培养学生科学严谨的学习态度、关爱动物的医者思想,锻炼学生的动手能力,提升学生的专业素养。

任务 犬、猫的解剖生理

任务导入

犬属于脊椎动物门哺乳纲食肉目犬科。猫属于脊椎动物门哺乳纲食肉目猫科。犬是由狼进化而来的,到狩猎采集时期,人们就已经把犬训练成狩猎的助手,所以犬算是人类最早饲养的家畜。另外,在狼被驯化成犬的过程中,最关键的第一步是由狼主动迈出的。由于基因的突变,一些狼与原始人类之间保持的安全距离缩短了,这些特殊的狼敢于接近原始人类的部落营地,人类才有机会对其进行驯化。猫起初并没有被驯化,也未被当作家猫或者宠物来饲养,后来人们为了防止粮食被老鼠吃掉和破坏,猫才被当作家猫饲养,距今大概有 5000 年的历史。

学习目标

学习犬、猫的解剖生理特点,对正确饲养犬、猫,认识犬、猫的常见疾病,分析犬、猫的发病原因,以及提出合理的治疗方案和有效预防措施都有着重要的意义。

工作准备

(1)根据学习要求,了解犬、猫的区别。

(2)收集常见品种犬、猫的相关资料。

(3)本学习任务需要准备计算机,犬、猫整体骨骼模型标本。

 **任务资讯**

任务　犬、猫的解剖生理	学时	2

一、犬的特征

犬的上、下颌各有一对尖锐的犬齿,体现了肉食动物善于撕咬猎物的特点。犬的臼齿也比较尖锐、强健,能切断食物,但不善于咀嚼。犬口腔中舌乳头较少,味觉较迟钝,品尝食物味道要通过味觉和嗅觉的双重作用来实现,所以在为犬准备食物时要注意调理食物的气味。犬的唾液腺很发达,唾液中含有溶菌酶,具有杀菌作用,在炎热的夏季,犬依靠唾液中水分的蒸发散热,借以调节体温,因此,在夏天人们常可以看到犬张开大嘴,伸出长长的舌头,这就是为了散热。犬的胃呈歪梨形,胃液中盐酸的含量为 $0.4\%\sim0.6\%$,在家畜中居首位,盐酸能使蛋白质膨胀变性,便于分解消化,因此,犬对蛋白质的消化能力很强,这是其肉食习性的基础,犬在摄食后 $5\sim7$ h 就可以将胃中的食物全部排空,排空速度要比其他草食或杂食动物快很多。犬的肠管比较短,一般只有体长的 $3\sim4$ 倍。而同样是单胃的马和兔子的肠管为体长的 12 倍。犬的肠壁厚,吸收能力强。犬的呕吐中枢也非常发达,吃进有毒食物后能引起强烈的呕吐,从而吐出胃内毒物。犬的排便中枢不发达,不能像其他动物那样在行进状态下排便。犬脾大,是最大的储血器官,所以其奔跑能力比较强。犬心肌发达,体积大,占体重的 $0.72\%\sim0.96\%$。

公犬阴茎有阴茎骨,前列腺极发达,无精囊腺和尿道球腺。

犬嗅觉发达,听觉超常。犬的嗅觉器官和嗅神经极发达,嗅觉极为灵敏,能嗅出稀释 10^7 倍的有机酸,特别是对动物性脂肪酸更为敏感。犬主要根据嗅觉信息识别主人,鉴定同类的性别,辨别道路、方位、食物等。刚生下来的幼犬,未睁开眼,耳朵也听不见,全凭鼻子嗅母犬的乳味来寻找乳房。

犬的听觉大大地超过人的听觉。多数犬的辨音力高达 4000 Hz。人在 6 m 外不易听到的低音,犬却能在 24 m 外听到。

视觉及味觉:犬具备夜行动物的特征,其远视能力有限,视物的距离为 $20\sim30$ m,一般中型犬无法辨别 100 m 外主人的动作,其很容易察觉身体背后的动静,几乎色盲。每只眼有单独视野,但视角仅 $25°$,不过其对运动物体的感受能力和对图形的辨别能力较强。犬的味觉极差,主要依靠嗅觉判断食物是否新鲜。鼻尖湿润,呈涂油状,触之有凉感(若鼻尖干燥则为体温升高)。

生殖:大多数犬为季节性发情动物,春秋两季为发情旺盛期,妊娠期一般为 $58\sim63$ 天。

二、猫的特征

(一)锋利的牙齿

猫的牙齿数量并不算多,一只成年猫的牙齿数在 $28\sim30$ 枚,牙齿长而锋利,这不但让它们可以轻易地捕捉和杀死猎物,更使它们在强敌面前有着强有力的自卫资本。

(二)强劲的头部

我们说猫具有强劲的头部,指的不是它们的脑袋无坚不摧,而是在其脑部与颈部之间,隐藏分布了两块球状的强大肌肉。这两块神奇的肌肉,不但能完好地支持其下颌,还可以在其咬合猎物时提供巨大的力量,迅速地咬住比自己的个头还大的猎物,进而获得最终的胜利。

(三)广阔的视野

猫的眼睛是"多变的",在光线较强时,猫的瞳孔会无限缩小成为一个点,或是细细的一条线;当光线变得暗淡时,猫的瞳孔会放大,这实际上和人类自主调节进入眼睛的光线是同样的道理。猫具有良好弹性和收缩能力的瞳孔使其具有敏锐的视觉和宽阔的视野,因此猫所能看到东西的范围要比人类广阔得多。

(四)敏锐的听觉与嗅觉

猫精巧的三角形耳朵就像雷达,它总是向四面八方旋转着,到处搜索声音。经研究,猫具有十分发达的听觉神经,就算是再细微的声音,它也能分辨和捕捉。除此之外,猫还有能与犬相媲美的敏锐嗅觉,其鼻子分布有千万个嗅觉神经。

 在线学习

1.动物解剖生理在线课

视频:犬的解剖生理 1　　视频:犬的解剖生理 2　　视频:犬的解剖生理 3　　视频:犬的解剖生理 4　　视频:犬的解剖生理 5

2.多媒体课件　　　　　3.能力检测

PPT:13.1　　　　　　　习题:13.1

→ 任务实施

一、任务分配

学生任务分配表(此表每组上交一份)

班级		组号		指导教师	
组长		学号			
组员	姓名	学号	姓名	学号	
任务分工					

二、工作计划单

工作计划单(此表每人上交一份)

项目十三	犬、猫的解剖生理	学时	2
学习任务	犬、猫的解剖生理	学时	2
计划方式	分组计划(统一实施)		

	序号	工作步骤	使用资源
制订计划	1		
	2		
	3		
	4		
	5		
	6		
	7		

制订计划说明	(1) 每个任务中包含若干个知识点,制订计划时要加以详细说明。 (2) 各组工作步骤顺序可不同,任务必须一致,以便于教师准备教学场景。 (3) 先由各组制订计划,交流后由教师对计划进行点评。

评语	班级		第 组	组长签字	
	教师签字			日期	

三、器械、工具、耗材领取清单

器械、工具、耗材领取清单(此表每组上交一份)

班级:　　　小组:　　　组长签字:

序号	名称	型号及规格	单位	数量	回收	备注

回收签字　学生:　　　　教师:

四、工作实施

工作实施单(此表每人上交一份)

项目十三	犬、猫的解剖生理		
学习任务	犬、猫的解剖生理	建议学时	2
任务实施过程			

一、实训场景设计

　　在校内解剖实训室或虚拟仿真实训室进行,要求有计算机,各种犬、猫的整体骨骼标本、皮毛标本和器官浸泡标本。将全班学生分成 8 组,每组 4～5 人,由组长带头,制订任务分配、工作计划,领取器械、工具和耗材,并认真记录。

二、材料与用品

犬、猫的整体骨骼标本、皮毛标本和器官浸泡标本。

三、任务实施过程

了解本学习任务需要掌握的内容,组内同学按任务分配收集相关资料,按下述实施步骤完成各自任务,并分享给组内同学,共同完成学习。

实施步骤:

(1)学生分组,填写分组名单。

(2)制订并填写工作计划,小组讨论实施计划的可行性,由教师进行决策和点评。

(3)观察犬、猫的整体骨骼标本、皮毛标本和器官浸泡标本。

取犬、猫的整体骨骼标本,对照教材上的插图,观察犬、猫的颈椎、尾椎、胸骨、肋骨(浮肋)的构造特点。

引导问题1:犬、猫的骨骼与其他动物相比有何特点?

引导问题2:犬、猫的胃肠有什么特点?

引导问题3:如何测量犬、猫的体温?

五、评价反馈

学生进行自评,评价自己能否完成学习任务、完成引导问题,在完成过程中有无遗漏等。教师对学生进行评价的内容如下:工作实施是否科学、完整,所填内容是否正确、翔实,学习态度是否端正,学习过程中的认识和体会等。

学生自评表

班级: 姓名: 学号:			
学习任务	犬、猫的解剖生理		
评价内容	评价标准	分值	得分
完成引导问题1	正确叙述犬、猫骨骼的特点	10	
完成引导问题2	正确叙述犬、猫胃肠的特点	10	
完成引导问题3	正确测量犬、猫的体温	10	
任务分工	本次任务分工合理	10	
工作态度	态度端正,无缺勤、迟到、早退等现象	10	
工作质量	能按计划完成工作任务	10	
协调能力	与小组成员间能合作交流、协调工作	10	
职业素质	能做到安全操作,文明交流,保护环境,爱护实训标本和公共设施	10	
创新意识	通过学习,形成比较学习意识,并举一反三	10	
思政收获和体会	完成任务有收获	10	

学生互评表

班级：	姓名：	学号：			
学习任务		犬、猫的解剖生理			
序号	评价内容		组内互评	组间评价	总评
1	任务是否按时完成				
2	动物模型和标本等是否放回原位				
3	任务完成度				
4	语言表达能力				
5	小组成员合作情况				
6	创新内容				
7	思政目标达成度				

教师评价表

班级：	姓名：	学号：		
学习任务		犬、猫的解剖生理		
序号	评价内容		教师评价	综合评价
1	学习准备情况			
2	计划制订情况			
3	引导问题的回答情况			
4	操作规范情况			
5	环保意识			
6	完成质量			
7	参与互动讨论情况			
8	协调合作情况			
9	展示汇报			
10	思政收获			
总分				

项目十四　家禽的解剖生理

　　家禽在运动、呼吸、消化、泌尿、生殖和体温调节等方面有自己的解剖生理特点,与哺乳动物之间存在着明显的差异。学习家禽的解剖生理特点,对正确饲养家禽、认识家禽疾病、分析家禽发病原因,以及提出合理的治疗方案和有效预防措施都有着重要的意义。本项目内容以鸡为代表,讲述家禽的主要解剖生理特征。

项目目标

　　知识目标:掌握家禽运动系统、被皮系统、消化系统、呼吸系统、泌尿系统、生殖系统、免疫系统、内分泌系统和神经系统等系统主要器官的形态结构特点及主要的生理特点。

　　能力目标:能熟练认识家禽的喙、尾脂腺、嗉囊、肌胃、大肠、肝、胰、心、肺、气囊、肾、脾、睾丸、卵巢、输卵管、法氏囊等器官的位置、形态和构造特点;掌握家禽静脉注射及采血的部位和方法。

　　思政目标:家禽的解剖生理虽与家畜有所不同,但学生可以在学习家畜解剖生理的基础上进行知识拓展,运用对比的方法来掌握家禽的解剖生理知识,培养学生的知识拓展能力,寻找规律,举一反三,使学生学会比较分析的学习方法。

任务　家禽的解剖生理

任务导入

　　家禽属于鸟纲动物,有陆地禽和水禽之分,主要包括鸡、鸭、鹅、鸽子等。鸟纲动物最大的特征是可以飞翔,因此形成了一系列有别于哺乳动物的特征,如前肢演变成了翼,有气囊等。经过人类长期的驯化与饲养,有些家禽虽然已经丧失了飞翔的能力,但其身体结构仍保持了鸟类的特点。

学习目标

　　熟知家禽和家畜运动系统的区别;掌握家禽被皮系统的特点,家禽消化、呼吸系统各器官的位置及生理特征,家禽泌尿、生殖系统各器官的位置及生理特征,家禽心血管、免疫系统各器官的位置及生理特征;了解家禽内分泌、神经系统的特点。

（1）根据学习要求，了解陆地禽和水禽的区别。

（2）收集常见家禽鸡、鸭、鹅的相关资料。

（3）本学习任务需要准备计算机，各种家禽的整体骨骼标本、皮毛标本及家禽内脏器官浸泡标本等。

任务资讯

任务　　家禽的解剖生理	学时	5

一、运动系统

（一）骨骼

禽类为适应飞翔，骨骼发生了重要变化。一是骨的强度大，重量轻。禽类骨密质的钙盐含量高，色白而坚硬，非常致密。成年禽的骨髓腔和骨松质间隙内充满了与肺及气囊相通的空气，取代了骨髓，称为气骨，但幼禽几乎全部的骨都含有红骨髓。二是禽类具有髓骨。髓骨主要出现在雌禽的产蛋期间，是长骨内腔面形成的相互交错的小骨针，主要用于储存和释放钙盐，在肠管对钙吸收不足的情况下为形成蛋壳补充钙质。三是禽类的很多骨骼在生长过程中相互愈合成一整体，如颅骨、腰荐骨和盆带骨等。禽类的全身骨骼按部位可分为头骨、躯干骨、前肢骨和后肢骨。

1. 头骨　头骨高度特异化，呈圆锥形，以大而明显的眼眶为界，可分为颅骨和面骨。颅骨在早期互相愈合为一个整体，其中额骨有强大的颧突，公鹅的额骨形成了一个发达的隆起。颅腔较小，内有脑和视觉器官。因禽类没有牙齿，故面骨除颌前骨、下颌骨和舌骨发达外，其余各骨均较小。颌前骨是上喙的骨质基础，鸭、鹅的宽阔，为长扁状，鸡、鸽子为尖锥状。在下颌骨与颞骨之间有方骨，其后突起与颞骨鳞部形成关节，骨体与下颌骨形成关节，当口腔张开与闭合时，可使上喙上升和下降，便于禽类吞食较大的食块。

2. 躯干骨　由脊柱骨、肋骨和胸骨构成。脊柱骨又分为颈椎、胸椎、腰荐椎和尾椎四个部分。禽类的颈椎数目多，鸡为 13～14 个，鸭为 14～15 个，鹅为 17～18 个，连成"乙"状弯曲，活动灵活，利于飞翔、啄食、警戒和梳理羽毛。胸椎、腰荐椎的数目少，多愈合在一起，活动不灵活。前部尾椎不愈合，后部尾椎愈合成尾综骨，以支持尾羽和尾脂腺。禽类肋骨的数目与胸椎数目一致，鸡、鸽子有 7 对，鸭、鹅有 9 对，第 1、2 对肋为浮肋，不与胸骨相连，其余每对肋骨都由椎骨肋和胸骨肋两个部分构成。禽类的胸骨又称龙骨，特别发达，为背侧面略凹的骨板，由胸骨体和几个突起组成，腹侧正中有纵行的胸骨嵴，构成胸腔的底壁，有强大的胸肌附着。胸骨剑突向后延伸至骨盆，后部形成后外侧突，以支持内脏，防止飞行时内脏乱动。胸骨内侧面及侧缘上还有大小不等的气孔与气囊相通。

3. 前肢骨　家禽的前肢演变成翼，可分为肩带部和游离部。肩带部包括肩胛骨、喙骨和锁骨。肩胛骨狭长而扁，位于胸廓的背侧壁，几乎与脊柱平行。喙骨强大，呈长柱状，斜位于胸廓之前，下端与胸骨形成牢固的关节。锁骨较细，左、右两个锁骨在下端汇合，俗称叉骨。前肢游离部形成翼，由臂骨、前臂骨和前脚骨组成，平时折曲成"Z"形，紧贴胸部。

4. 后肢骨　由盆带部的盆骨和游离部的腿骨组成。盆骨包括髂骨、坐骨和耻骨，三骨结合而成髋骨。与哺乳动物比较，禽类髋骨有两大特征：一是为适应后肢支持体重的作用，骨宽骨与综荐骨形成牢固的连接；二是为适应产蛋，两髋骨在骨盆腹侧相距较远，没有骨盆联合，从而使禽类具有开放性的骨盆，便于产蛋。禽类的腿骨包括股骨、小腿骨和后脚骨。股骨为管状长骨，较短，特别是鸭、鹅的股骨。小腿骨包括胫骨和腓骨，胫骨发达，腓骨位于胫骨外侧缘，近端为略大的腓骨头，向下逐渐退化变细。后脚骨包括跗骨、跖骨和趾骨。禽类的跖骨发达，以鸡的最长，鸭的最短，公鸡的大跖骨在骨体内侧缘中下部有距突。禽类的趾骨有4趾，第1趾朝向后、内，其余3趾朝向前，以第3趾最发达。

（二）肌肉

禽类的肌肉包括皮肌、头部肌、颈部肌、躯干肌和前肢肌、盆带肌、后肢肌。家禽发达的肌群在肩带部。禽类肌肉的肌纤维较细，没有脂肪沉积。肌纤维可分为红肌、白肌和中间型肌纤维。红肌呈暗红色，血液供应丰富，肌纤维较细，线粒体和肌红蛋白多，收缩缓慢，作用持久，善飞的鸟类等红肌纤维含量高。白肌颜色较淡，血液供应较少，肌纤维较粗，线粒体和肌红蛋白较少，糖原较多，收缩快，作用短暂，飞翔能力差或不能飞翔的禽类（如鸡）以白肌纤维为主。禽类的皮肌薄而分布广泛，面部肌肉不发达，颈部肌肉发达，以保证颈部的灵活运动。肩带肌复杂，主要作用于翼。最发达的是胸肌（也称胸大肌）和乌喙上肌（也称胸小肌），它们是禽类飞翔的主要肌肉。某些禽类在气管两侧还有特殊的鸣肌。禽类后肢股部和小腿内侧肌肉很发达，有特有的栖肌，相当于哺乳动物的耻骨肌，位于股部内侧，呈纺锤形，以一薄的扁腱向下绕过膝关节的外侧和小腿后面，下端并入趾浅屈肌腱内，止于第2、3趾。当腿部屈曲时，栖肌收缩，可使趾关节机械性屈曲，所以家禽在休息时可牢固抓住栖架，不会跌落。

二、被皮系统

家禽的被皮系统由皮肤和皮肤衍生物组成，主要功能是保护家禽的内脏器官和组织不受外界机械性侵袭，同时也有调节体温、感受外界环境各种刺激的作用。

（一）皮肤

家禽的皮肤薄而柔软，由表皮、真皮和皮下组织构成，容易与躯体剥离，其皮肤的颜色与所含黑色素颗粒及胡萝卜素的水平有关。家禽的皮肤大部分有羽毛覆盖，称羽区。腿下部和趾部的皮肤裸露，形成所谓表皮鳞。家禽的皮肤在翼部形成皮肤褶，有利于飞翔。水禽的皮肤在趾间形成蹼，有利于在水中游动。家禽皮下组织疏松，与肌肉联系不紧密，从而有利于皮肤上羽毛的活动，皮下脂肪一般只见于羽区，尤以营养良好的水禽发达，这有利于其在水中保温。家禽皮肤没有汗腺和皮脂腺，防止起飞时汗液浸湿羽毛。

（二）皮肤的衍生物

禽类皮肤的衍生物主要有羽毛、喙、鸡冠、肉垂、耳叶、爪、鳞片、尾脂腺等。鸡的皮肤衍生物如图14-1所示。

扫码看彩图
14-1

图14-1 鸡的皮肤衍生物
1.鸡冠 2.肉垂 3.羽毛 4.爪 5.鳞片

1. 羽毛

（1）羽毛的类型：羽毛是禽类皮肤特殊的衍生物,根据形态可分为正羽、绒羽和纤羽三类。正羽主要分布于体表、翼和尾部,其主干为一根羽轴,羽轴下端为羽根,深植于皮肤中,正羽主要起保护身体和扇动空气的作用。绒羽密生于皮肤表面,羽枝细长呈绒毛状,着生于羽根的顶端,主要起保温作用。水禽的绒羽比陆地禽发达。雏禽破壳后体表所覆盖的绒羽称雏绒羽,在早成雏中发达,而晚成雏则稀疏,甚至全无。纤羽又称毛羽,细小,长短不一,形如毛发,是一种退化了的正羽,其基本功能是感受接触刺激,主要着生在眼缘、喙基部及正羽与绒羽之间。禽类羽毛的色彩主要取决于羽毛中含有的色素体及其内部结构。

（2）换羽现象：禽类从出壳到成年要经过3次换羽。一般雏禽刚出壳不久就开始换羽,由正羽代替绒羽,通常在6周龄左右换完。第2次换羽一般发生在6～13周龄,换为青年羽。第3次换羽一般发生在13周龄到性成熟时期,换为成年羽。家禽换为成年羽后,每年秋冬都要换羽一次。禽类在换羽期间需要消耗大量的钙质和微量元素,因此母禽在换羽期间会停止产蛋。

2. 尾脂腺 家禽没有皮肤腺,但有一对尾脂腺,位于尾综骨的背侧皮下。尾脂腺为一种大型泡状腺,在尾脂腺开口的四周,有小簇绒羽围绕。尾脂腺分泌物中含有脂肪、卵磷脂和麦角固醇等。其中麦角固醇在紫外线的作用下,能转化成维生素D,供皮肤吸收利用。禽类在整理羽毛时,用喙压挤尾脂腺,挤出分泌物,再用喙将分泌物涂抹在羽毛上,使羽毛光润和防水。有些禽类的尾脂腺还可以分泌有刺激性气味的物质,起到性引诱和保护的作用。鸡的尾脂腺较小,呈豌豆状,水禽的尾脂腺更发达。尾脂腺对水禽尤为重要。

3. 喙、爪和距 禽类的喙、爪和距都比较坚硬,由表皮角质层增厚同时钙化形成。禽类喙的形态因种类不同有所差异,具有啄食和自卫的功能。鸭、鹅的喙为长扁形,除上喙尖部外,其余大部分被覆较柔软的蜡膜,边缘形成横褶,宜在水中觅食。鸡、鸽子的喙为尖锥形,宜在地上采食。爪位于家禽的每一个趾端,鸡的呈弓形,由坚硬的背板和软角质的腹板形成。距在鸡的距部内侧,公鸡更为明显。

4. 冠、肉垂和耳叶 冠、肉垂和耳叶主要由头部皮肤褶衍生而来。冠位于头顶,表皮很薄,真皮厚,浅层含有毛细血管窦,中间层为厚的纤维黏液组织,能维持冠的直立,冠中央为致密结缔组织,含有较大的血管。冠的颜色大多为红色,外观肥润,其发育受雄激素控制。公鸡的冠特别发达,去势公鸡和停产蛋母鸡的冠会倒向一侧。冠的形态、结构可作为辨别鸡品种、年龄和健康状况的一个标志。肉垂也称肉髯,左、右各一,鲜红色,位于喙的下方,其构造和冠相似,但中央层为疏松结缔组织。耳叶呈椭圆形,位于耳孔开口的下方,呈红色或白色。

三、消化系统

家禽的消化系统由消化管和消化腺两个部分组成。消化管包括口咽、食管、嗉囊、腺胃、肌胃、小肠、大肠、泄殖腔等,消化腺包括唾液腺、胃腺、肠腺、胰、肝（图14-2）。

（一）口咽

家禽无唇、齿、软腭,颊不明显,口腔和咽无明显分界,通常合称为口咽。上、下颌高度角质化形成喙,分为上喙和下喙,分布有大量感觉神经末梢,是禽类的采食器官。雏鸡上喙的尖部有蛋齿,由角化的上皮细胞形成,出壳时,可用来划破蛋壳。家禽的舌与喙形状相似,舌尖乳头高度角质化,舌黏膜内味蕾较少,因此家禽的味觉不敏感,采食主要靠视觉和触觉。禽类的上喙及硬腭黏膜中分布有感觉器,对水温极为敏感。禽类的唾液腺很发达,分布广泛,其导管直接开口于咽黏膜的表面,唾液腺主要分泌黏液性唾液。

（二）食管和嗉囊

家禽的食管较粗,壁薄,易扩张,可分为颈段和胸段,颈段与气管一同偏于颈部的右侧。鸡、鸽子的食管在胸前口的前方膨大形成嗉囊,有储存和软化食物的作用。鸽子嗉囊的上皮在育雏早期

扫码看彩图
14-2

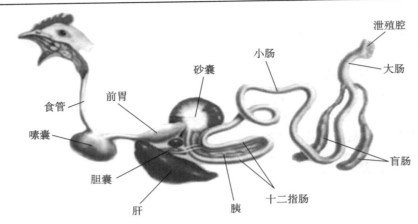

图 14-2　鸡的消化器官

发生脂肪变性,脱落后与分泌的黏液混合形成嗉囊乳,可用来哺育幼鸽。鸭、鹅没有真正的嗉囊,但颈部食管粗大,也有储存食物的作用。食管壁由黏膜层、肌层和外膜构成,在黏膜层内有食管腺,分泌黏液。颈部食管后部的黏膜层内含有淋巴组织,形成淋巴滤泡,称为食管扁桃体,鸭的较发达。颈段和胸段分界处有括约肌,以控制食物的下行。食管末端收缩,与腺胃相连接。

（三）胃

家禽的胃分为前、后两个部分,前部称腺胃,后部称肌胃(图 14-3)。

扫码看彩图
14-3

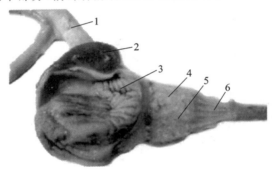

图 14-3　鸡胃黏膜

1.十二指肠　2.肌胃的厚肌　3.肌胃的胃角质层　4.腺胃　5.腺胃乳头　6.食管黏膜

1. 腺胃　腺胃又称前胃,呈短纺锤形,位于腹腔的左侧,肝左、右两叶之间的背侧,向前以贲门与食管胸段直接相连,向后以峡部与肌胃相连。腺胃壁较厚,黏膜层表面有 30～40 个腺胃乳头,主要分泌蛋白酶原和盐酸。盐酸可活化胃蛋白酶、溶解矿物质,胃蛋白酶可分解蛋白质。腺胃可推动食团进入肌胃,还可使食团在腺胃和肌胃之间来回移动。

2. 肌胃　肌胃位于腹腔的左下部,呈双面略凸的圆盘形,壁很厚且坚实,因腔内含沙砾故又称砂囊。肌胃前部腹侧是肝,后面大部分接腹底壁,前接腺胃,由右侧幽门通十二指肠。肌胃的肌层发达,内腔较小,黏膜表面被覆一层厚而坚韧的类角质膜,能保护黏膜,称胃角质层。鸡的胃角质层为黄白色,易剥离,俗称鸡内金,由肌胃腺体分泌物与脱落的上皮细胞在酸性环境下硬化而成,主要作用是保护胃黏膜,为沙砾磨碎食物提供支撑。鸭的胃角质层不易剥离。肌胃不分泌胃液,主要靠胃壁强有力的收缩和沙砾间的相互摩擦,以及粗糙而坚韧的类角质膜来磨碎粗硬饲料,因此在机械化养鸡场,饲料中必须定期加进一些沙砾来增进肌胃的消化。如果将肌胃中的沙砾除去,消化率会降低 25%～30%。以肉、浆果为食的鸟类,肌胃很不发达,长期以粉料饲喂的禽类,肌胃也较柔软。

（四）肠

家禽的肠分小肠和大肠。小肠又分为十二指肠、空肠和回肠。

1. 小肠 小肠中的十二指肠位于腹腔的右侧，形成"U"字形肠袢，分为降支和升支，两支间夹有胰腺，其折转处可达骨盆腔。十二指肠升支在幽门附近移行为空肠，空肠形成许多肠袢，以肠系膜悬挂于腹腔的右侧。在空肠中部有一小突起，为卵黄囊憩室，是胚胎期卵黄囊柄的遗迹。回肠短而直，以回盲韧带与两根盲肠相连。空肠和回肠壁含有淋巴组织。禽类小肠黏膜表面绒毛发达，有分支，黏膜内有小肠腺，但无十二指肠腺。

2. 大肠 家禽的大肠包括盲肠和直肠，无结肠。盲肠有两根，一般长 14～23 cm，沿回肠两侧向前延伸，分为盲肠基、盲肠体和盲肠尖三个部分。盲肠基较窄，以盲肠口通直肠，在盲肠基的黏膜内壁分布有丰富的淋巴组织，称为盲肠扁桃体，是诊断禽病时的主要检查部位，以鸡的盲肠扁桃体最明显。盲肠体较粗，盲肠尖为细的盲端。鸽子的盲肠很不发达，小如芽状，肉食禽类的盲肠也很短，仅 1～2 cm。大肠的消化主要在盲肠内进行，盲肠内的细菌能分解饲料中的蛋白质和氨基酸，合成 B 族维生素和维生素 K 等。禽类没有明显的结肠，只有一短的直肠，也称直结肠，长 8～10 cm，以系膜悬挂于盆腔背侧，直肠的主要功能是吸收食糜中的水分和盐类，最后形成粪便进入泄殖腔，与尿液混合后排出体外。

家禽的肠道长度与体长的比值比哺乳动物小。食物从胃进入肠道后，在肠内停留时间较短，一般不超过一昼夜，食物中许多成分还未经充分消化吸收就随粪便排出体外。在家禽饲料或饮水中添加药物时同样如此，较多的药物尚未被吸收进入血液循环就会被排出体外，药效维持时间短。因此，在养殖生产中，为了维持较长时间的药效，常常需要长时间或经常性添加药物才能达到目的。

（五）泄殖腔和肛门

泄殖腔是禽类消化、泌尿和生殖 3 个系统的共同通道，位于骨盆腔后端，略呈椭圆形（图 14-4）。

泄殖腔被两个环行的黏膜褶分为粪道、泄殖道、肛道三个部分，兼有排粪、生殖和排尿的功能。粪道是直肠的末端，较膨大，前与直肠相连，黏膜上有较短的绒毛。泄殖道较短，背侧有一对输尿管开口。在输尿管开口的背侧略后方，雄禽有一对输精管乳头，是输精管的开口，雌禽只在左侧有一个输卵管开口。肛道为最后部分，幼禽的背侧有腔上囊的开口，向后以肛门开口于体外。肛门是泄殖腔对外的开口，由背侧唇和腹侧唇围成，并具有发达的括约肌。

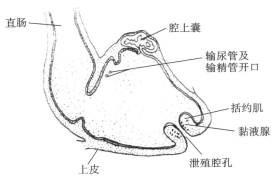

图 14-4 鸽子的泄殖腔模式图

（六）消化腺

家禽的消化腺主要有唾液腺、肝和胰。

1. 唾液腺 家禽的唾液腺很发达，数量较多，分布广泛，在口腔和黏膜下几乎连成一片，其导管直接开口于口腔黏膜和咽黏膜表面。唾液腺主要分泌黏液性唾液。

2. 肝 肝是家禽体内最大的消化腺，位于腹腔前下部，分为左、右两叶，右叶略大，除鸽子外，其余家禽都有胆囊。肝的两叶之间在前部夹有心及心包，背侧和后部夹有腺胃和肌胃。成年家禽的肝一般呈暗红色，肥育的家禽因肝内含有脂肪而呈黄褐色或土黄色，刚出壳的雏禽由于吸收卵黄而呈黄色，约 2 周后转为褐色。肝右叶分泌的胆汁先储存于胆囊，再经胆管运至十二指肠。

肝左叶分泌的胆汁,不经胆囊,直接与胆管共同开口于十二指肠。鸽子肝左叶的肝管较粗,直接开口于十二指肠。

3. 胰 胰位于十二指肠袢内,体积大,呈长条分叶状,淡黄色或淡红色,分背叶、腹叶和很小的脾叶。鸡有2~3条胰管,鸭、鹅有2条胰管,与胆管一起开口于十二指肠的终部。

四、呼吸系统

家禽没有膈肌,胸腔和腹腔仅由一层薄膜隔开,其呼吸系统主要包括鼻、咽、喉、气管、鸣管、支气管、肺、气囊等器官。鸣管和气囊是家禽特有的呼吸器官。鸡的呼吸系统模式图如图14-5所示。

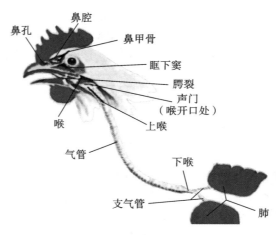

图 14-5 鸡的呼吸系统模式图

(一)鼻

家禽的鼻腔较窄,鼻孔位于上喙的基部(家鸽位于蜡膜的前下方)。鸡的鼻孔上缘有膜质鼻孔盖,周围有小羽毛,可防止小虫、灰尘进入。鸭、鹅外鼻孔四周为柔软的蜡膜,鸽子的上喙基部在两个鼻孔之间形成发达的蜡膜,此处的表皮层形成许多较大的褶,深入真皮内,其形态是区分鸽品种的重要特征之一。家禽在眼眶顶壁和鼻腔侧壁间有一特殊的鼻腺,有分泌氯化钠、调节机体渗透压的作用,故又称盐腺,鸡的不发达,鸭、鹅等水禽的较发达,呈半月形。在上颌外侧和眼球前下方有一个三角形的眶下窦,家禽在患呼吸道疾病时,眶下窦常常会发生病变。

(二)喉

喉位于舌根后方,喉腔内无声带,喉软骨只有环状软骨和杓状软骨两种,无甲状软骨和会厌软骨。喉软骨上分布有扩张和闭合喉口的肌性瓣,此瓣平时开放,仰头时关闭,因此家禽在吞食、饮水时常仰头下咽,避免食物和水进入气管。

(三)气管、鸣管和支气管

1. 气管 家禽的气管长而粗,与食管伴行,到颈后半部移行至右侧,入胸腔前又转到颈部的腹侧。气管进入胸腔后,在心基上方又分为两个支气管,分叉处形成鸣管。气管的支架是一串"O"字形的气管环,有108~126个,相邻的软骨环相互套叠,可以伸缩,以适应头部的灵活运动。

2. 鸣管 也称后喉,是家禽特有的发声器官。鸣管呈楔形,由几块支气管软骨和一块鸣骨构成。鸣管有两对弹性薄膜,分别称内、外侧鸣膜。两对鸣膜夹成一对狭缝,当家禽呼气时,空气振动鸣膜而发声。鸭的鸣管主要由支气管构成,公鸭鸣管在左侧形成一个膨大的骨质鸣管泡,无鸣膜,故发声嘶哑。对于刚孵出的雏鸭,可通过触摸鸣管来鉴别雌雄。鸣禽在气管两侧还附有一些特殊的鸣肌,可以调节鸣膜的紧张度,从而发出悦耳多变的声音。

3. 支气管 家禽的支气管经心基的背侧进入肺,其支架为"C"字形软骨环,缺口朝向内侧。

(四) 肺

家禽的肺较小,鲜红色,略呈扁平四边形,不分叶,弹性较差,位于胸腔背侧第 1～6 肋之间,背侧面嵌入肋骨间形成肋沟。在肺的腹侧面有肺门,是肺血管出入的门户。在肺的稍后方,有膜质的膈。支气管在肺门处进入肺后,纵贯全肺,并逐渐变细,称为初级支气管,其后端出肺,连接腹气囊。肺各部有多个开口与气囊直接相通。肺的表面覆有浆膜,浆膜的结缔组织中含有较多的弹性纤维。肺的实质由三级支气管、肺房及肺毛细血管组成,与家畜有很大差别。

(五) 气囊(图 14-6)

气囊是禽类特有的呼吸器官,是肺的衍生物,容积比肺大 5～7 倍,是由支气管的分支出肺后形成的黏膜囊,多数与含气骨相通。大部分家禽有 9 个气囊,即 1 对颈气囊(鸡是 1 个),位于胸腔前部背侧;1 个锁骨间气囊,位于胸腔前部腹侧;1 对前胸气囊,位于肺腹侧后部;1 对腹气囊,最大,位于腹腔内脏两侧;1 对后胸气囊,位于肺腹侧后部。

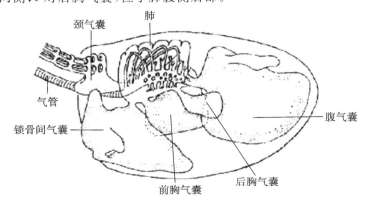

图 14-6　家禽的气囊模式图

气囊最重要的生理功能是储存空气,参与肺的呼吸,同时有减轻体重、平衡体位、加强发音、散发体热以调节体温等作用。另外,水禽在潜水时,可利用气囊内储存的气体在肺部进行气体交换。公禽的腹气囊紧贴睾丸,能使睾丸维持较低的温度,保证精子的正常生成。家禽的某些呼吸系统疾病或传染病常导致气囊发生病变。如雄禽在去势时易损伤气囊,导致皮下气肿。腹腔注射时如药物注入气囊中,则会导致异物性肺炎。

家禽吸入的新鲜空气,一部分到达肺毛细血管,另一部分进入气囊。在呼气时,气囊中的气体经回返支气管进入肺,到达肺毛细血管,再一次与肺毛细血管进行气体交换。因此,家禽每呼吸 1 次,在肺内就要进行 2 次气体交换,使肺换气效率增高,这种现象称为禽类的双重呼吸。家禽的正常呼吸方式为胸腹式呼吸,呼吸频率因品种、年龄、性别、环境温度、生理状态的不同而发生变化(表 14-1)。

表 14-1　家禽的呼吸频率

单位:次/分

性　别	禽　类				
	鸡	鸭	鹅	火鸡	鸽子
雄	12～20	42	20	28	25～30
雌	20～36	110	40	49	25～30

五、泌尿系统

家禽的泌尿系统只有肾和输尿管,没有膀胱和尿道(图 14-7)。

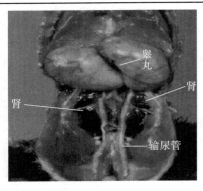

图 14-7　公禽的泌尿器官

(一)肾

家禽的肾狭长,红褐色,呈豆荚状,位于综荐骨两旁和髂骨的内面,前端可达最后肋骨,质地软而脆,剥离时易碎。肾外无脂肪囊包裹,每侧肾可分为前、中、后三叶,无肾门,血管、神经、输尿管在不同部位进出肾。肾实质由许多肾小叶构成,不能分出皮质和髓质。肾单位的肾小球不发达。输尿管在肾内不形成肾盂和肾盏,生成的尿液直接通过输尿管排泄到泄殖腔中,随粪便一起排出体外。家禽的新陈代谢旺盛,皮肤上又没有汗腺,代谢产生的废物尿酸等,主要通过肾排出。

(二)输尿管

家禽的输尿管两侧对称,从肾中部走出,沿肾的腹侧面向后延伸,最后开口于泄殖道顶壁两侧。输尿管壁很薄,呈白色,透过管壁常可见到尿酸盐的白色结晶。家禽没有膀胱,尿液经输尿管输送到泄殖腔与粪便混合,形成浓稠的灰白色粪便一起排出体外。家禽的尿量较少,成年鸡一昼夜的排尿量为 60～180 mL。

六、生殖系统

家禽为卵生动物,其生殖系统结构和生理活动与家畜有许多不同之处。家禽的生殖系统分雌性生殖系统和雄性生殖系统,其主要作用是产生成熟的生殖细胞和分泌性激素。

(一)雄性生殖系统

雄性生殖系统由睾丸、附睾、输精管和交配器组成,无副性腺和精索等结构(图 14-8)。

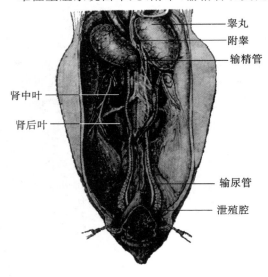

图 14-8　雄禽的生殖器官

1. 睾丸　家禽的睾丸呈豆形,是成对的实质器官,位于腹腔内,左、右对称分布,以短的睾丸系膜悬吊于肾前部的腹侧,周围与胸腹气囊相接触。睾丸的大小和色泽因品种、年龄、生殖季节而有很大的变化。幼禽的睾丸很小,如小公鸡的睾丸只有米粒大,呈黄色。成年禽在繁殖季节,睾丸体积最大,如鸽子蛋大小,呈黄白色或白色,在非繁殖季节则萎缩变小。睾丸外面包有薄的白膜,间质不发达,小梁也很少,不形成睾丸小叶和纵隔,但有丰富的曲细精管和直细精管。曲细精管产生精子,直细精管能分泌精清,精子与精清一起形成精液。家禽的精液呈弱碱性,pH 为 7.0～7.6。家禽每次的射精量较少,但精子浓度较高。公鸡在 12 周龄开始生成精子,但在 22～26 周龄才产生受精率较高的精液,1～2 岁的公禽,精液的质量最好。精液的质量受年龄、机体状态、营养状态、交配次数、环境、气候、光照和内分泌等因素的影响。

2. 附睾　家禽的附睾小,附着于睾丸的背内侧缘,由睾丸输出小管和短的附睾管构成,主要起储存、浓缩、运输精子的作用。附睾管出附睾后延续为输精管。

3. 输精管　输精管是一对弯曲的细管,与输尿管并行,向后因壁内平滑肌增多而逐渐变粗,其终部变直略扩大,埋于泄殖腔壁内,末端形成输精管乳头,突出于输尿管口的外下方。输精管在繁殖季节加长、加粗,因储存精子而呈白色。输精管有分泌精清、储存精子、运输精液的功能。

4. 交配器官　家禽没有像哺乳动物一样的阴茎,但有3个并列的小突起,称阴茎体,位于肛门腹唇的内侧。阴茎体平时全部隐藏在泄殖腔内,交配时,淋巴液流入阴茎乳头使其增大,中间形成阴茎沟,精液由阴茎沟导入阴道部。阴茎乳头在刚孵出的雏鸡较明显,可用翻肛法鉴别雌雄。公鸭和公鹅的阴茎体较发达,长6～9 cm,在阴茎体的表面有呈螺旋形的精沟,交配时,阴茎体勃起伸出,精沟闭合成管状,将精液导入雌禽生殖道中。

（二）雌性生殖系统

雌禽的生殖系统由卵巢和输卵管构成,无子宫和阴道。卵巢和输卵管仅左侧发育正常,右侧在孵出后不久即退化(图14-9)。

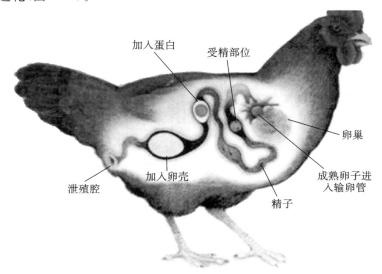

图 14-9　母鸡的生殖器官

扫码看彩图
14-9

1. 卵巢　以短的卵巢系膜悬挂于左肾前部腹侧,紧靠肾上腺,前端与左肺相接。卵巢的体积和外形随家禽年龄的增长和功能状态不同而有较大变化。幼禽的卵巢小,为扁平椭圆形,表面呈桑葚状,灰白色或白色,被覆生殖上皮。随着雌禽年龄的增长和性活动期的出现,卵泡逐渐成熟,并储积大量卵黄,突出于卵巢表面,到排卵前仅以细的卵泡蒂与卵巢相连。性成熟时,卵巢可达3 cm×2 cm大,重2～6 g。在产蛋期,常见4～5个体积依次递增的大卵泡,在卵巢腹侧面有成串似葡萄的小卵泡(直径1～2 mm)。在产蛋期排卵时,卵泡膜在薄弱而无血管的卵泡斑处破裂,将卵子排出。禽卵泡没有卵泡腔和卵泡液,排卵后不形成黄体。在非繁殖季节、孵抱季节及换羽期,卵泡停止排卵和成熟,卵巢又恢复到静止期时的形状和大小。

2. 输卵管　家禽输卵管仅左侧发育完整,是一条长而弯曲的管道。在产蛋期,输卵管管壁增厚,长度可达60～70 cm。母禽停产后,输卵管逐渐回缩。根据输卵管的构造和功能的不同,输卵管由前向后可分为漏斗部、膨大部、峡部、子宫部和阴道部五个部分。

(1)漏斗部:漏斗部的前端形成边缘薄的漏斗伞,朝向卵巢,中央有裂缝状的输卵管腹腔口,称漏斗口。漏斗伞迅速变细而形成漏斗管,以峡部与子宫部相连。漏斗部的功能是获取排出的卵子并将其纳入输卵管内,也是受精的场所。卵子在漏斗部一般停留15～25 min。

(2)膨大部:又称蛋白分泌部,长且弯曲,管径大,管壁厚,黏膜呈乳白色的螺旋状纵褶,富含能分泌蛋白的腺体。卵子在膨大部一般停留3 h,膨大部的主要作用是形成浓稠的白蛋白。

(3)峡部:短而窄,管壁薄而坚实,黏膜内有腺体,能分泌角质蛋白,形成卵壳膜。卵在峡部停留75 min 左右。

Note

(4)子宫部:较宽,呈囊状,壁厚,肌层发达,黏膜呈灰白色,形成小而密的皱褶。黏膜内有壳腺,能分泌钙质、角质和色素,形成蛋壳。当卵通过子宫部时,由于平滑肌收缩,卵在囊壁中反复转动,使分泌物分布均匀。卵在子宫部停留的时间最长,可达18~20 h。

(5)阴道部:输卵管的末端,壁厚,肌层发达,平时弯曲成"S"形,开口于泄殖腔的左侧,是雌禽的交配器官。阴道部的黏膜呈白色,形成细而低的褶,在与子宫部相连接的一段黏膜内形成管状阴道腺,又称精小窝,用于交配后储存精子。因此母禽在交配后8~21天(鸭、鹅8~12天,鸡10~21天)都可陆续释放出精子,使受精作用得以持续进行。阴道腺还可分泌少量葡萄糖和果糖,为精子提供能量,同时可分泌卵壳表面的角质薄膜,以隔绝空气,防止细菌进入卵内。卵经过阴道部的时间极短,仅几秒钟。

(三)雄禽生殖生理

家禽无副性腺,射精量少,但精子含量高,鸡的一次射精量平均为0.5 mL,每毫升约含40亿个精子。光照是影响雄禽生殖活动的主要因素,也是雄禽生殖出现季节性变化的主要原因。由于睾丸与气囊紧贴,精子的生成受环境温度的影响也较大。在0~30 ℃范围内,睾丸生长和精子生成随温度升高而加快,当温度在30 ℃以上时,精子的生成往往受到抑制。此外,年龄、营养、遗传和交配次数等因素对雄禽的生殖也有一定影响,如维生素A和维生素E的缺乏明显影响精子的生成。

(四)雌禽生殖生理

雌禽与母畜在生殖生理方面有较大的区别,主要表现为雌禽没有发情周期,胚胎不在母体内发育,而是在体外孵化。雌禽没有妊娠过程,在一个产蛋周期中,能连续产卵。卵泡排卵后,不形成黄体。卵内含有大量的卵黄,卵的外面包有坚硬的卵壳。

1. 蛋的形成和产蛋周期 家禽的卵细胞为大型端黄卵,细胞核和原生质位于细胞的一侧,形成一个很小的胚盘。细胞的绝大部分被卵黄填充,卵黄和胚盘表面有一层卵黄膜覆盖。蛋的形成是卵巢和输卵管各部共同作用的结果。蛋黄由肝脏合成,经血液循环运输到卵巢,在卵泡中逐渐蓄积而成,其主要成分是卵黄蛋白和磷脂。卵黄的黄色来自食物中的叶黄素,如食物中叶黄素少,则卵黄变成浅白色或白色。鸡的排卵周期为25~26 h。卵子从卵巢排出后,输卵管漏斗部将其卷入,然后输卵管伞收缩,再加上漏斗壁的活动,迫使旋转中的卵进入输卵管的腹腔口,顺次进入膨大部、峡部、子宫部和阴道部。蛋完全形成后,在输卵管的强烈收缩作用下很快产出。家禽产蛋大多数是连续性的,连续数天产蛋后,停产1~2天,然后又连续数天产蛋,如此循环,一次产蛋开始至下一次产蛋开始的时间常称作产蛋周期。

2. 蛋的结构 蛋由蛋壳、蛋白和蛋黄三个部分组成。蛋壳是最外面的硬壳,主要成分是碳酸钙。在蛋壳的内侧有蛋壳膜,分内、外两层。在蛋的钝端形成气室,蛋壳上密布小的气孔,在胚胎发育过程中可进行水分和气体的代谢。在蛋壳形成过程中,壳腺分泌的钙来自血液,血钙又来自饲料和骨骼。在产蛋期,雌禽的血钙水平明显升高,小肠吸收钙的能力增强,髓骨中的钙也处于动态变化中,不断沉积和溶解,从而保证蛋壳所需钙的供应。蛋白又叫蛋清,位于蛋壳内蛋黄外,靠近蛋黄周围的是浓蛋白,接近蛋壳的为稀蛋白。蛋黄呈黄色的球状,也就是家禽的卵细胞,位于蛋的中央,由薄而透明的蛋黄膜包裹。在蛋黄上面有一白色圆点,受精蛋叫胚盘,其结构致密;未受精蛋叫胚珠,其结构松散。

3. 雌禽的就巢性 就巢俗称抱窝,是雌禽特有的母性行为,主要表现为愿意坐窝、孵卵和育雏。抱窝期间雌禽食欲不振,体温升高,羽毛蓬松,发出"咕咕"的叫声,不愿离开蛋运动及寻觅食物。雌禽就巢期间停止产蛋。雌禽的就巢性受激素的调控,是由催乳素引起的,注射雌激素可使其停止就巢。

(五)家禽胚胎学基础

公禽的精液由精清和精子组成,为乳白色不透明液体,无味或略带腥味,精液量较少而精子密度大。母禽性成熟的主要特征是排卵和产蛋。蛋各部分的作用如图 14-10 所示。

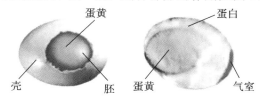

图 14-10 蛋各部分的作用

壳—保护作用;蛋白—保护作用,提供养料和水分;蛋黄—储藏营养物质;

气室—呼吸作用,进行气体交换;胚—发育成雏禽

家禽性成熟年龄因品种、饲养管理条件不同而有所差异。家禽受精卵孵化的时间也因品种不同而异,鸡蛋的孵化期一般为 21 天,鸭蛋的孵化期一般是 28 天,鹅蛋的孵化期一般是 30 天。胚胎各个时期的发育情况如图 14-11 所示。

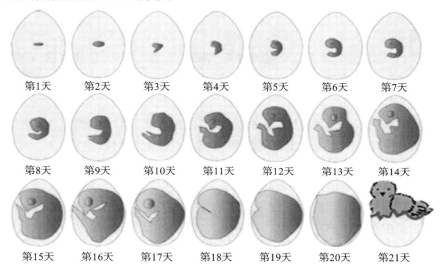

| 第1天 | 第2天 | 第3天 | 第4天 | 第5天 | 第6天 | 第7天 |

| 第8天 | 第9天 | 第10天 | 第11天 | 第12天 | 第13天 | 第14天 |

| 第15天 | 第16天 | 第17天 | 第18天 | 第19天 | 第20天 | 第21天 |

图 14-11 鸡胚生长发育图

七、心血管系统

家禽的心血管系统由心脏、血管和血液构成。

(一)心脏

家禽心脏占体重的比例大,位于胸腔的腹侧,夹在肝的左、右两叶之间。心基部朝向前背侧,与第 1 肋相对,长轴几乎与体轴平行,故心尖斜向后,正对第 5~6 肋。家禽心脏的构造与哺乳动物相似,其特点是右心房有一静脉窦,右房室口上不是三尖瓣,而是一个肌瓣,无腱索。家禽的心率比哺乳动物快,因为家禽的房室束及其分支无结缔组织包裹,兴奋易扩散到心肌,故成年鸡的心率可达 300~400 次/分。

(二)血管

家禽的血管也包括动脉和静脉。其主动脉弓偏右,两侧的颈总动脉位于颈椎腹侧中线肌肉深部,到颈前端才走出并分向两侧而至头部。坐骨动脉 1 对,较粗,是供应后肢的主要动脉。肾动脉有前、中、后 3 支,肾前动脉直接发自主动脉,肾中动脉、肾后动脉发自坐骨动脉。家禽的静脉特点是全身静脉汇集形成 2 条前腔静脉和 1 条后腔静脉,开口于右心房的静脉窦。两条颈静脉位于皮下,沿气管两侧延伸,右颈静脉较粗。两髂内静脉间有一短的吻合支,由此向前延伸为肾后静脉,其向前与由股静脉延续而来的髂外静脉汇合成髂总静脉。两侧髂总静脉汇合成后腔静脉。肾门静脉注入髂总静脉。家禽翼部的尺深静脉是前肢的最大静脉,在皮下可清楚地看到其走向,是家禽采血和静脉注射的部位。

(三)血液

家禽的血液由血细胞和血浆组成。家禽的红细胞与家畜不同,呈卵圆形,有核,体积比家畜的大,数量比家畜的少。家禽的白细胞在形态、结构和功能上与家畜相似,但数量比家畜的多。家禽血液中无血小板,但含有凝血细胞,呈卵圆形,中央有一圆形核,参与血液凝固过程。

八、免疫系统

家禽的免疫系统由淋巴管、淋巴组织和淋巴器官组成。

(一)淋巴管

家禽体内的淋巴管较少,主要有毛细淋巴管、淋巴管、淋巴干、胸导管。较大的淋巴管通常伴随血管而行,管内的瓣膜也较少。淋巴管有少数在胸腔前口处注入静脉,多数汇集于胸导管。胸导管有 1 对,位于主动脉两侧,最后注入两前腔静脉。

(二)淋巴组织

家禽的淋巴组织广泛分布于消化管壁及其他实质性器官内,有的呈弥散状,有的呈小结节状;有的为孤立淋巴小结,有的为集合淋巴小结,如盲肠基部的盲肠扁桃体、颈部的食管扁桃体。

(三)淋巴器官

家禽的淋巴器官有胸腺、法氏囊、脾和淋巴结等。

1. 胸腺　家禽的胸腺位于颈部皮下气管的两侧,沿颈静脉延伸,直到胸腔入口的甲状腺处,呈淡黄色或黄红色。胸腺每侧有 5 叶(鸭、鹅)或 7 叶(鸡),呈一长链状。幼禽的胸腺发达,在接近性成熟时最大,以后随着年龄的增长逐渐退化,1 年左右的成禽只保留一些遗迹。家禽胸腺的作用和家畜的胸腺相似,主要是产生与细胞免疫有关的 T 细胞。T 细胞再转移到脾、盲肠扁桃体和其他淋巴组织中,在特定的区域定居、分化、增殖,并参与细胞的免疫应答。家禽的胸腺还可以影响血钙的代谢。

2. 法氏囊　法氏囊又叫腔上囊,是家禽特有的免疫器官,位于泄殖腔的背侧,开口于肛道。鸡的法氏囊呈圆形,鸭、鹅的呈长椭圆形。法氏囊的黏膜形成很多的纵褶,内有大量排列紧密的淋巴小结。在家禽孵出时法氏囊已存在,性成熟(鸡 4~5 月龄,鸭、鹅 3~4 月龄)前最发达,1 年左右消失。法氏囊的主要功能是产生 B 细胞,参与机体的体液免疫。

3. 脾　家禽的脾较小,位于腺胃的右侧,红褐色,外包有薄的结缔组织膜。鸡的脾呈球形,鸭、鹅的呈钝三角形,鸽子的为长三角形。脾的实质可分为白髓和红髓,但分界不明显。脾的主要功能是造血、滤血和参与免疫反应,无储血和调节血量的作用。

4. 淋巴结　鸡无淋巴结。水禽有 2 对淋巴结,1 对是颈胸淋巴结,呈纺锤形,贴于颈静脉上,长 1~1.5 cm;另 1 对是腰淋巴结,呈长条形,位于腰部主动脉两侧,长达 2 cm。淋巴结的中央贯穿有淋巴窦。

5. 哈德腺　哈德腺又称瞬膜腺,是禽类特有的免疫器官,较发达,呈淡红色,鸡的为扁哑铃形,位于第三眼睑(瞬膜)的深部,为复管泡状腺。腺体内含有许多淋巴组织和大量淋巴细胞,能分泌特异性抗体,在禽类上呼吸道免疫方面具有重要作用。

九、神经系统及感觉器官

(一)神经系统

家禽的神经系统由中枢神经和外周神经组成,与家畜比较有以下特点。

1. 中枢神经的特点　家禽的脊髓细长,与椎管等长,后端不形成马尾,直接延伸到尾综骨的椎管内。家禽脊髓的内部结构和家畜相似,中央为灰质,外围为白质,白质中有些上行传导束不发达,所以其外周感觉较差。脊髓颈胸部和腰荐部形成颈膨大和腰膨大,是翼和腿的低级中枢所在地。家禽的脑较小,呈桃形,由延髓、小脑、中脑、间脑和大脑组成,脑桥不明显,延髓不发达。大脑半球前部较窄,后部较宽,皮质层较薄,表面光滑,不形成脑沟和脑回,仅背面有一略斜的纵沟。小脑蚓部很发达,两侧无小脑半球而为绒球。家禽的中脑较发达,背侧形成一对发达的二叠体,叫视叶,因此家禽的视力较其他动物发达。家禽的胼胝体和嗅脑不发达,嗅球较小,因此家禽的嗅觉不发达。

2. 外周神经的特点 家禽的外周神经分为脑神经、脊神经和内脏神经,基本与家畜相同。脑神经有 12 对,三叉神经发达,面神经不发达。脊神经由脊髓发出,其数目与椎骨数目接近,鸡有 40 对,其中颈神经 15 对,胸神经 7 对,腰神经 3 对,荐神经 5 对,尾神经 10 对。由颈膨大发出的神经根,形成臂神经丛,从臂神经丛发出桡神经,支配翼部伸肌和皮肤;发出的正中神经,支配翼腹侧部的肌肉和皮肤。由腰荐部膨大发出的神经根,形成腰荐神经丛,从腰荐神经丛分出禽类最大的坐骨神经,穿过坐骨孔,到后肢内侧,支配后肢。家禽的内脏神经形成一特殊的肠神经,呈一纵长的神经节链,从直肠与泄殖腔连接处起,在肠系膜内与肠管并列延伸到十二指肠后端。

(二)感觉器官

家禽的感觉器官主要是视觉器官和位听器官。

1. 视觉器官 家禽的眼球较大,位于头部两侧,视觉发达,其两侧眼球的重量和脑之比可达 1∶1,由眼球和眼球的辅助器官构成。眼球呈扁平形,角膜较凸,巩膜坚硬,能通过头、颈的灵活运动,弥补眼球运动范围小的不足。瞬膜发达,是半透明的薄膜,能将眼球完全盖住,有利于水禽的潜水和飞翔。虹膜呈黄色,中央为圆形的瞳孔,虹膜内的瞳孔开大肌和瞳孔括约肌均为横纹肌,收缩迅速有力。视网膜较厚,没有血管分布。禽类眼睑缺睑板腺,泪腺较小,瞬膜腺(也称哈德腺)较发达。

2. 位听器官 家禽无耳廓,外耳孔呈卵圆形,周围有褶,被小的耳羽遮盖,可减弱啼叫时剧烈震动对脑的影响,还能防止小昆虫、污物的侵入。外耳道短而宽,向腹后侧延伸,其壁上分布有耵聍腺,鼓膜向外隆凸。中耳由充满空气的鼓室、耳咽管和听小骨组成。听小骨只有一块,称作耳柱骨,中耳腔内有通颅骨内气腔的小孔。内耳由骨迷路和膜迷路构成,三个半规管很发达,耳蜗不形成螺旋状,是略弯曲的短管。

十、内分泌系统

家禽的内分泌系统由脑垂体、松果体、甲状腺、甲状旁腺、肾上腺、腮后腺等内分泌器官和分散于胰、卵巢、睾丸等器官内的内分泌细胞构成。

(一)脑垂体

脑垂体位于丘脑下部,呈扁平的长卵圆形,以垂体柄与间脑相连,分腺垂体和神经垂体两个部分。脑垂体能分泌多种激素,对机体的生长发育及新陈代谢起着重要的调节作用。

(二)松果体

家禽的松果体呈钝的圆锥形实心体,淡红色,长约 0.35 cm,位于大脑两半球和小脑之间的三角形区域内,以较长的松果体脚与间脑顶相连。松果体是禽类重要的光感受器官,可分泌褪黑素,与禽类的生长、性腺发育和产蛋功能有着密切的关系。

(三)甲状腺

家禽的甲状腺有 1 对,呈圆形,暗红色,位于胸腔前口附近的气管两侧,在颈总动脉与锁骨下动脉分叉处的前方,紧靠颈总动脉和颈静脉。甲状腺多为黄豆般大小,因禽类品种、年龄、季节和饲料中碘的含量不同而有变化,鸡的甲状腺大小约为 0.8 cm×0.4 cm。家禽甲状腺的组织结构与哺乳动物的相似,也形成许多囊状滤泡。

Note

(四)甲状旁腺

家禽的甲状旁腺有 2 对,左、右各 1 对,略呈球形,黄色或淡褐色,位于甲状腺后端,每侧的 2 个腺体常融合成一个腺团,外包结缔组织薄膜,其位置可有很大变化。甲状旁腺的实质为主细胞形成的细胞索,索间为网状组织,其主要作用为分泌甲状旁腺激素,维持钙在体内的平衡。

(五)腮后腺

腮后腺又称腮后体,是 1 对较小的腺体,呈淡红色,位于甲状腺和甲状旁腺的后方,紧靠颈总动脉与锁骨下动脉分叉处,右侧的位置可变动。腮后腺形状不规则,无被膜,其实质由降钙素细胞形成的细胞索构成,主要功能是分泌降钙素,与禽的髓质骨发育有关。

(六)肾上腺

家禽的肾上腺有 1 对,较小,呈卵圆形、锥形或不规则形,多为乳白色、黄色或橙色,位于两肾前端,紧贴肺的后方。肾上腺的实质由皮质和髓质构成,但分界不明显。皮质主要分泌糖皮质激素、盐皮质激素,髓质主要分泌肾上腺素和去甲肾上腺素。肾上腺的主要作用是调节电解质平衡、促进蛋白质和糖的代谢,影响性腺、法氏囊和胸腺等的活动,还与羽毛的脱落有关。

(七)胰岛

胰岛是分散在胰中的内分泌细胞群,有分泌胰岛素和胰高血糖素的作用。胰岛素能降低血糖浓度,胰高血糖素能升高血糖浓度,两者共同作用,调节家禽体内糖的代谢,维持血糖的平衡。

(八)性腺

母禽的性腺是卵巢,其间质细胞和卵泡外腺细胞能分泌雌激素和孕激素。雌激素可促进输卵管的发育,促进第二性征的出现;孕激素能促进母禽排卵。由于母禽产卵后不形成黄体,孕酮只引起排卵和释放黄体生成素,如家禽大量注射孕酮反而会使其排卵和产蛋中止,并能导致换羽。

公禽的性腺为睾丸,睾丸的间质细胞主要分泌雄激素睾酮。睾酮的主要作用是促进公禽生殖器官的生长发育,促进精子的发育和成熟;促进公禽第二性征(如冠的发育、啼鸣、竖尾、啄斗等)的出现。公鸡阉割后,新陈代谢率可降低 10%～15%,脂肪沉积增多,肉质大为改善。

十一、体温

家禽的体温比哺乳动物高,其体温调节能力较差。家禽的体温有明显的昼夜波动,昼夜温差可达 1 ℃,其体温的昼夜波动主要与活动和光照有关。成年家禽的直肠温度,鸡一般为 39.6～43.6 ℃,鸭为 41.0～42.5 ℃,鹅为 40.0～41.3 ℃,鸽子为 41.3～42.2 ℃,火鸡为 41.0～41.2 ℃。雏禽刚出壳时,体温较低,随着生长发育逐渐升高,到 2～3 周时,可达成年家禽水平。家禽的体温调节中枢位于下丘脑前部的视前区,其温度感受器主要存在于喙和胸腹部。家禽没有汗腺,体表又被覆羽毛,散热能力差。当外界温度过高时,家禽会出现站立、翅膀下垂、热喘息、咽喉颤动等散热现象;当外界温度过低时,家禽则出现单腿站立、头藏于翅膀下、相互拥挤、争相下钻、肌肉寒战、羽毛蓬松等表现,以减少散热,加强产热。幼禽的体温调节能力较差,在育雏时,应特别注意温度的控制。

➡ 在线学习

1.动物解剖生理在线课
视频:鸡的解剖生理

2.多媒体课件
PPT:14.1

3.能力检测
习题:14.1

→ 任务实施

一、任务分配

学生任务分配表(此表每组上交一份)

班级		组号		指导教师	
组长		学号			
组员	姓名	学号		姓名	学号
任务分工					

二、工作计划单

工作计划单(此表每人上交一份)

项目十四		家禽的解剖生理		学时	5
学习任务		家禽的解剖生理		学时	5
计划方式		分组计划(统一实施)			
制订计划	序号	工作步骤		使用资源	
	1				
	2				
	3				
	4				
	5				
	6				
	7				
制订计划说明	(1) 每个任务中包含若干个知识点,制订计划时要加以详细说明。 (2) 各组工作步骤顺序可不同,任务必须一致,以便于教师准备教学场景。 (3) 先由各组制订计划,交流后由教师对计划进行点评。				
评语	班级		第 组	组长签字	
	教师签字			日期	

三、器械、工具、耗材领取清单

器械、工具、耗材领取清单（此表每组上交一份）

班级：　　　　小组：　　　　组长签字：

序号	名称	型号及规格	单位	数量	回收	备注

回收签字　学生：　　　　　　　教师：

四、工作实施

工作实施单（此表每人上交一份）

项目十四	家禽的解剖生理		
学习任务	家禽的解剖生理	建议学时	5
任务实施过程			

一、实训场景设计

在校内解剖实训室或虚拟仿真实训室进行，要求有计算机，各种家禽的整体骨骼标本、皮毛标本和器官浸泡标本。将全班学生分成8组，每组4～5人，由组长带头，制订任务分配、工作计划，领取器械、工具和耗材，并认真记录。

二、材料与用品

鸡、鸭、鹅的整体骨骼标本、皮毛标本和器官浸泡标本。

三、任务实施过程

了解本学习任务需要掌握的内容，组内同学按任务分配收集相关资料，按下述实施步骤完成各自任务，并分享给组内同学，共同完成学习。

实施步骤：

（1）学生分组，填写分组名单。

（2）制订并填写工作计划，小组讨论计划实施的可行性，由教师进行决策和点评。

（3）观察鸡、鸭、鹅的整体骨骼标本、皮毛标本和器官浸泡标本。

取鸡、鸭、鹅的整体骨骼标本，对照教材上的插图，观察家禽的颈椎、尾椎、胸骨、肋骨（浮肋）的构造特点及与哺乳动物的区别。

观察鸡、鸭、鹅的皮毛标本，并正确区分公禽和母禽。

观察鸡的器官浸泡标本，对照教材上的插图，正确识别脾、腺胃和肌胃、睾丸、卵巢、法氏囊等器官。

引导问题1：家禽的骨骼与家畜相比有何特点？

引导问题2：家禽与家畜相比，有哪些特有的皮肤衍生物？

续表

引导问题 3：家禽的胃和盲肠有什么特点？

引导问题 4：家禽的肺有何特点？气囊在呼吸活动中有哪些作用？

引导问题 5：简述家禽法氏囊的位置及重要性。

引导问题 6：简述测量家禽体温的位置，家禽静脉采血的部位。

五、评价反馈

学生进行自评，评价自己能否完成学习任务、完成引导问题，在完成过程中有无遗漏等。教师对学生进行评价的内容如下：工作实施是否科学、完整，所填内容是否正确、翔实，学习态度是否端正，学习过程中的认识和体会等。

学生自评表

班级：　　姓名：　　学号：

学习任务	家禽的解剖生理		
评价内容	评价标准	分值	得分
完成引导问题 1	正确叙述家禽骨骼的特点	10	
完成引导问题 2	正确叙述家禽特有的皮肤衍生物	5	
完成引导问题 3	正确叙述家禽的胃和盲肠的特点	10	
完成引导问题 4	正确叙述家禽肺的特点和气囊在呼吸活动中的作用	5	
完成引导问题 5	正确叙述家禽法氏囊的位置及重要性	10	
完成引导问题 6	正确叙述测量家禽体温的位置、家禽静脉采血的部位	10	
任务分工	本次任务分工合理	5	
工作态度	态度端正，无缺勤、迟到、早退等现象	5	
工作质量	能按计划完成工作任务	10	
协调能力	与小组成员间能合作交流、协调工作	10	
职业素质	能做到安全操作，文明交流，保护环境，爱护实训标本和公共设施	10	
创新意识	通过学习，形成比较学习意识，并举一反三	5	
思政收获和体会	完成任务有收获	5	

学生互评表

班级： 姓名： 学号：				
学习任务	家禽的解剖生理			
序号	评价内容	组内互评	组间评价	总评
1	任务是否按时完成			
2	动物模型和标本等是否放回原位			
3	任务完成度			
4	语言表达能力			
5	小组成员合作情况			
6	创新内容			
7	思政目标达成度			

教师评价表

班级： 姓名： 学号：			
学习任务	家禽的解剖生理		
序号	评价内容	教师评价	综合评价
1	学习准备情况		
2	计划制订情况		
3	引导问题的回答情况		
4	操作规范情况		
5	环保意识		
6	完成质量		
7	参与互动讨论情况		
8	协调合作情况		
9	展示汇报		
10	思政收获		
总分			

动物解剖生理实训指导

实训一　显微镜的构造、使用和保养方法（技能）

扫码学习

实训二　牛的活体触摸（技能）

扫码学习

实训三　全身骨骼的观察（实验）

扫码学习

实训四　消化系统各器官形态构造的观察及小肠、肝的组织学构造观察（实验）

扫码学习

实训五　呼吸器官形态构造及肺脏组织学构造的观察（实验）

扫码学习

实训六　泌尿器官形态构造及组织学构造观察（实验）

扫码学习

实训七　生殖器官的观察（实验）

扫码学习

实训八　心脏的构造及血细胞的观察（实验）

扫码学习

实训九　淋巴结和脾组织构造的观察（实验）

扫码学习

实训十　家禽内脏器官观察（实验）

扫码学习

实训十一　家畜生理常数的测定（技能）

扫码学习

实训十二　畜禽内脏系统器官观察（技能）

扫码学习

在线学习

视频：猪的解剖
生理

视频：猪脑的解剖
生理

视频：兔的解剖
生理

实训报告

参考文献

[1]　牛静华,张学栋.动物解剖生理[M].北京:化学工业出版社,2013.

[2]　周其虎.动物解剖生理[M].2版.北京:中国农业出版社,2015.

[3]　孟婷,尹洛蓉.动物解剖生理[M].北京:中国林业出版社,2015.

[4]　尚学俭,敬淑燕.动物解剖生理[M].北京:中国农业大学出版社,2016.

[5]　董常生.家畜解剖学[M].5版.北京:中国农业出版社,2015.

[6]　马仲华.家畜解剖学及组织胚胎学[M].3版.北京:中国农业出版社,2010.

[7]　彭克美.畜禽解剖学[M].2版.北京:高等教育出版社,2009.

[8]　张平,白彩霞,杨惠超.动物解剖生理[M].北京:中国轻工业出版社,2017.

[9]　杨银凤.家畜解剖学及组织胚胎学[M].4版.北京:中国农业出版社,2010.

[10]　陈耀星.畜禽解剖学[M].北京:中国农业大学出版社,2001.